JN107306

ANTENNA HANDBOOK SERIES

コンパクト・アンテナの理論と実践

［応用編］

フルサイズにせまる技術

JG1UNE 小暮 裕明
JE1WTR 小暮 芳江 ［共著］

CQ出版社

カラーでわかる コンパクト・アンテナの世界

THE WORLD OF "COMPACT ANTENNAS"

本書では，電磁界シミュレータで得た多くのグラフィックスで，コンパクト・アンテナの世界を旅しています（このカラー・ページで，各章をブラウズできます）．

第1章　世界初のアンテナはヘルツが発明したダイポールです．今日アマチュア無線で使われているアンテナの仕組みは，すべて1800年代の終わりに発見されていたことがわかります．

マルコーニは，ヘルツのダイポールを追試し，両端に付けた金属板の一つを地面（写真では机の下）に敷いて使いました（マルコーニ博物館にて筆者撮影）

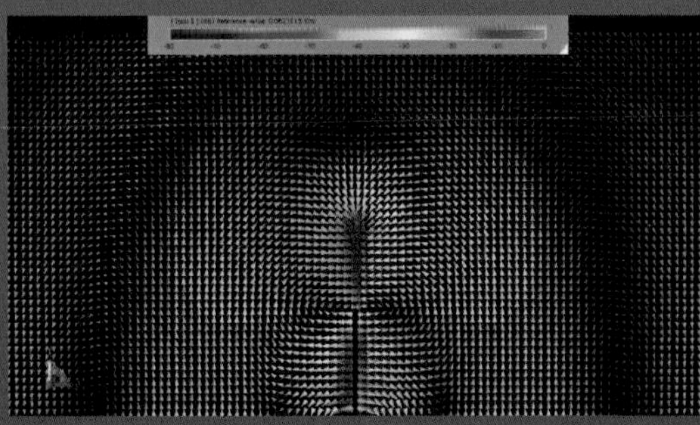

ラジオ放送用アンテナの電磁界シミュレーション結果
電界ベクトルを表している（位相角：90°）

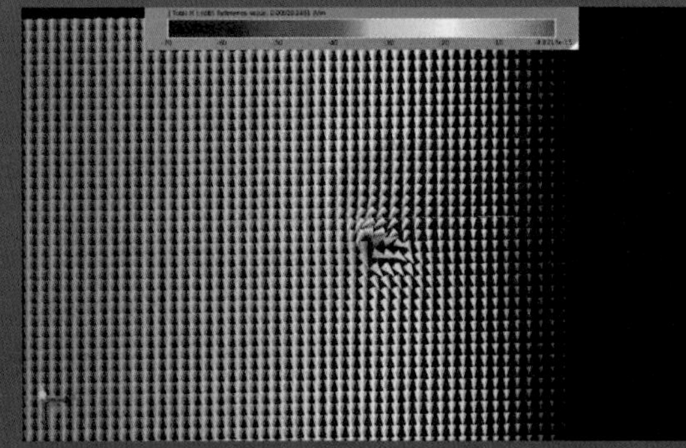

T型受信アンテナの周りの磁界ベクトル
（水平面，0.074 μ秒後）

アンテナ線にまとわりつくループ状の磁界ベクトル
（水平面，0.89 μ秒後）

第2章 ヘルツが発明したダイポール・アンテナは，両端に金属球または金属板があり，コンデンサのように電荷が分布します．この電荷間に電界を発生させるのが「電界型アンテナ」または「電界検出型のアンテナ」です．

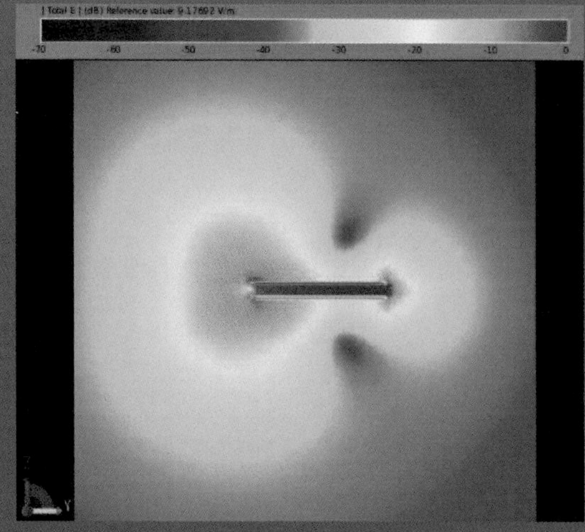

平板の手前から2cm入った断面の電界強度分布

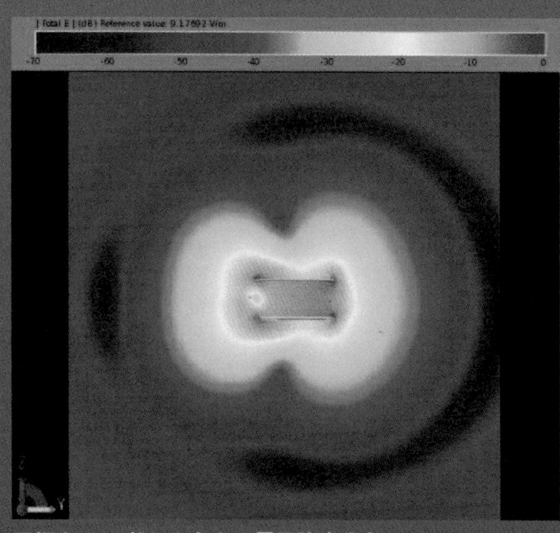

平板を5cm離したときの電界強度分布

電界ベクトル表示（位相角：0°）
右上の空間にループ状の電気力線がイメージできる

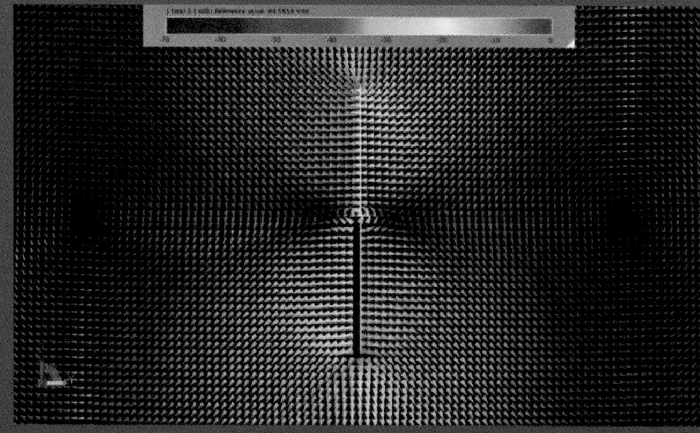

電界ベクトル表示（位相角：70°）
左右の空間にループ状の電気力線ができている

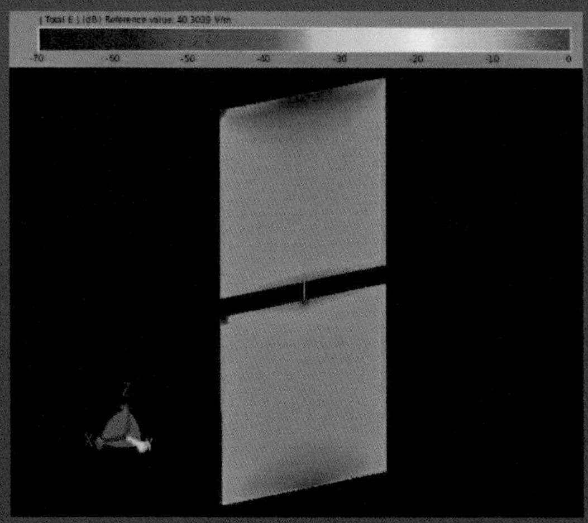

平板表面の電流分布（433MHz）

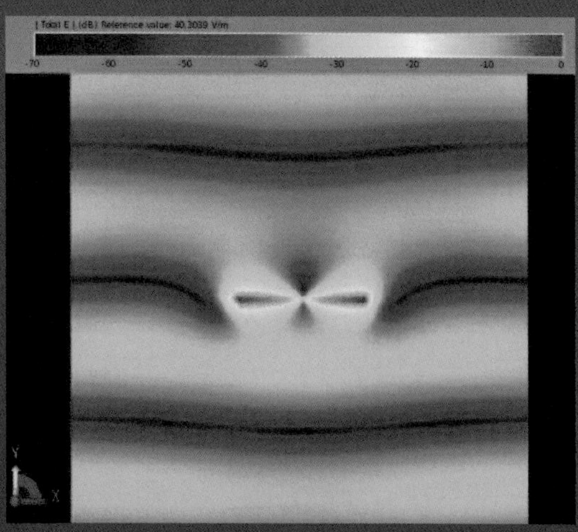

ダイポール・アンテナに向かって電磁波（平面波）が通過した後の電界強度の一コマ

第3章

古くから方向探知器に使われている微小ループ・アンテナは，空間を移動する電磁波の磁界が貫通することで起電力を得る方式で，「磁界検出型のアンテナ」，「磁界型アンテナ」と呼ばれています．送信にも使えるマグネチック・ループ・アンテナは，アマチュア無線用にも普及しています．

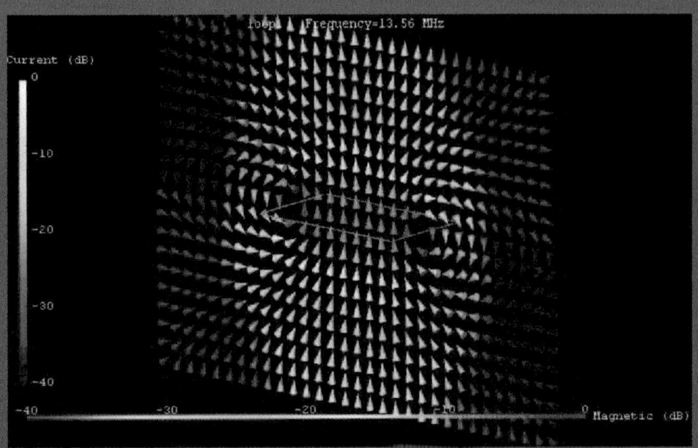

1回巻きコイルの周りにできる磁界ベクトル

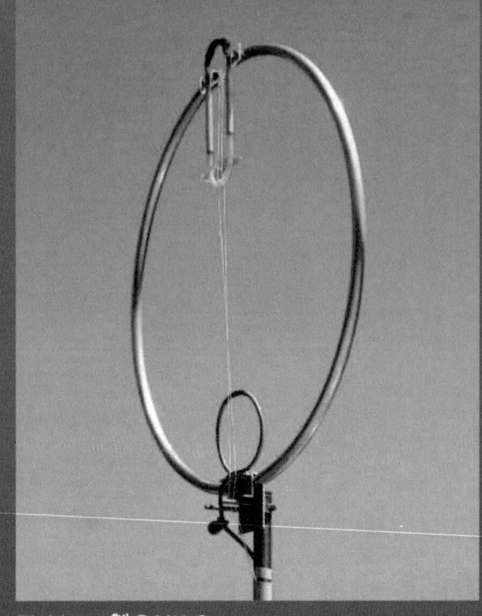

Field_ant製のMK-2
ループの直径77cmで14～28MHzに対応

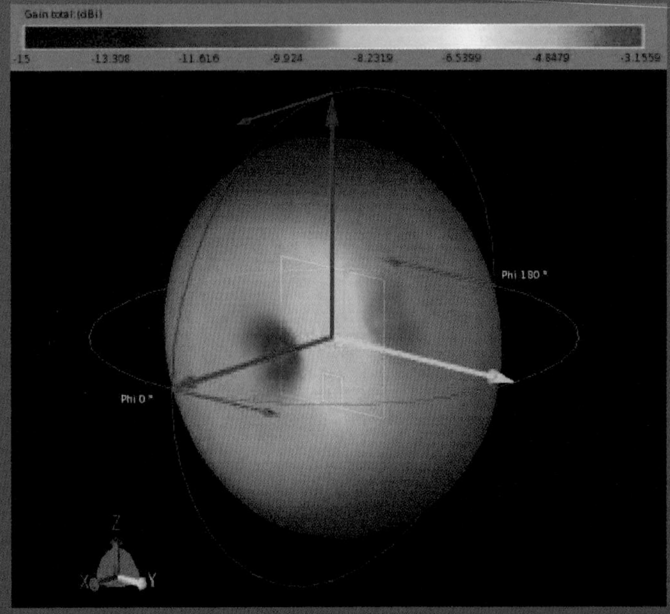

垂直設置のMLAの放射パターン
ループは1辺1mの正方形．14MHz（垂直・水平の各偏波成分を合算）

OK2ER Oldřich Burger氏によるBTV社製 MLA-M
（http://www.btv.cz/en/products-en）
回路基板とジャンパ・ピン（右上：J2，左下：J1）．写真はいずれもOF

直径1mの3回巻きMLA．7.1MHzにおける磁界ベクトル
配線付近の空間は細かい分割

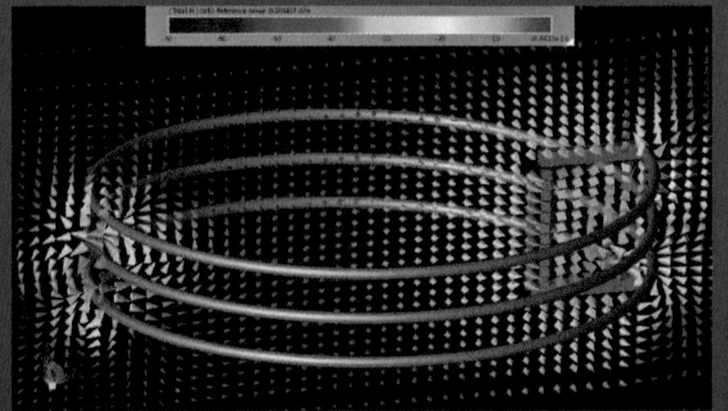

直径1mの3回巻きMLA．28.5MHzにおける磁界ベクトル
配線付近の空間は細かい分割

第4章

電界型アンテナや磁界型アンテナは，いずれも*L*成分と*C*成分による*LC*共振現象を利用して強い電流を得ています．一方，進行波アンテナは共振を利用しないので，理論的には超広帯域で使えるFBなアンテナです．

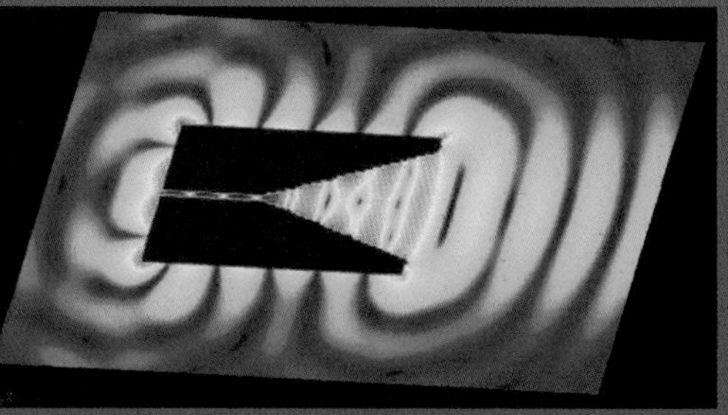

テーパード・スロット・アンテナ（TSA）の電界強度分布

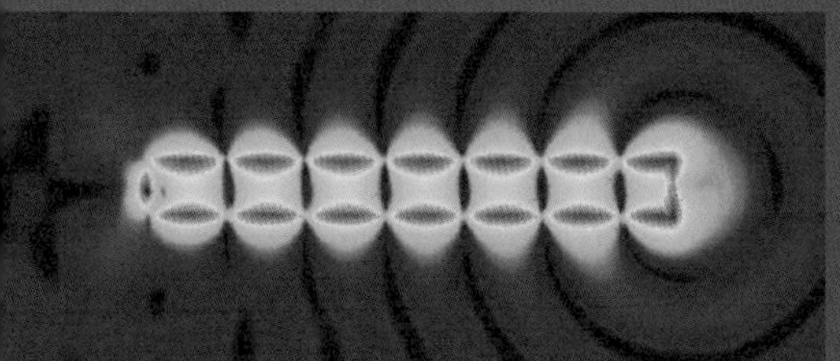

平行2線に1GHz（波長30cm）を加えたときの電界強度分布
放射が観測される

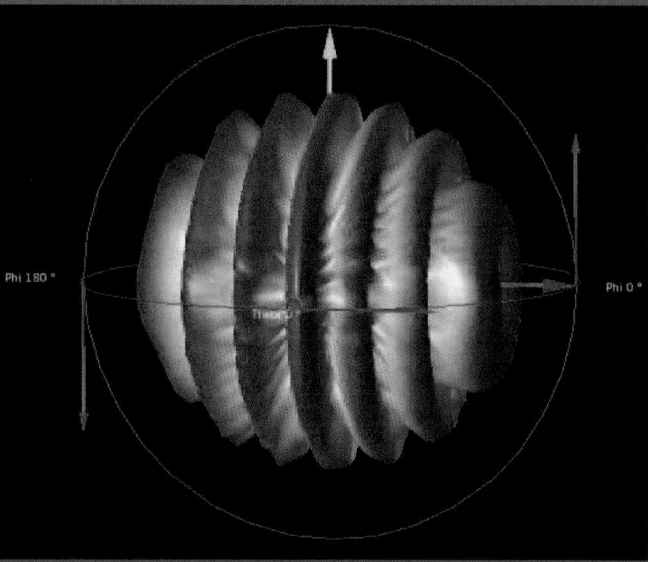

平行2線に1GHz（波長30cm）を加えたときの放射パターン

マクスウェルが電気と磁気の関係から光の速度を得た実験装置イギリス・エジンバラのマックスウェル協会にて撮影（提供：AJ3K Dr. Jim Rautio氏）

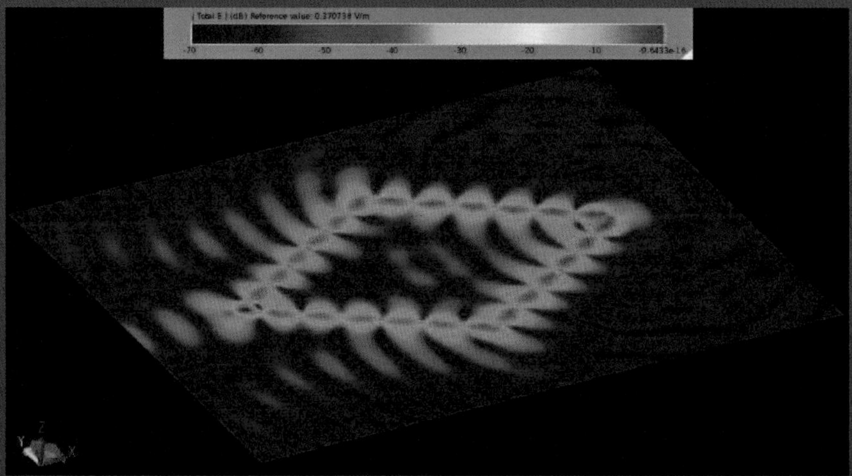

1辺60mのロンビック・アンテナの周り電界強度分布（14MHz）

第5章 アンテナはその外観から動作原理が想像できますが，中にはちょっと変わったアンテナもあります．そこで，第5章では極めてわかりづらいアンテナを集めています．

ベランダに設置したヘリカルコイル・エレメント（JA1QOJ 村吉OM製作）

1978年ごろ製作し，1980年2月号のCQ誌に載ったΣビーム
その後，QST誌（1987年3月号）にも掲載された

ダブル・クワッドの垂直面磁界強度分布（位相角：90°）
最小スケールを－90dBとして，見やすく調整している

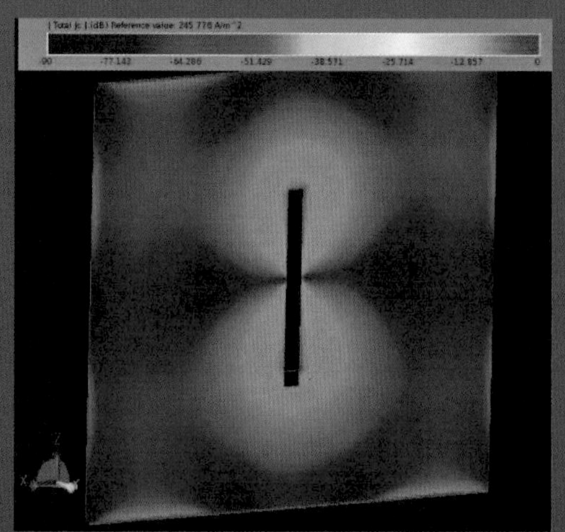
オフセット給電スロット・アンテナの表面電流分布
縁に沿った長さは1λ

縦長スケルトン・スロット・アンテナの電界ベクトル
ループを含む面の下半分

アイソトロン・アンテナの磁界強度の分布（給電後0.43μ秒）

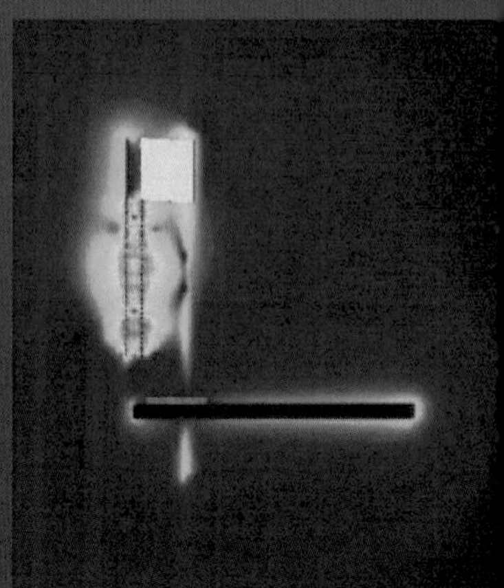
アイソトロン・アンテナの電界強度の分布（給電後0.43μ秒）

第6章

一般に，アマチュア無線用のアンテナは同軸ケーブルで給電されるので，両者を含むアンテナ・システムとしての測定方法を知る必要があります．

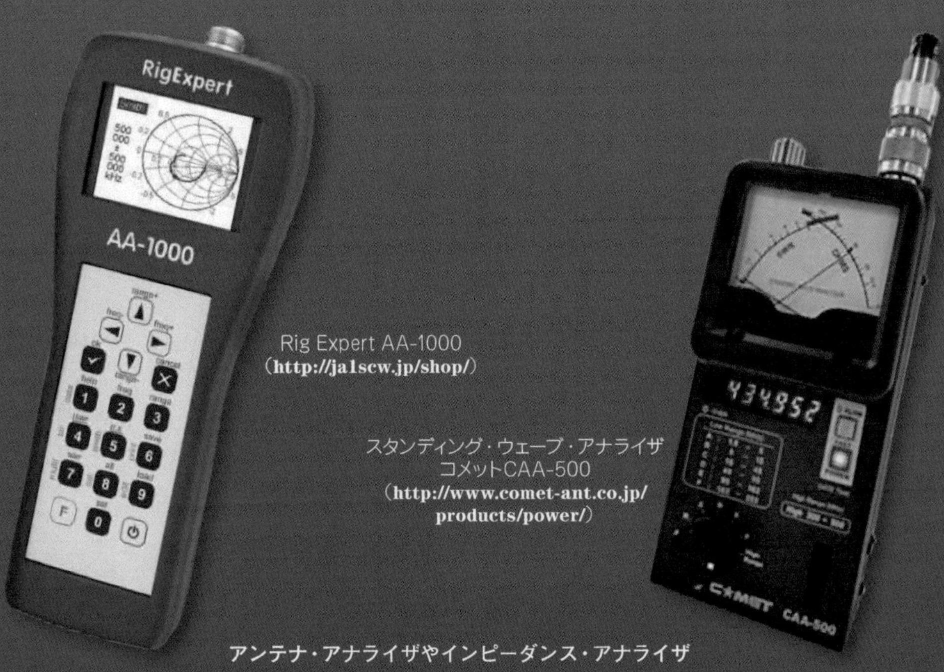

Rig Expert AA-1000
（http://ja1scw.jp/shop/）

スタンディング・ウェーブ・アナライザ
コメットCAA-500
（http://www.comet-ant.co.jp/products/power/）

アンテナ・アナライザやインピーダンス・アナライザ

AntennaSmith　TZ-900
（TIMEWAVE TECHNOLOGY INC.）

RF1 RF ANALYST（Autek Research）

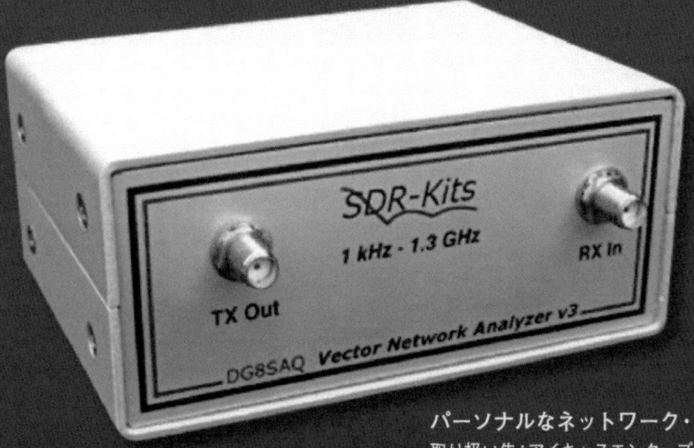

パーソナルなネットワーク・アナライザVNWA3E
取り扱い先：アイキャスエンタープライズ（http://icas.to/）

第7章

電磁界シミュレータは，コンピュータでマクスウェルの方程式を解いているので，アンテナはもちろん，最近問題になっている高周波ノイズの解決や多層基板の設計にも使われています．しかし，ハムがこれを活用することにはアレルギー反応（hi）もあるようなのです．

マンションのベランダに21MHz用のモノポール・アンテナ（GP）と2本のラジアル線を置いたモデル

フェンスは壁から1.5m離れている

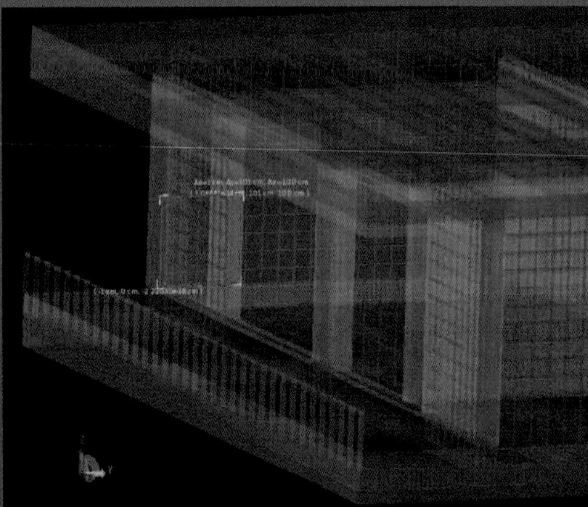

1辺1m，断面が1cm角の銅製正方形ループ

フェンスは壁から1.5m離れている

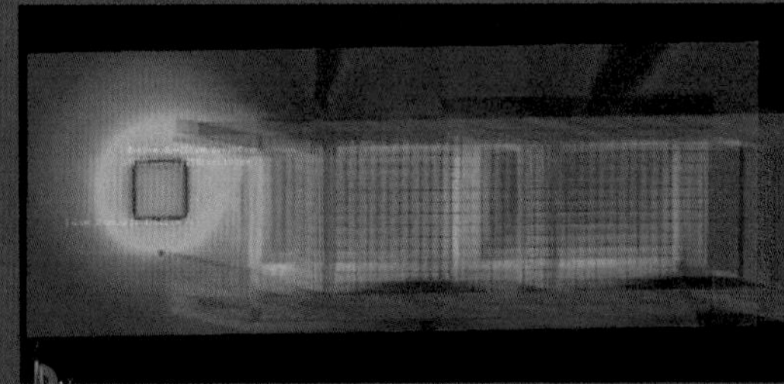

ループ面を含む平面の磁界強度分布

見やすいレベルと位相に調整している

ループ面を含む平面の電界強度分布

見やすいレベルと位相に調整している

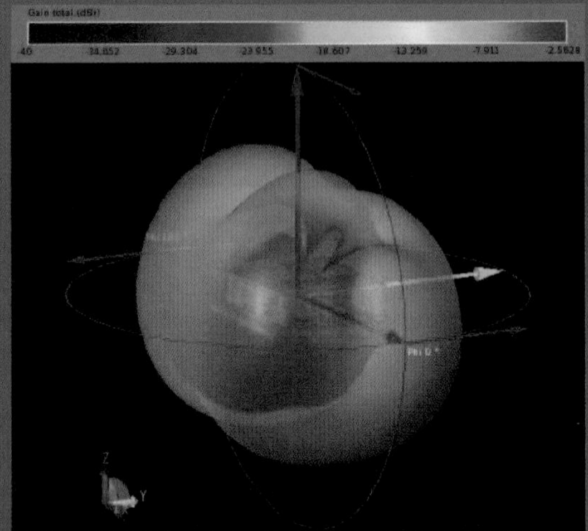

21MHz用のGPをベランダのフェンスから2.5cm離して設置したときの放射パターン

電力利得（Gain）−2.7dBi，η＝16%．大地による反射は含まない

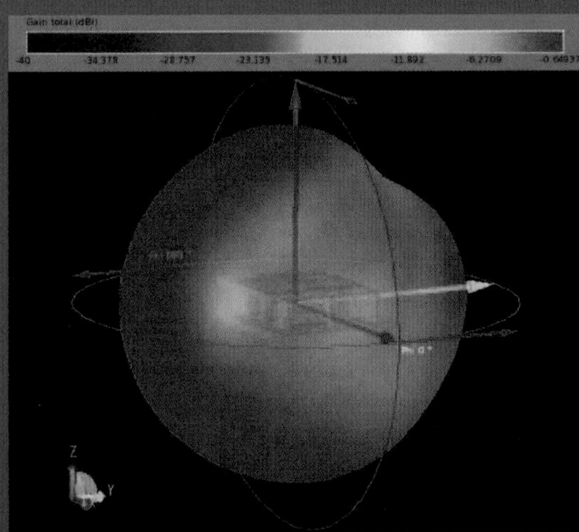

21MHz用のMLAとマンション全体を含む放射パターン

電力利得（Gain）＝−0.6dBi，η＝54%．大地による反射は含まない

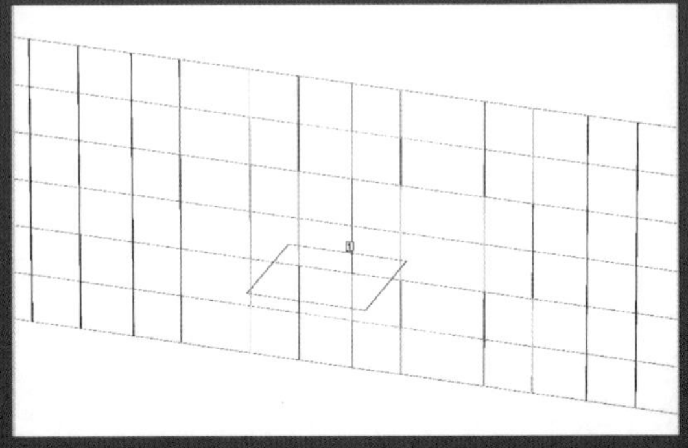

MLAの背後にある鉄筋を簡略化したモデル

鉄筋の表面に分布している電流（14MHz）

はじめに

筆者のうちの一人は，近所のアマチュア無線家の手ほどきを受け，中学生のころ庭に逆Lアンテナを立てました．短波帯も受信できる家庭用5球スーパー・ラジオでSWLを始めましたが，そのころ（1960年代）はSSBの黎明（よあけ）期で，JA1CNE 杉本 哲OMの名著『初歩のアマチュア無線の研究』をじっくり読んで，BFOを作りました．BCLにも夢中になり，夜中にアフリカの放送局から届く太鼓のインターバル・シグナルにうっとりしましたが，同時に「なぜ電線は空間の電気を吸い取れるのだろう…」という大ギモンがわき，このときから何年も悩み続けることになったのでした．

国試に合格して送信を始めると，もう一つの疑問を抱くようになります．アンテナ線の先端は開放（オープン）だから，電気回路の知識では電気は反射してすべて戻ってくるはず…いや待てよ．SWRを測ると反射は少ないので，電気は確実に「空間へ漏れている？」わけだ….

理屈はともかくやってみようというのがハムですが，電波（電磁波）は見えないので，電界や磁界といわれてもなかなかイメージできません．それをいいことに，アンテナは昔からモンキー・ビジネスの材料にされているふしがあるので，だまされないように，しっかりアンテナ技術を学んで予防線を張る必要があるでしょう．

思い起こせば中学生のころ，ローカル局の中にはお節介な（失礼）人々がいたようです（hi）．教えたくてうずうずしていた先輩方はかなり思い込みが激しく，あやしげな解説をとうとうと聞かされた覚えがあります．今となっては貴重な人生勉強ですが，筆者らがその立場になった今こそ，正しい情報を伝授しなくてはと痛感しています．そこで本書は，注意深く確かめながらまとめたつもりですが，「アンテナは不思議の宝庫」との思いは中学時代からまったく進歩していないという，自分のナイーブさに苦笑する執筆でもありました．

アンテナの魅力に取り憑かれて本書を手に取られた皆さま．どうぞ正しい知識を後輩に伝えていただき，さらなる深みにはまっていただけることを，切に願っております．

2013年7月　JG1UNE　小暮裕明
JE1WTR　小暮芳江

Contents

もくじ

本書の執筆にあたり，構造計画研究所（**http://www.kke.co.jp/**）のご好意により，米国Remcom社の電磁界シミュレータXFdtdをご提供いただきました．またSonnet Suitesをご提供いただいた米国Sonnet Software社長の旧友Dr. James Rautio，AJ3Kにも感謝の意を表します．

JG1UNE 小暮裕明， JE1WTR 小暮芳江

Chapter

1章 アンテナの分類

世界初のアンテナはヘルツが発明したダイポールです．針金の両端にはサッカーボールくらいの金属球または金属板があり，給電点には小さい金属球のギャップがあります．ヘルツ・ダイポールは空間に置いて使いますが，マルコーニは，片側のエレメントの代わりとして大地を利用しました．また，ヘルツは受波器と呼ばれた受信アンテナとして，1波長のループ・アンテナを発明してるので，今日(こんにち)アマチュア無線で使われている多くのアンテナのしくみは，すべて1800年代の終わりに発見されていたことがわかります．

マルコーニはヘルツのダイポールを追試し，両端に付けた金属板の一つを地面（写真では机の下）に敷いて使った（マルコーニ博物館にて筆者撮影）

1-1 接地型アンテナとは

ハムの入門アンテナの筆頭は，逆Lアンテナやダイポール・アンテナでしょう．筆者は，中学生のときにCQ ham radio誌で入門記事を読み，竹ざお2本でこれらのアンテナを完成させました．電線1本で誰でも工作できるので，いくつかの周波数用に試しましたが，そもそも電波の波長に合わせた寸法にしなければならない理由が，中学時代の筆者にはよくわかりませんでした．

父に相談すると，蔵書の「新ラジオ技術教科書」（日本放送協会 編）を読めばわかるとのこと．本の扉の写真はNHKラジオ放送用鉄塔で，高さが312mもある川口放送所でした．ここからの電波は筆者の短いアンテナでも良好に受信できるため，波長とアンテナ長の関係がますますわからなくなってしまいました．

各種の受信アンテナ

図1-1は，「新ラジオ技術教科書」で紹介されていた，各種受信アンテナの構造を表す図です．いずれのタイプもアンテナ線の長さの指定がないので，絵から判断した大まかな寸法で作りました．

アンテナ線はラジオのアンテナ端子につなぎました．ここで重要なのは，必ずラジオからアース線を伸ばして，良好な接地（アース）が必要だということでした．

当時の水道管は鉄パイプだったので，庭にある蛇口付近にアース線を接続しましたが，現在の水道管は地中部分が塩ビ管なので，この方法は採用できません．アース棒は，銅棒や鉄棒に銅メッキした数十cm長の製品があるので，それらを地中に埋めて使えば確実です．

なぜアースが必要なのか？

アースは，「アンテナに誘起された電圧によりアンテナ回路に流れる電流を，大地に導く役目をするものである」と説明されています．そこで，アンテナ自体の働きを先に知る必要があります．受信アンテナは，放送局から発射された「電波を再び電流の形で取り出す」役目をするものと説明されます．

電波が伝わる途中に針金などの導体があると，「電波のエネルギーによって導体中の電子が振動するので，それによって導体には電波の周波数と同じ周波

図1-1 「新ラジオ技術教科書」に載っていたラジオ放送受信用の各種アンテナ

数の高周波電流が流れる」というわけです．アンテナは，電圧が誘起されると電流が流れるので，アンテナの先端と大地の間に電位の差があるということです．例えば先端付近にプラスの電荷が分布している瞬間，大地にマイナスの電荷が分布していれば，アンテナ線には電流が流れるでしょう．

このようなアンテナは，イタリアのマルコーニ(1874－1937年)が実用化し，「接地型アンテナ」とも呼ばれています．

送信アンテナにもアースが…

図1-2は「新ラジオ技術教科書」に写真が載っていた，NHKラジオ放送用のアンテナの構造図です．2本の鉄塔にアンテナ支線を差し渡し，中央から垂らしたアンテナ線の長さは約270mありました．

図1-2の構造は**図1-1**のT型に見えますが，水平部は支線なので，アンテナ部は**図1-1**の垂直型と考えられます．また，送信周波数は590kHzだったので，波長は508.5mです．アンテナ線の長さは約270mで，これは½波長に近いので，垂直設置のダイポール・アンテナに見えます．しかし，送信所では良好なアース設備につないでいるため，これはやはり接地型アンテナです．

図1-3は，このアンテナ線に590kHzで給電したときの電界ベクトルの分布で，電磁界シミュレータXFdtdの計算結果を表示しています．

アンテナには電荷が集まる？

電界は電場とも呼ばれ，空間に広く分布する電位の勾配を表します．**図1-3**は，電界の方向と大きさを小さい円錐形で表現しているので，これらは電界

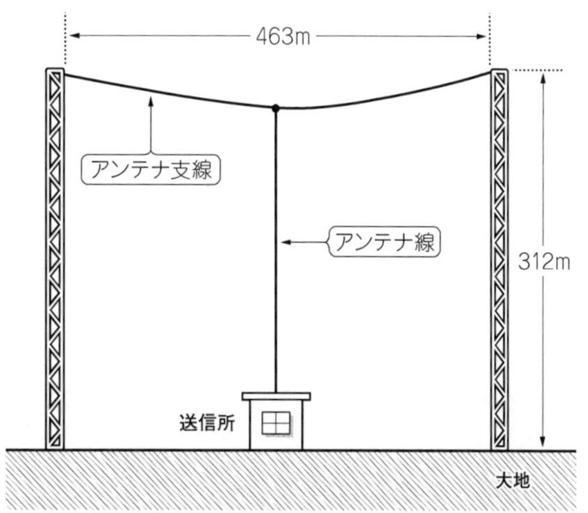

図1-2　埼玉県川口市にあったNHKラジオ放送用アンテナ

図1-3　ラジオ放送用アンテナの電磁界シミュレーション結果で，電界ベクトルを表している(位相角:90°)

ベクトルです．これらの円錐は，連ねると1本の線が描け，この線は電気力線(りきせん)と呼ばれています．

地面は理想導体に設定していますが，その付近に強い電界が集まっているときに，先端付近の電界もやはり強くなっています．また電界ベクトルは，地面やアンテナ線の表面に対してほぼ垂直に出入りし

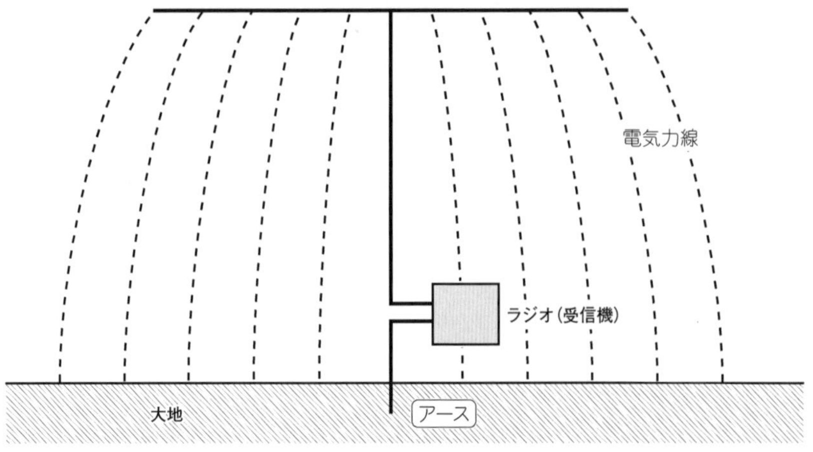

図1-4
T型受信アンテナの電気力線はこうなるのか？

ていることがわかるでしょう．

図1-3の瞬間は，地面付近にプラスの電荷が分布し，アンテナの先端にはマイナスの電荷が集まっているように見えます．そして，これらの符号は電波の振動と同じように変わり，1秒間の振動数は590kHz＝590×1000＝59万回ということです．

受信アンテナの周りの電界は？

図1-1のT型アンテナは，水平線もアンテナ線です．また，こちらは受信アンテナなので，電界ベクトルはどのように分布するのでしょうか？

電気力線は，導体表面に対して垂直に出入りするので，図1-4のような電気力線が描かれているアンテナの教科書があります．これは大まかな表示ですが，この図は正しいといえるのでしょうか？

図1-5は，T型受信アンテナの左方向に送信アンテナがあり，右へ向かって590kHzの電波が進んでいるときの電界ベクトルです．水平部は10m，垂直

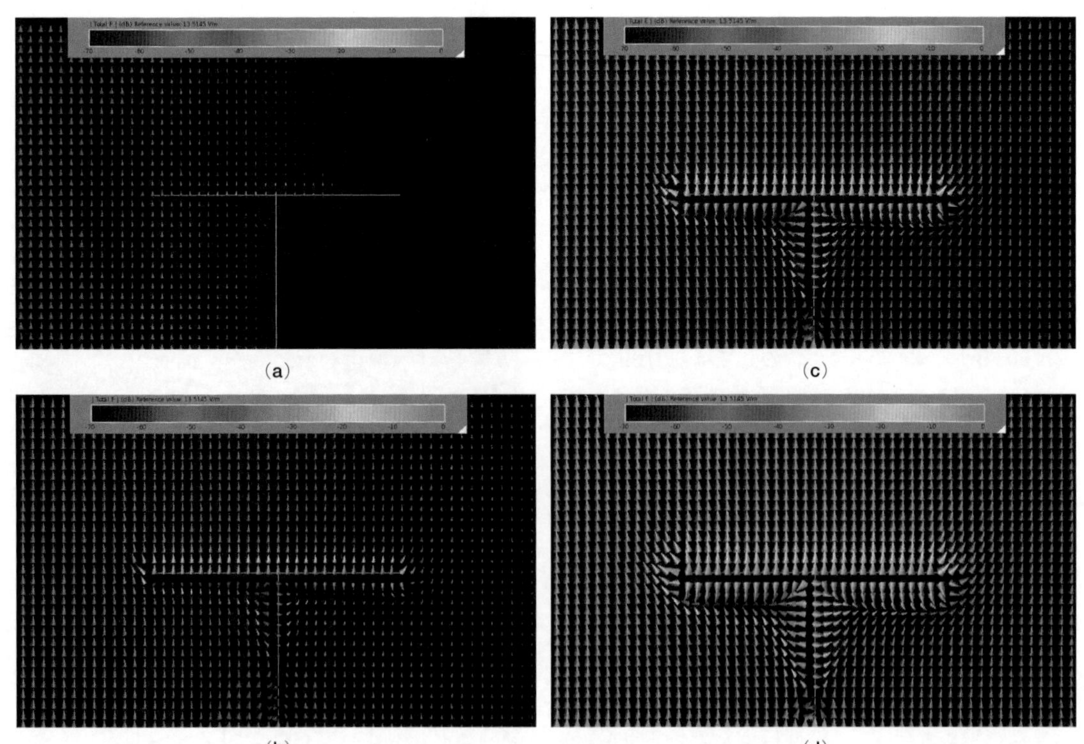

図1-5　T型受信アンテナの左方向から右へ向かう電波の電界ベクトル
各コマの時間差は0.037μ秒

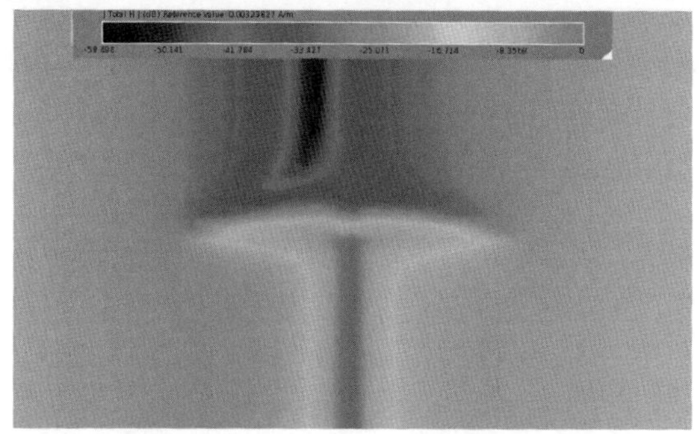

図1-6　T型受信アンテナの周りの磁界強度

部は6mで，大地を想定した理想導体にアースを取っています．また，アンテナ線は，地面に近い位置で切り開いて，受信機の負荷を想定した50Ωの抵抗を接続しています．

大地に対する電界ベクトルの向きを「偏波」といいます．**図1-3**からもわかるとおり，NHKのラジオ放送は垂直偏波を使っています．そこで，**図1-5**も左端から垂直偏波の電波を到来させていますが，電界ベクトルは受信アンテナに近づくと電線の表面に対して垂直に分布していることがわかります．また，受信アンテナは波長に比べて十分短いのですが，電線の付近には強い電界が発生しています．

これらから，受信アンテナ周りの電気力線は，**図1-4**よりもはるかに複雑なことがわかりましたが，電界ベクトルは常に金属表面に垂直であるという現象は，実にシンプルです．

受信アンテナの周りの磁界は？

図1-6は，十分時間が経ったときの磁界強度の分布を表しています．磁界は磁場ともいい，磁界ベクトルを連ねると磁力線が描けます．

磁力線は，イギリス（イングランド）の物理学者ファラデー（1791－1867年）によって考案されました．理科の時間に学んだ，電磁石やコイルの周りの磁力の分布を説明する図を覚えているでしょう．

図1-6によれば，磁界はアンテナ線の垂直部に渡ってほぼ同じ強さで観測されており，どの位置も同じくらいの電流が流れていることを表しています．

磁力線は，電線に電流が流れているときに，それにまとわりつくようなループ状に分布します．**図1-7**は，**図1-5**と同じように，T型受信アンテナの左方向から右へ向かう電波の磁界ベクトルで，アンテナ中央の水平面を表示しています．

波面が近づくと，電線に磁力線がまとわりつき始めて［**図1-7(a)**］，その後，磁界の向きが逆転すると，電線の周りにループができています［**図1-7(b)**］．こうして電線には誘導電流が流れ，ラジオ（受信機）に信号が届くというわけです．

アンテナ線は波長に比べて十分短いので共振はしていませんが，受信機にはラジオ放送の信号波形に応じた高周波電流が流れることが想像できるでしょう．

接地型アンテナの元祖は？

本章のタイトル写真は，マルコーニがヘルツのダイポールを追試したときのアンテナで，ヘルツが両端に付けた金属板の一つを，地面（写真では机の下）に敷いています．

また，**写真1-1**（p.20）は彼が考案した高さ8mのアンテナで，約2,400m先の通信に成功しています．アンテナ先端の四つの金属箱は，ヘルツ・ダイポールの金属球に相当しており，電荷をためる目的で付けられています．また，アンテナの下端は大地に接

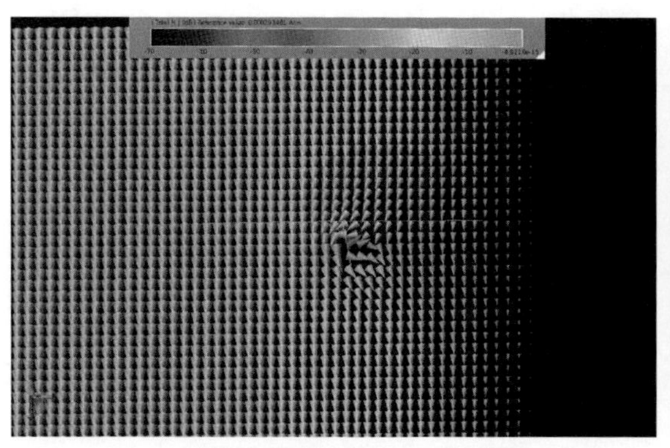

(a) 水平面の磁界ベクトル（0.074μ秒後）

(b) アンテナ線にまとわりつくループ状の磁界ベクトル（0.89μ秒後）

図1-7　T型受信アンテナの磁界ベクトル

写真1-1　マルコーニの接地型アンテナ
イタリアのボローニャ郊外の彼の別荘にて（筆者ら撮影）

図1-8　トタン屋根に接地した21MHz用垂直アンテナの電磁界シミュレーション・モデル

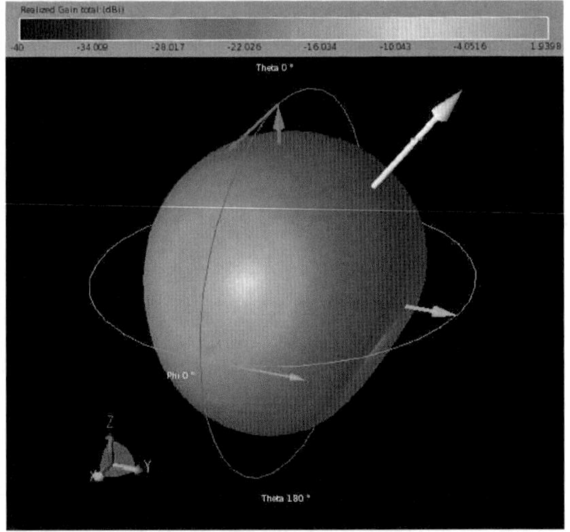

図1-9　トタン屋根に接地した21MHz用垂直アンテナの放射パターン

地され，これと空間に張り出した金属箱付きアンテナとの間に電気が加えられました．

この実験よりも前，1800年代の中ごろには，川を挟んで二つの電極を離して通信する「導電式無線通信」の実験が行われています．また大地に強い電流を流して，この電流で通信する実験も成功しており，これが後にマルコーニのアースのアイデアにつながったと考えられます．

トタン屋根の効果

HF帯の垂直アンテナは，大地の代わりにトタン屋根にアース線を接続するとFBです．**図1-8**は，5m×5mのトタン板の縁に給電した3.4m長の垂直アンテナで，21MHzで共振しています．

図1-9は動作時の放射パターンで，ほぼ全方向へ放射しています．斜め右上に向かう白い矢印は，この方向への放射が最も強いことを示し，この方向をボアサイト（Boresight）と呼んでいます．

このときの放射効率は98%と計算されたので，アンテナに給電される電力のほとんどが放射されることがわかりました．

また，**図1-10**はトタン屋根の中央に設置した場合のモデルです．**図1-11**の放射パターンによれば，天頂方向を除き，全方向へ均等に電波が出ているようすがわかります．

これは垂直設置のダイポール・アンテナに近いですが，実際には家屋の影響や大地による反射があるので，ややゆがんだ放射パターンになるでしょう．

中央設置の放射効率は97%で，わずかに低くなりましたが，これはトタン板の縁に強く流れる電流［**図1-12(a)**］と，中央部から均等に分布している場合［**図1-12(b)**］の違いによるものと思われます．

大地は誘電体（絶縁体）として扱えますが，水分を含んでいるので，電流が流れます．しかし，短い

図1-10　トタン屋根の中央に設置した21MHz用垂直アンテナの電磁界シミュレーション・モデル

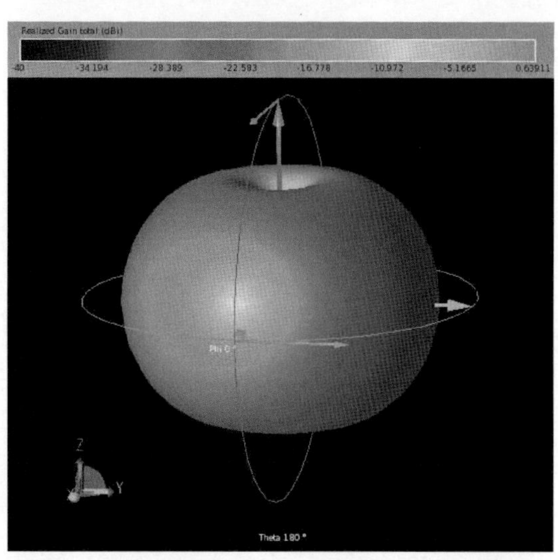

図1-11　トタン屋根の中央に設置した21MHz用垂直アンテナの放射パターン

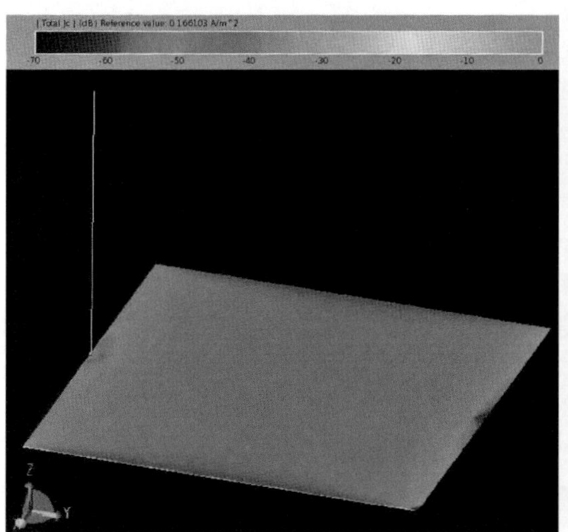

(a) トタン板の縁に接地したとき

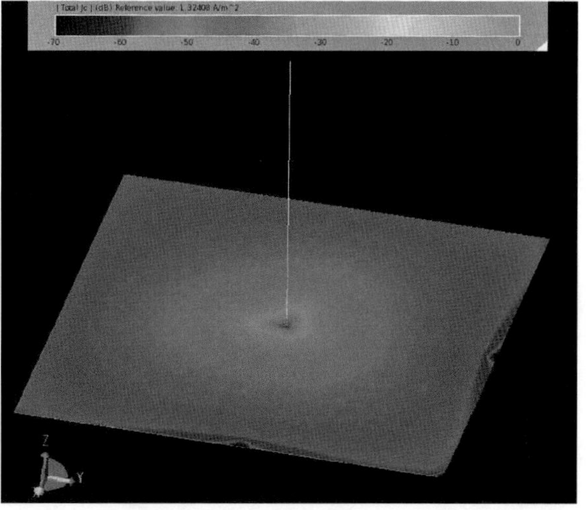

(b) トタン板の中央に接地したとき

図1-12　トタン板に接地したときの表面電流分布

アース棒を差し込んだだけでは，一般に接地抵抗が大きいので，トタン板を使った場合ほど放射効率は高くなりません．

そこで登場するのが放射効率の高い「非接地型アンテナ」ですが，発明の歴史としては，実はこちらのほうが先だったのです．

1-2　非接地型アンテナとは

アンテナの歴史をたどれば，ファラデー（1791－1867年），マクスウェル（1831－1879年），ヘルツ（1857－1894年），マルコーニ（1874－1937年）の絶妙なリレーを思い出します．

アンテナの発展に貢献した科学者は数えきれませんが，ドイツの物理学者ヘルツは**写真1-2**（p.22）のアンテナで，マクスウェルが予言した電磁波を世界で初めて実証しました．

ファラデー博物館を訪ねて

ロンドンにあるファラデーの博物館には，彼の実験室が再現されています（p.22，**写真1-3**）．エルス

写真1-2　両端に金属球を配したヘルツ・ダイポール（ミュンヘンのドイツ博物館にて筆者ら撮影）

写真1-3　ファラデーの実験室の一部（ロンドンのファラデー博物館にて筆者ら撮影）

テッド（1777－1851年）やアンペア（仏語読みではアンペール：1775－1836年）は，「電流から磁気が作れる」ことを発見しましたが，ファラデーは逆に「磁気から電流が作れるのではないか」と考え，コイルの中で磁石を出し入れすると電気が発生するという電磁誘導を発見しました．

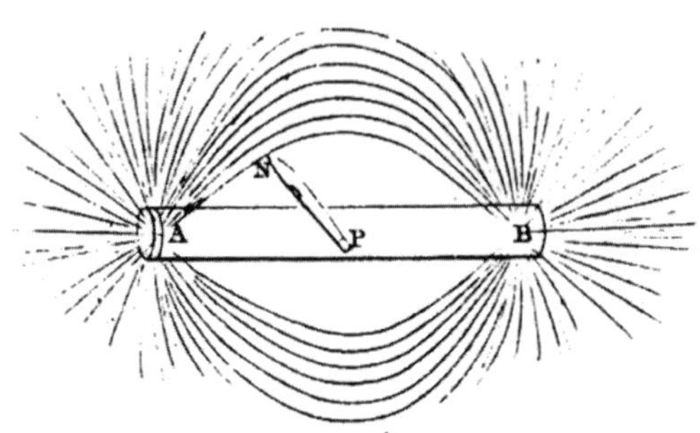

図1-13　ファラデーが描いた磁力線のスケッチ

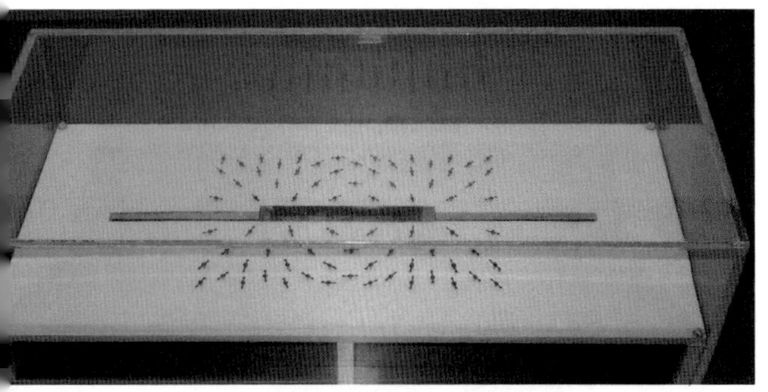

写真1-4　多くの磁針の向きで棒磁石の周りの磁力線をイメージできる（ドイツ博物館にて筆者ら撮影）

図1-13は彼が考案した磁力線のスケッチです．これは，**写真1-4**に示す装置の多くの磁針を連ねた線に一致しています．また**写真1-5**は，彼が作った地球の磁場の強さを測定する装置です．矩形のループ銅線に整流子をつけ，回転軸が地球の子午線に直交するように回して，ガルバノ・メータで地磁気による誘導電流を測ったのだそうです．

マクスウェルの大予言

ファラデーを師と仰ぐイギリス（スコットランド）の物理学者マクスウェルは，力線の図解だけでなく数学も得意だったので，磁界を表す磁力線の絵をなんとか数式で解くことに努めました．そして1857年には『ファラデーの力線について』という論文を発表しました．

その後，1861～1864年の間に『物理学的力線について』と『電磁場の力学理論』を発表して，有名なマクスウェルの方程式を導き，ついに「電磁波（電界と磁界の波）が発生する」ことが予言されたのです．**写真1-6**は彼の肖像です．左側の手紙には彼の方程式の一部が書かれています．

ヘルツの実証実験とは？

ヘルツは，**写真1-2**の送波装置で実験をしました．中央の小さな二つの金属球にはギャップ（すき間）

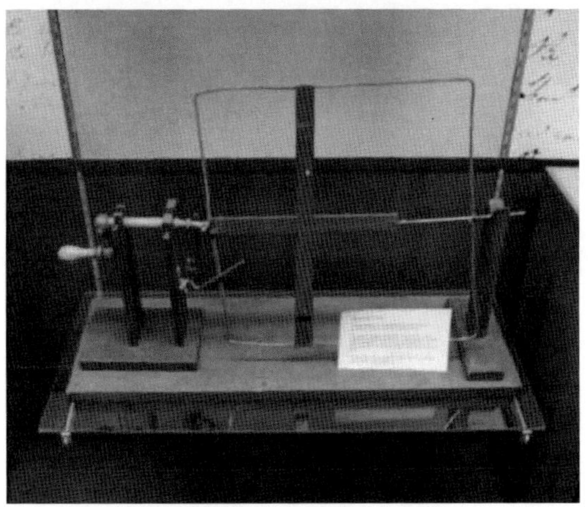

写真1-5　地球の磁場の強さを測定した装置

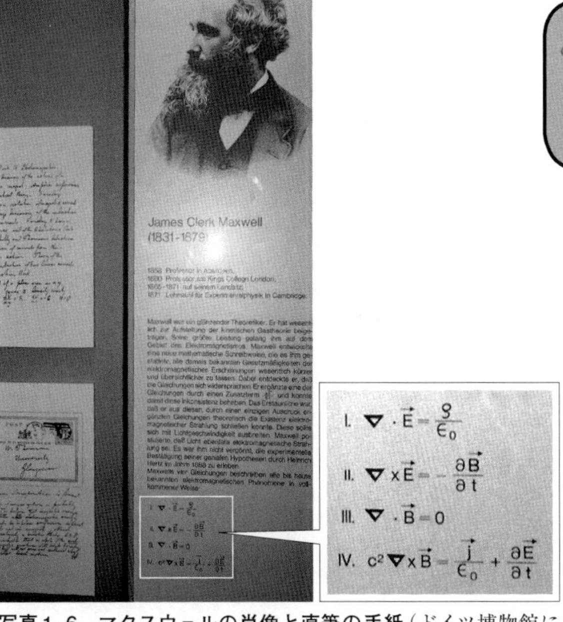

写真1-6　マクスウェルの肖像と直筆の手紙（ドイツ博物館にて筆者ら撮影）
拡大部分は彼の電磁方程式

があり，そこから左右に伸びた導線の先に，サッカーボールくらいの金属球体が付いています．

これは後にヘルツ・ダイポールと呼ばれるようになりました．ギャップには，高電圧を発生する誘導コイルの両端から出した導線（写真にはない）がつながり，自動車のイグニッションのように火花放電を発生させて電波を送り出します．

ヘルツ・ダイポールと誘導コイルは，ヘルツ発振器とも呼ばれ，これらは今日の送信機と送信アンテナです．彼は，**図1-14**のようなループ状の装置で，受信された電波を確かめようとしました．**写真1-7**（p.24）は，ドイツ博物館の展示で，ループの先端にギャップを設けた小さな金属球があります．誘導コイルの近くで電気を感知する（誘導電流が流れる）と，ギャップに火花放電が発生するしくみです．

ヘルツ・ダイポールの周りの電磁界

p.24の**図1-15(a)**は，垂直設置のヘルツ・ダイポールの周りにできる電界ベクトルの分布です（電磁界シミュレータXFdtdを使用）．導線の中央で給電していますが，上下の金属球体間に電気力線が分布し，コンデンサのように電気エネルギーが集中していることがわかります．

ここで，電界ベクトルは，球体表面から垂直に出て，他方の球体表面に垂直に入っていることに注目

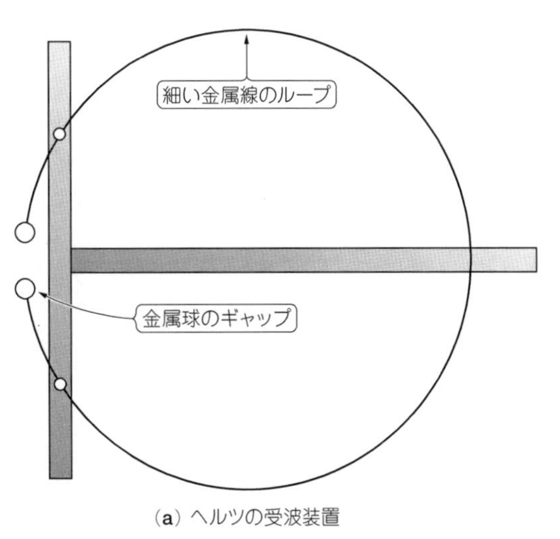

(a) ヘルツの受波装置

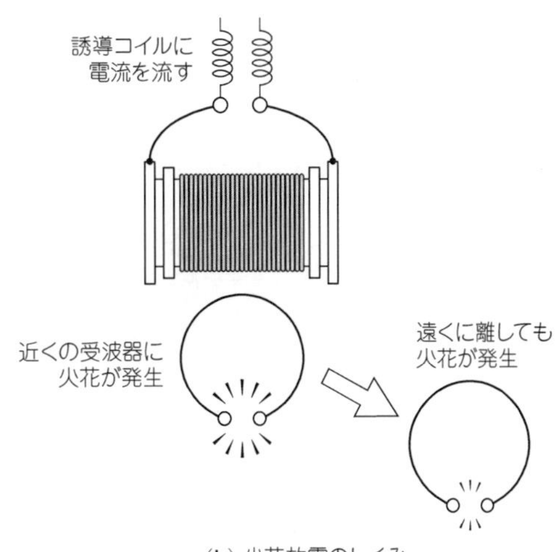

(b) 火花放電のしくみ

図1-14　ヘルツの受波装置による電波の観測

写真1-7　ヘルツの肖像と彼の受波装置

してください．このため，球体の側面付近では，水平方向へ押し出されるような長い経路の電気力線が描けます．

次に，図1-15(b)は水平面の磁界ベクトルの分布です．球体同士を結ぶ導線の周りに磁力線がまとわりつくように発生して，ループ状に広がっていることがわかります．空間をたどると，回転の向きが交互に変わっていることにも注意してください．その境は磁界がゼロですが，これは½波長ごとに現れています．

電波の旅立ち

マクスウェルは，磁力線が発生するのは電流の周りだけでなく，「変化する電気力線」の周りにも発生することを見出しました．この仮想的な電流は，彼によって「変位電流」と名づけられ，導体内の電流（伝導電流）と一緒にしてこれを電流とすれば，電流はすべての場所で連続であるという方程式が生まれました．

図1-16はドイツ字体による彼のオリジナルの表現で，$\dot{D}$が変位電流を示しています．

図1-17(a)の平行平板コンデンサに交流の電流を流すと，空間を変位電流が流れ，その量は交流の周波数が高いほど大きくなります．点線は電気力線のようすを表しており，この図では，電波は極板の間にだけ発生することがわかります．

図1-17(b)は，板を直方体に変えたもので，図1-17(a)よりも広い空間に変位電流が流れやすいことがわかります．また図1-17(c)は，これを球体にしたもので，空間に対して表面積を増やして，電気力線が空間に広がりやすくしています．

極板間に電気力線が集中している図1-17(a)では電波はほとんど放射されません．しかし，図1-17(c)の点線が示すように，電気力線が空間に広がっているときには，その先に電磁波の放射が発生す

(a) 電界ベクトル（電気力線）

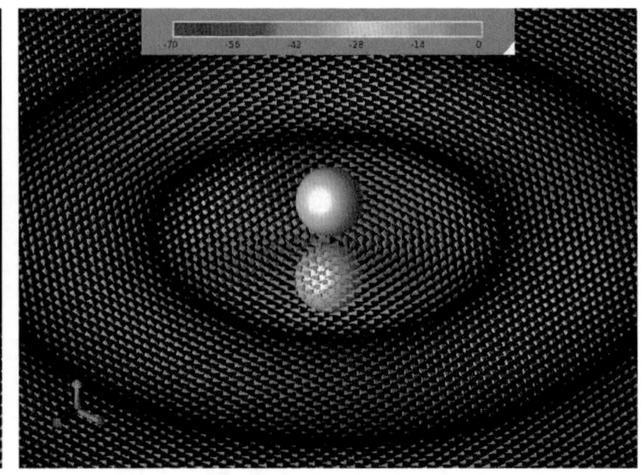

(b) 磁界ベクトル（磁力線）

図1-15　ヘルツ・ダイポールの周りの電磁界

$$\mathfrak{C} = \mathfrak{K} + \dot{\mathfrak{D}},$$

(Equation of True Currens)

C＝K＋D をドイツ字体で表記

図1-16　ドイツ字体による変位電流の表記

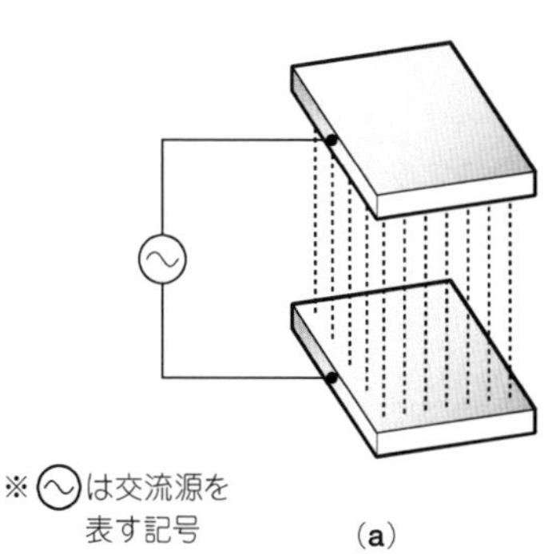

※〜は交流源を表す記号

(a)

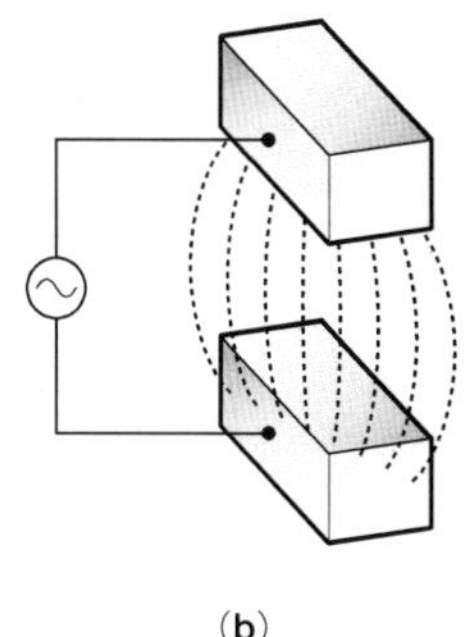

(b)

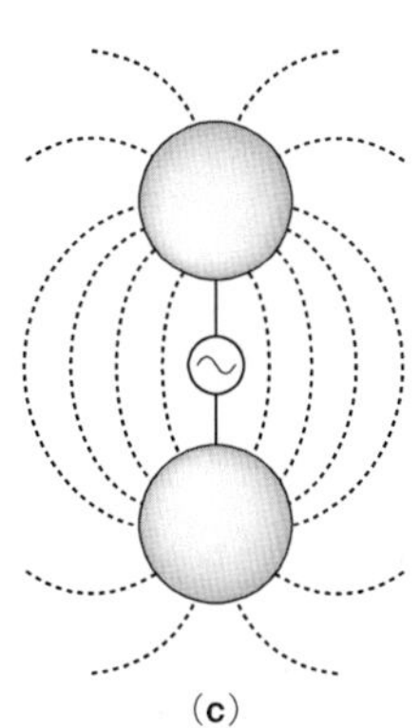

(c)

図1-17　電波を生み出す方法
(c)はヘルツ・ダイポール

ると考えられます．また**図1-17**(c)は，**図1-15**や**写真1-2**のヘルツ・ダイポール・アンテナと同じ構造であることがわかるでしょう．

このように，空間に浮いているタイプは「非接地型アンテナ」と呼ばれています．これはワイヤによるダイポール・アンテナの元祖といえます．

1-3　開口面アンテナとは

マイクロ波帯やミリ波帯で使われるアンテナに，ホーン・アンテナがあります．ホーンとはラッパ(horn)のことで，このアンテナは開口面アンテナの代表の一つです．

ホーン・アンテナとは

図1-18(p.26)はホーン・アンテナのシミュレーション・モデルで，**図1-19**(p.26)は，アンテナの中央断面の電界強度分布の表示です．ホーンの右端には方形導波管が接続されており，導波管を伝わる電磁波が，ホーンの口を出てから前方に向かって放射されているようすがわかります．

方形導波管内の電界ベクトルは，上下の導体壁に垂直に出入りし，ホーンの口に向かって進むに連れて扇形に広がっています．放射電磁界は，ホーンの口がある面から押し出されており，この面をアンテナの開口面といいます．

開口面を持ったアンテナが開口面アンテナ(aperture antenna)ですが，例えば**図1-20**(p.26)のように，基板のグラウンド層と電源層で形成された開口部にも，周波数によってはこの開口面アンテナの電磁界と同じような状況が考えられます．

また，ホーン・アンテナの給電線路として使われている方形導波管は，ホーン部分を取り除いて，導波管だけにしたときの開放端の開口部からも電磁波が放射されます．

ホーン・アンテナの特徴

磁界ベクトルは金属面に対して平行に分布するので，**図1-21**(p.26)に示されているように，導波管

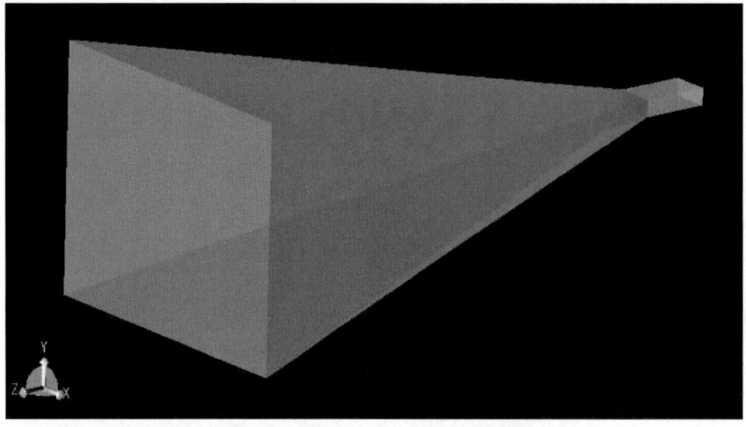

図1-18
ホーン・アンテナの
シミュレーション・モデル

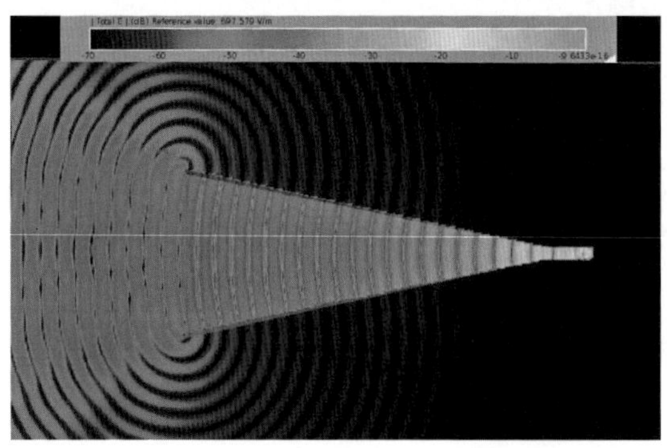

図1-19　ホーン・アンテナの垂直断面の電界強度表示
（9.3GHz）
ラッパの開口部（14.6×18.5cm）から電界が前方へ押し出されているようすがわかる

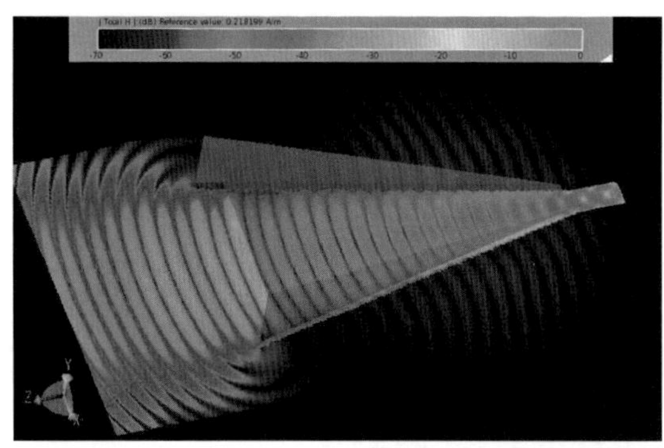

図1-21　ホーン・アンテナの水平断面の磁界強度表示
（9.3GHz）
導波管内を移動するループ状の磁力線は，開口面から前方へ押し出されている

内で発生したときからループ状です．また，これがホーン内を進んで空間に押し出された後も，ループのまま広がっています．

一方，電界ベクトルは金属面に対して垂直に分布するので，**図1-19**でわかるとおりホーン内ではループ状ではありません．しかし，開口部の縁を頼りにして波紋が広がっていることに注意してください．

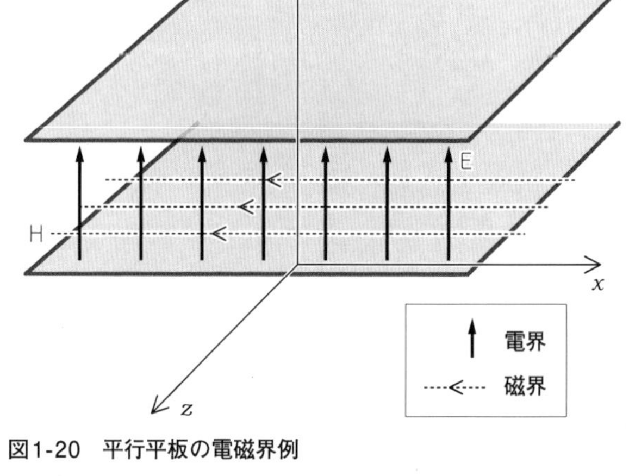

図1-20　平行平板の電磁界例

図1-22は，開口部付近の電界ベクトルを拡大しています．よく見ると電界ベクトルを連ねた電気力線はループ状になっていることがわかります．

開口面アンテナのいろいろ

図1-23は，ホーン・アンテナにいたる開口面アンテナの仲間を順に示しています．これらは開口面系とも分類され，電波を特定方向へ絞り込むアイデアで，空間へ向けて口が開いた構造になっています．

元祖はヘルツによって実験され，放物面を持つ反射板をヘルツ・ダイポールに付けた構造です．彼は，世界で初めて電波の存在を実験で確かめ，次に，電波が光の性質を持っていることを確認する装置を考案しました（**図1-24**，**写真1-8**）．

このアンテナの中央にはヘルツ・ダイポールがあり，金属板で囲いを付けて前方に向けています．これは，光をわん曲した鏡で反射させて集中するアイデアをもとにしています．これによって，電波を一

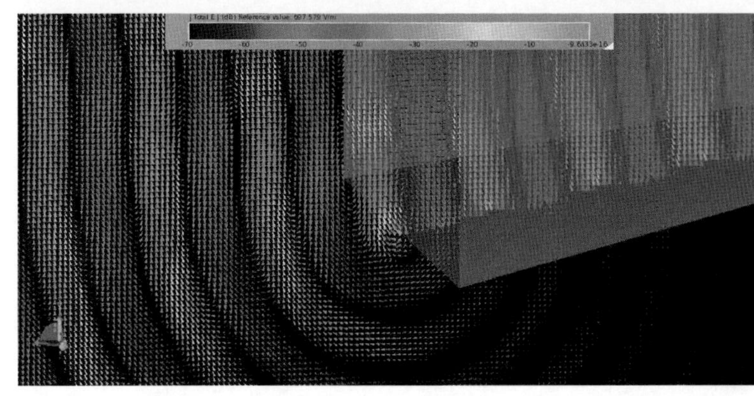

図1-22
ホーン・アンテナの
開口部付近の電界ベクトル
電気力線はループ状になっている

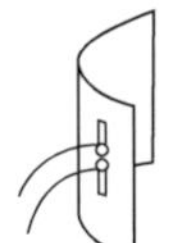

（a）
ヘルツの放物面鏡を
利用した送波装置
（1888年）

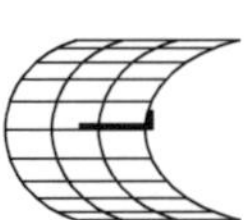

（b）
マルコーニ放物円
柱アンテナ
（1933年）

（c）
キングのホーン・
アンテナ
（1935年）

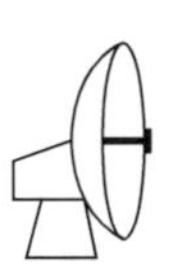

（d）
パラボラ・アンテナ
（1935年）

（e）
ホーン・レフレク
ター・アンテナ
（1948年）

図1-23
開口面系アンテナの変遷

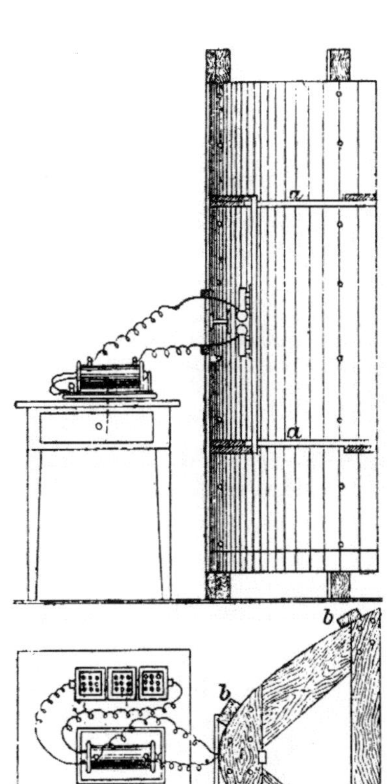

図1-24　放物面反射鏡を利用したヘルツの送波装置

写真1-8　ヘルツが自作した放物面反射鏡を持つ送波装置

写真1-9　超短波を実験中のマルコーニ（写真左．1931年の撮影）

ON THE TERRACE OF THIS HOTEL
BETWEEN THE 2ND AND 6TH
OF AUGUST 1933
AT AN ALTITUDE OF 38 METERS
ABOVE SEA LEVEL
GUGLIELMO MARCONI
WITH A BRILLIANT STROKE OF GENIUS
AND PERFECTION OF TECHNIQUE
TRANSMITTED FOR THE FIRST TIME
BY MEANS OF MICROWAVES OF 60 CM
RADIO TELEGRAPHIC AND
RADIO TELEPHONIC SIGNALS
TO A DISTANCE OF 150 KILOMETERS
JULY 1938

写真1-10　ホテル入り口のパネル（筆者ら撮影）

方向へ強く放射することができれば，マクスウェルが提唱したように，光は電波と同じ電磁波の仲間だというわけです．

彼はまた，さまざまな波長を試した結果，66cmの波長の電波を使うと，この装置を送波装置と受波装置として，20m離しても受信できることを確認しました．さらに，送波装置と受波装置を互いに直交させると，まったく火花が観察されないことも発見しています．これは偏波を調べる実験で，この結果から電波が音波のような縦波ではなく，特定方向に偏って振動している横波であることがわかりました．

図1-23(e)のホーン・アンテナは，ダイポール・アンテナを使わずに導波管を伝わる電磁波を徐々に空間へ打ち出すガイドとして働きます．

写真1-9に写っているのは，**図1-23(b)**の放物線配置の反射器付きアンテナ（1933年）で，左側の人物が超短波を実験中のマルコーニです．彼らはイタリアのジェノバ近く，リビエラ地方に宿泊して実験を繰り返したようです．**写真1-10**はそのホテルの入り口の壁にあるパネルで，「マルコーニは1933年に500MHzの通信（150km）に成功した」とあります．

導波管を進む波

ホーン・アンテナに給電する導波管は，主にマイクロ波やミリ波用の伝送線路です．

図1-25は，方形導波管の側壁表面に流れる電流の向きを三角形で表示しています．右端は金属板で導波管を終端しており，このとき電流に沿った縦方向のスロット（細長い孔）を切っても，そこから電磁波はほとんど漏れません．

しかし，この電流を妨げるように水平方向のスロットを切ると強い放射が起こり，**図1-26**に示すように，導波管を短絡した右端の金属板にスロットを設けた，「導波管終端スロット・アンテナ」が考案されています．これは開口面アンテナではありませんが，導波管を進む波（これを進行波という）を空間

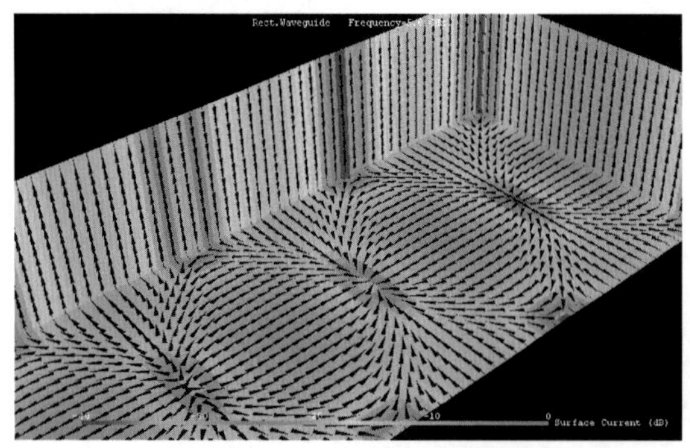

図1-25　方形導波管の側壁表面に流れる電流
電流の向きを三角形（くさび形）で表している

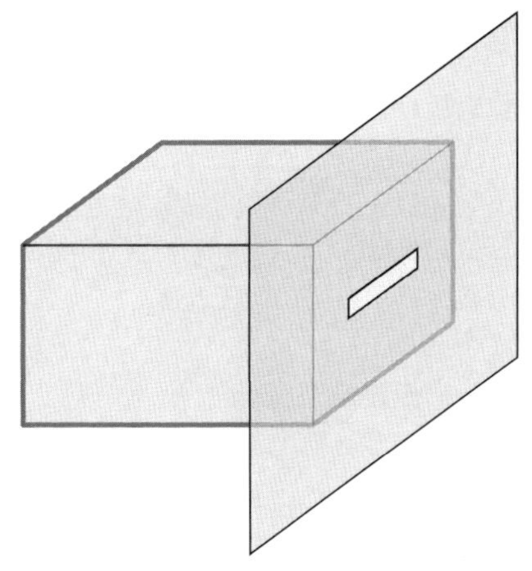

図1-26　導波管終端スロット・アンテナ

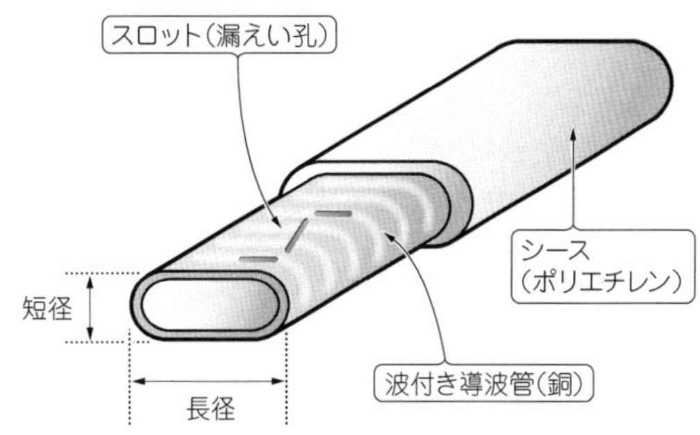

図1-27　漏えい導波管

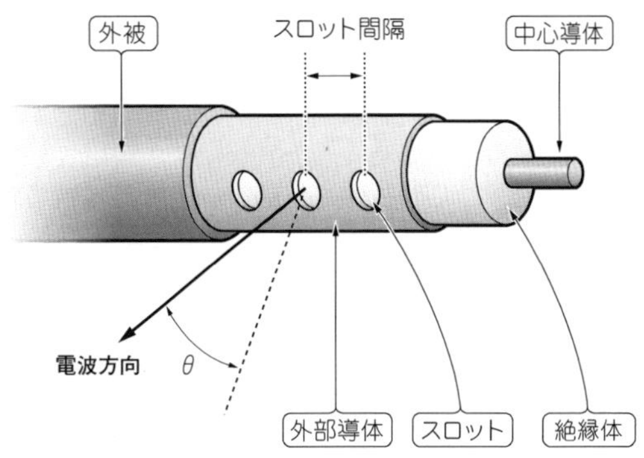

図1-28　同軸ケーブルの外導体に設けたスロット

へ放射するしくみとして，説明しています．

図1-27に示す漏えい導波管は，長円形断面の導波管に沿ってジグザグにスロットを切った構造で，高度道路交通システム(ITS)の通信システムとして開発されました．これは道路などの長い範囲に渡る，限られた狭い領域の通信に向いており，5.8GHz帯を使うため，損失をひじょうに小さくする必要性から，中空の導波管が採用されています．

また**図1-28**に示すように，同軸線路の外導体にスロットを切った漏洩同軸ケーブルは，新幹線の公衆電話システムでも使われ，列車沿線に敷設されています．長距離で信号の減衰量も大きく，途中に何か所も増幅器を置いて中継しています．

これらは漏えいアンテナとも呼ばれており，狭い空間をカバーすればよいので，スロット長は波長に比べて短くなっています．

携帯電話やスマホのニーズがコンパクト・アンテナを変える?

身近なコンパクト・アンテナは，携帯電話やスマホで使われていますが，内蔵されているので，どんなタイプのアンテナなのかわかりません．

図1-29は第3世代の携帯電話の外部アンテナで，エレメントを引き出すと，根元給電の½波長のダイポール・アンテナとして動作していた．これを本体に収納しても通信できたが，それは内部の逆Fアンテナが動作していたからだ．

逆Lアンテナは知っていますが，逆Fとはどんなアンテナですか?

接地系のアンテナは長さが約¼波長だ．½波長のダイポール・アンテナに対して，モノポール・アンテナと呼ばれている．

図1-30は，これをグラウンドに近い所で折り曲げてLの字にした逆Lアンテナだ．**図1-30(b)**に示すように，エレメントの電流とグラウンドの電流は互いに逆向きになり，水平のエレメントがグラウンド面に近づくほど両者の電磁的な結合が強くなる．

これは，マイクロ・ストリップ線路の配線とグラウンド導体に流れる電流の関係に近くなるので，等価的には両者の間にコンデンサが分布していると考えられますね．

そのとおり．逆Lアンテナは空間へ伸びるエレメントが短いので，ケースに内蔵するアンテナに向いているね．しかし，エレメントをグラウンドに近づけすぎると，構造がマイクロ・ストリップ線路に似てくるので，電波を放射しづらくなる．

配線路はアンテナとは逆に，互いに逆向きで同量の電流路を接近させることで，線路からの不要な放射を防いでいますね．

逆Lアンテナのエレメントがグラウンド導体に近すぎると，アンテナの入力インピーダンスは，容量性のリアクタンス（$-jX$）が大きくなる．リアクタンスを持てば，電圧と電流の位相がずれて，電源と負荷の間を往復するだけで仕事をしない無効電力を生じる．

アンテナは，給電点から見込んだインピーダンスをR（レジスタンス）だけに設計する必要があると聞いたことがあります．逆Lアンテナの不要なC（キャパシタンス）成分をなくすにはどうしたらよいでしょうか？

そこで登場したのが逆Fアンテナのアイデアだ．逆Lの左側には，グラウンドへ至るループがあり，**図1-31**の電流分布でもわかるように，1回巻きのコイルを形成している．だから，この寸法を調整して$+jX$にできれば，$-jX$とキャンセルされて純抵抗Rのみになると考えられるね．

図1-32は電界ベクトルですが，水平エレメントとグラウンドの間に強い電界が生じているので，これは容量性のリアクタンス（$-jX$）をイメージできます．

図1-33は，このアンテナから放射する電波の強さを表す放射パターンだ．ややいびつな球体だが，すべての方向へ同じ程度に放射していることがわかるね．

最近はこの形状でも大きすぎて内蔵できないの

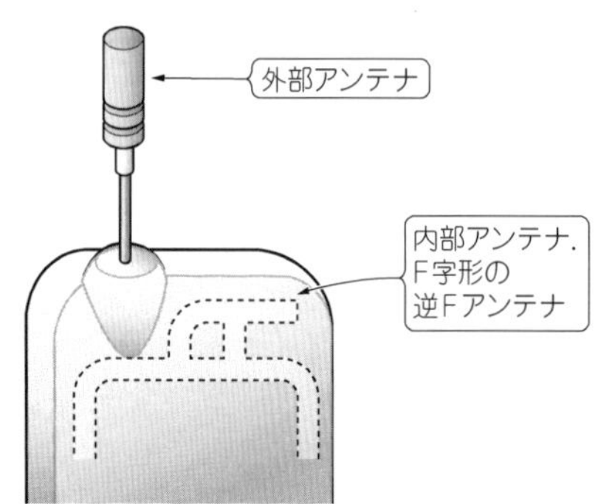

図1-29　第3世代の携帯電話のアンテナ

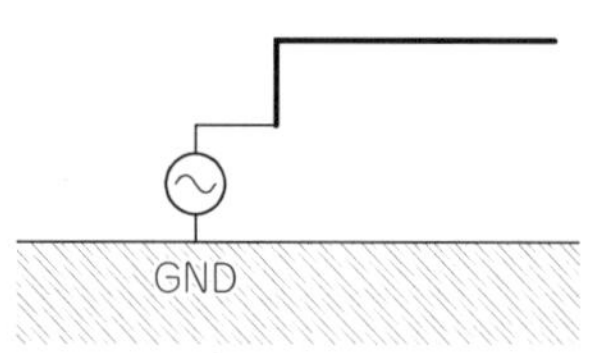

(a) 低背の逆Lアンテナ

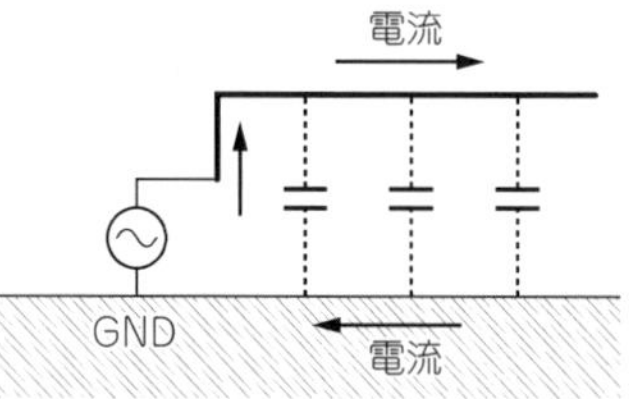

(b) GNDに近いとC（容量）が大きい

図1-30　内蔵に向いている逆Lアンテナの形状

図1-31　逆Fアンテナの表面電流分布
多くの円錐形の矢印で向きを，大きさで電流の強さを表現している

図1-32　逆Fアンテナの周りの電界ベクトル

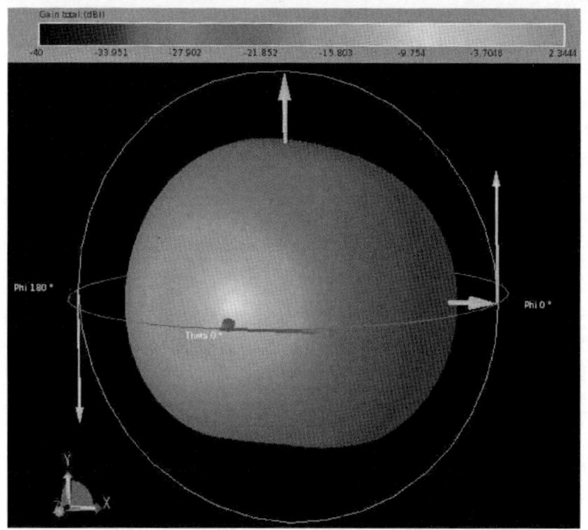

図1-33　逆Fアンテナの放射パターン

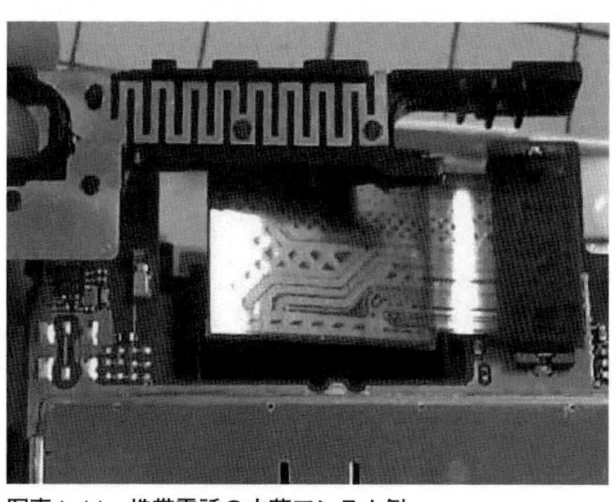

写真1-11　携帯電話の内蔵アンテナ例

で，**写真1-11**のようにエレメントをジグザグに折り曲げて収めている．これはメアンダ・エレメントと呼ばれているが，バネ状のコイルを平面に押しつぶしたような形だね．

かなり無理な折り曲げですね．左端の金属板はアンテナの一部でしょうか？　基板のグラウンドが離れていれば，グラウンドの縁には，気持ち良く（hi）電流が流れそうです．

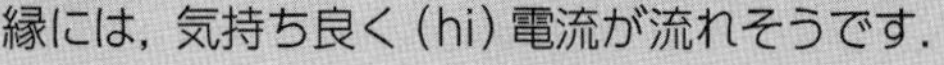

いいところに気づいたね．携帯電話やスマホの小型・内蔵アンテナは，本来のエレメントを大きくできないので，むしろグラウンドを放射のよりどころとして設計しているふしがある．

それは逆転の発想（?）ですね．ベランダにHF帯のアンテナはむりだとあきらめていました．特にローバンドでは，エレメントは短縮ホイップを使っても，ラジアル・ワイヤのほうを工夫すればFBです（**図1-34**）．

携帯電話やスマホのアンテナは，限られた狭い領域に実装されるが，それなりの性能を発揮している．プロの設計者たちは日々苦労しているから，コンパクト・アンテナを変える新たな発想に期待したいね．

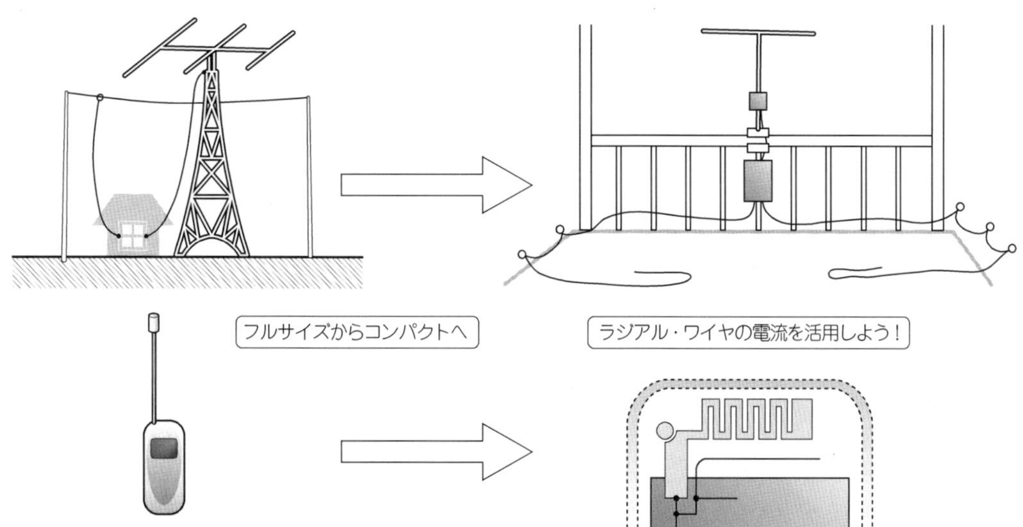

図1-34　携帯電話やスマホの斬新なアイデアがコンパクト・アンテナの世界を変える…？

Chapter 2 章

電界型のコンパクト・アンテナ

ヘルツが発明したダイポール・アンテナは，両端に金属球または金属板があり，コンデンサのように電荷が分布します．マルコーニは，片側のエレメントの代わりに大地を利用し，やはり大地との間に電荷が分布しました．電荷間にできる電位の勾配，つまり電界を発生させる構造が電磁波を生み出します．一方，これは空間を移動する電磁波の電界を引き込む構造でもあり，このタイプのアンテナを「電界検出型のアンテナ」あるいは単に「電界型アンテナ」と呼んでいます．

リニアロードでコンパクト化したトライバンド八木アンテナ KLM KT34A

2-1 そもそも電界とは？

コンデンサは，電圧を加えて電気を蓄える装置です．バリコンの羽根のように，対向する導体の間に電荷を蓄えると，プラスの電荷からマイナスの電荷に，ファラデーやマクスウェルが描いた電気力線で，電位の勾配を表すことができます．これが電界または電場です．

平行平板コンデンサの電界

図2-1(a)は第1章でも述べた平行平板コンデンサの電界（電気力線）です．また，図2-1(b)は電磁界シミュレーションによる電界分布の結果で，平板の寸法は10cm×10cm，間隔は1cm，リード線の中央で433MHzの正弦波（サイン波）信号を加えています．

リード線は，高周波ではL（インダクタンス）として働くので，この回路はある周波数で，コンデンサのC（キャパシタンス）とともにLC共振します．

図2-1(b)は，433MHzで共振しているわけではありませんが，図2-1(c)の電界強度分布でわかるとおり，両縁から空間へわずかにはみ出ています．また左半分の電界は，リード線の周りに分布する電界が広がっています．平板間の距離は波長に比べて十分短いので，空間へ押し出される電界は限られていることに注意してください．

押し出される電界

図2-1(d)は平板間の距離を5cmにしたモデルの電界強度分布です．平板の開口部から空間へ広がる電界が確認できるでしょう．

このモデルも433MHzで共振してはいませんが，黒色で抜けている電界がゼロの領域は，時間が経つに連れて広がっているので，弱いながらも電磁波を放射していることがわかります．

図2-2(a)は，上側の平板を90°回転して，平板間に分布する電界を，意図的に空間へ押し出そうとするアイデアです．電界ベクトルは，導体面に垂直に出入りするので，図2-2(a)に示すように，ある位置で電気力線のループができるのではないでしょうか？

図2-2(b)は，これを確かめるための電磁界シミュレーションの結果です．ある瞬間の電界強度分布ですが，右上の空間に電気力線のループが発生しているのがわかるでしょう．また，図2-2(c)は同じ瞬間の電界ベクトルの表示で，右上の空間にループ状の電気力線がイメージできるでしょう．

この装置からの放射は，図2-2(d)の放射パターンを描けば確かめられます．右上を向く長い矢印は

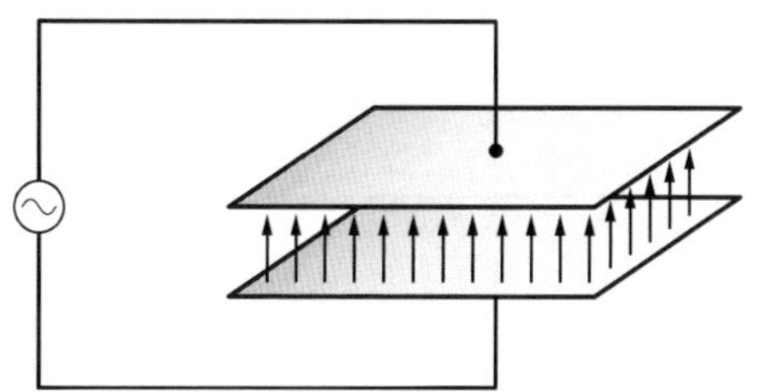

（a）平行平板コンデンサの電界（電気力線）

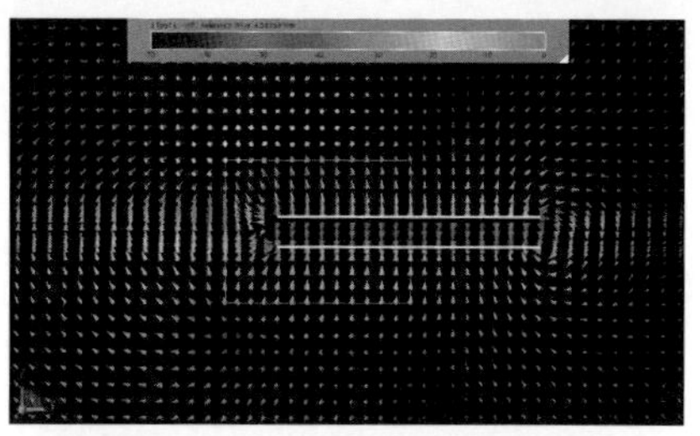

（b）電磁界シミュレーションによる電界分布

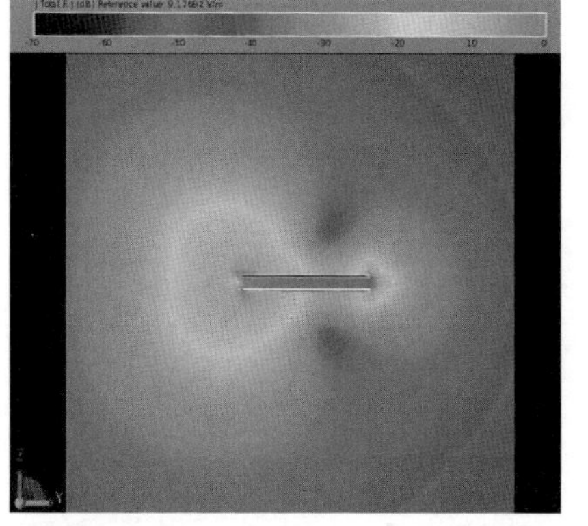

（c）平板の手前から2cm入った断面の電界強度分布

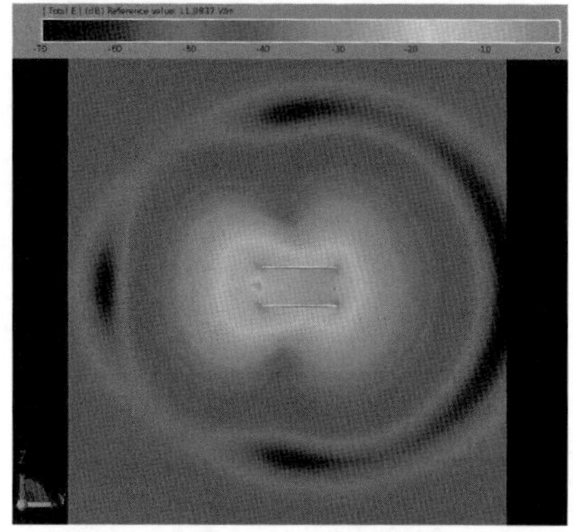

（d）平板を5cm離したときの電界強度分布

図2-1　平行平板コンデンサ

平板は10cm×10cm，間隔1cm，リード線の中央で433MHzの正弦波信号を加えている

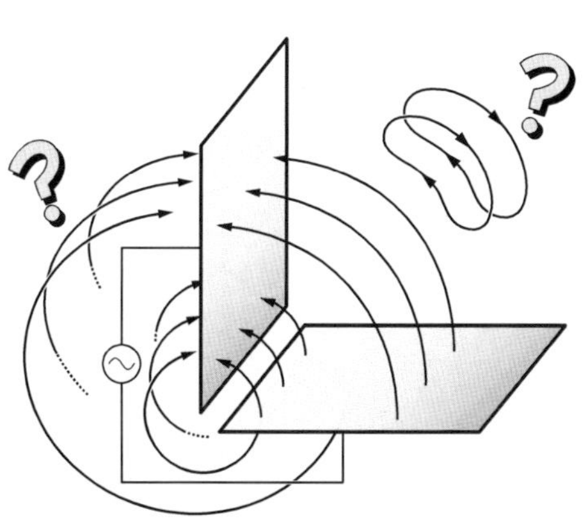

（a）90°回転した平板に分布する電気力線はこのように描けるのか？

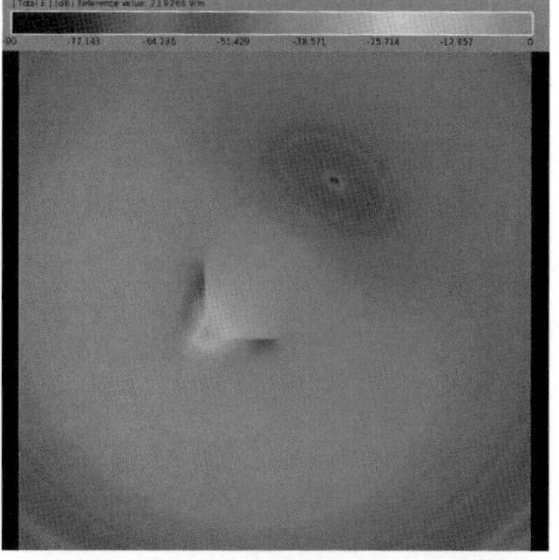

（b）平板の手前から2cm入った断面の電界強度分布（位相角：0°）．右上に電気力線のループが発生している

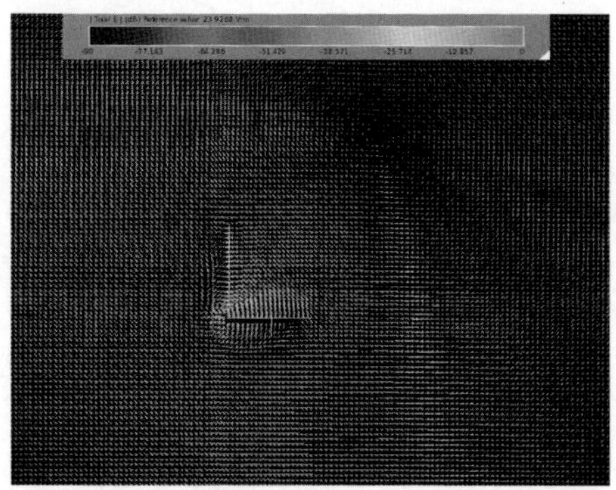

（c）電界ベクトル表示（位相角：0°）．右上の空間にループ状の電気力線がイメージできる

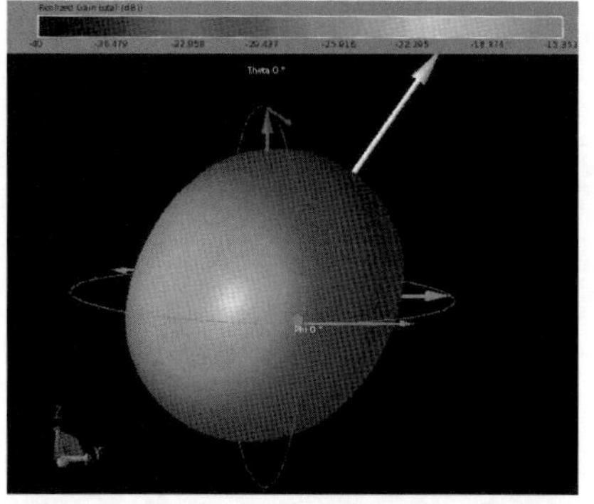

（d）放射パターンと電力利得のスケール

図2-2　上側の平板を90°回転してみる

(**a**) 同一面上に並べた平板に分布する電気力線はこのように描けるのか？

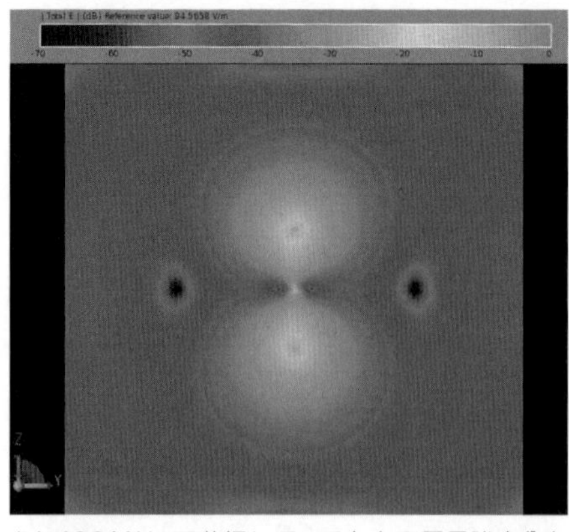

(**b**) 433MHzで共振しているときの電界強度分布（位相角：70°）

(**c**) 電界ベクトル表示（位相角：70°）．左右の空間にループ状の電気力線ができている

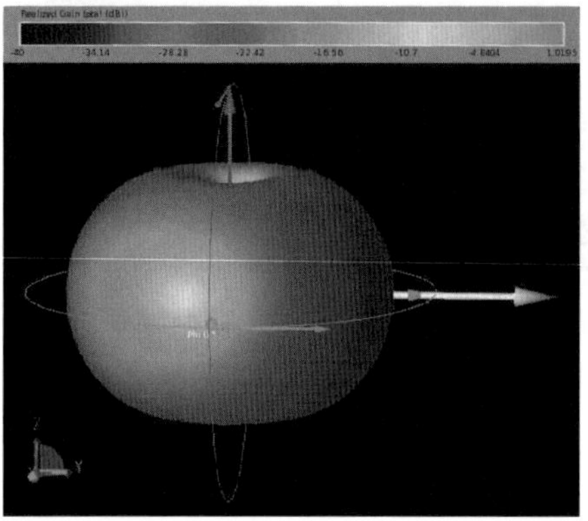

(**d**) 放射パターンと電力利得のスケール

図2-3　平板をさらに90°回転してみる

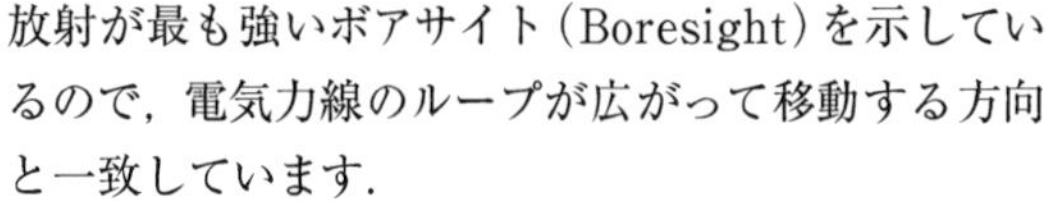

放射が最も強いボアサイト（Boresight）を示しているので，電気力線のループが広がって移動する方向と一致しています．

カラー・スケールの最大値は－15.4dBiで，これは利得の値です．このモデルも433MHzでは共振していないので，この値からもわかるように，放射量はわずかなのです．

さらに平板を回転すると…

さて**図2-3**(**a**)では，平板をさらに90°回転して同一面上に並べたときの電気力線を想像してみました．対称形なので，左右へ均等に放射すると考えられますが，手前にもループ状の電気力線がイメージできます（図では省略）．

図2-3(**b**)は，給電点に直列にLを加えたシミュレーション・モデルの電界強度分布です．433MHzで共振しており，左右に黒色で抜けている電界がゼロの領域が確認できます．また**図2-3**(**c**)は，同じ瞬間の電界ベクトルの表示で，電界がゼロの領域近くに，やはりループ状の電気力線がイメージできるでしょう．

図2-3(**d**)の放射パターンによれば，平板に垂直な右方向にボアサイトがあり，装置は対称形なので，左方向へも同じ大きさの放射があると考えられます．

手前や奥へもほぼ同じ強さの放射があるのは，予

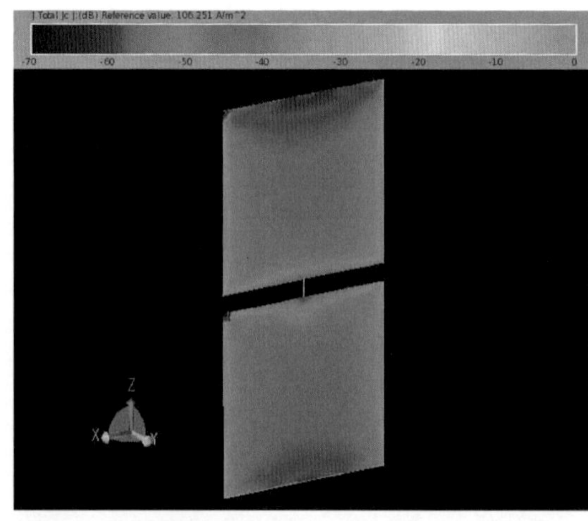

図2-4　平板表面の電流分布（433MHz）

想に反していると思われますが，垂直設置のダイポール・アンテナと同じような放射パターンが得られます．また433MHzで共振しているので，電力利得の最大値は1.02dBiとなり，これは針金で作った½波長ダイポール・アンテナの理論値2.15dBiに近い値です．

針金のダイポールとの違い

対向する平板に給電した場合も，それが共振している周波数では，針金のダイポール・アンテナと同じように放射することがわかりました．

図2-4はそのときの平板表面の電流分布で，縁に沿った強い電流が確認できます．針金に流れる電流は，エレメント長によって決まる共振周波数のときだけ最も強くなり，平板では電流の分布が面状に広がるので電流路も広く，使用できる帯域幅が広がるというメリットが期待できます．

2-2 電界を検出する

送信しているダイポール・アンテナは，両端に異符号の電荷が分布することから，電界（電気力線）をイメージすることができます．

一方，空間を移動している電磁波の電界は，ダイポール・アンテナによって，どのように検出されるのでしょうか？

平面波の移動と電界の検出

第1章では，受信用のT型アンテナに垂直偏波の電磁波が到来しているときに，エレメントの周りに電界が集まるようすを調べました．

図2-5は，水平置きの½波長ダイポール・アンテ

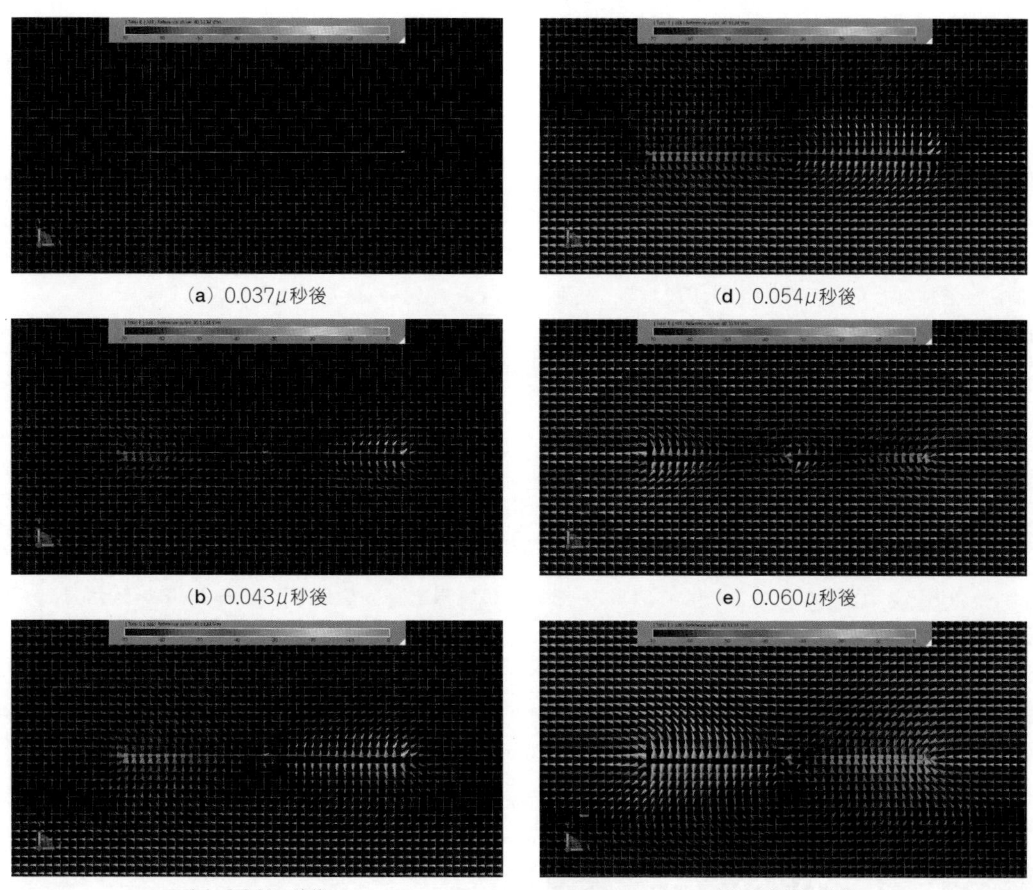

(a) 0.037μ秒後
(b) 0.043μ秒後
(c) 0.049μ秒後
(d) 0.054μ秒後
(e) 0.060μ秒後
(f) 0.066μ秒後

図2-5　ダイポール・アンテナがある平面の電界ベクトルの時間変化
平面波は図の下から上へ向けて進んでいる

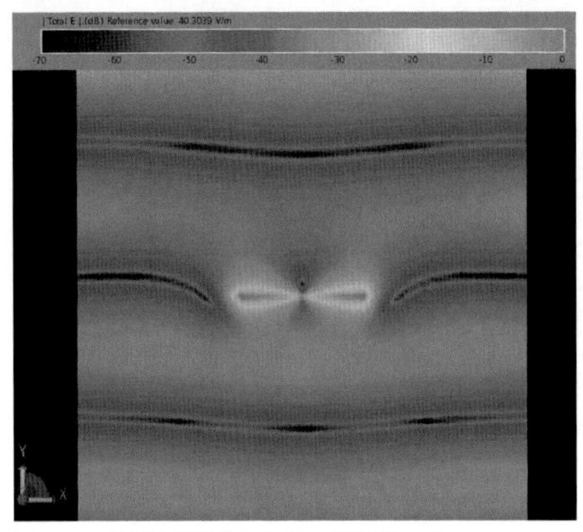

図2-6　電磁波が通過した後の電界強度の一コマ

ナに水平偏波の電磁波が近づいて，エレメントの金属表面に垂直な電界ベクトルが発生している瞬間です．

電界ベクトルは右へ向いており，磁界ベクトルは非表示ですがこれに直交しています．そこで，進行方向へ向かう両ベクトルは平面上にあり，これを平面波と呼んでいます．

図2-5は，ダイポール・アンテナがある平面だけを表示しており，平面波は図の下から上へ向けて進んでいます．このモデルは，エレメント長5.1mのダイポール・アンテナが28MHzの電磁波を受信しており，両端の電界ベクトルは互いに逆向きなので，両極は異符号であることがわかるでしょう．

時間が経過すると左右の極の符号が代わり，電流は右向きと左向きを交互に繰り返すことになり，その振動数は受信している電磁波の周波数に一致しているのです．

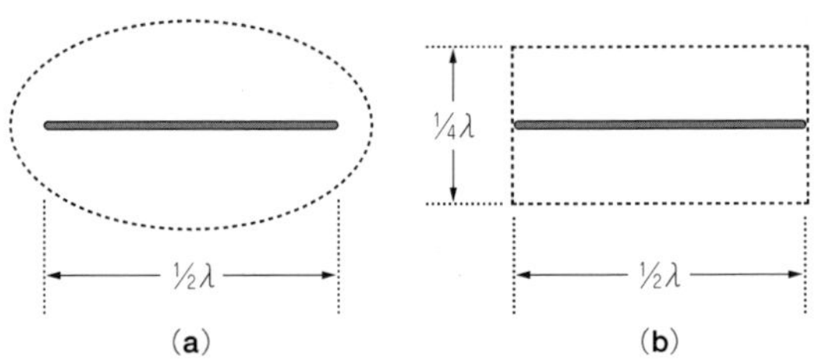

図2-7　½λダイポール・アンテナの実効面積

ダイポール・アンテナの検出能力は？

図2-6は，**図2-5**の表示範囲を広げているもので，電磁波が通過した後の電界強度の一コマです．

平面波の波頭は，アンテナから離れた位置では直線状ですが，アンテナの近くではエレメントからやや離れた位置で曲がっていることに注意してください．

これは，エレメントに直接接触していない近場の領域でも，空間を移動している電磁エネルギーの一部を取り込んでいる証（あかし）ではないかと考えられます．

このように，アンテナのエレメントの物理的な表面積ではなく，アンテナに電磁波が当たったときに，その周りのどれくらいの面積を通過する電磁エネルギーを吸収できるかという指標に使われるのが「実効面積」です．

図2-7(a)は，½λ（波長）ダイポール・アンテナの実効面積のイメージを点線で示しています．また**図2-7(b)**は，覚えやすい近似として，ほぼ同じ面積を¼λ×½λの長方形で示しています．

これらの図でもわかるように，ダイポール・アンテナは，エレメントを囲むやや広い領域に到来する電波をキャッチできるわけです．

2-3　電界型アンテナのコンパクト化

ダイポール・アンテナをコンパクト化するには，携帯電話に内蔵されたメアンダ・エレメントのように，フルサイズのエレメントを何回も折り曲げたり，コイルを使ったりして小型化を図る手法があります．

また，ヘルツ・ダイポールの構造を利用して，エレメントの端に容量を持たせたT型アンテナなどの手法が考えられます．

ベランダのコンパクト・アンテナ

写真2-1は，集合住宅3階のベランダに設置している筆者のアンテナです．2本とも約7m長の釣り竿に電線を通して，ATU（オート・アンテナ・チューナ）に接続しています．

左側のエレメントは，先端で折り曲げて10cm離し，さらに2mほど下に伸ばしており，このような方法をリニアロードとも呼んでいます．また右奥のエレメントは，先端部に2m長の水平部を付けたT型アンテナです．

リニアロード部や水平部は細いアルミ棒ですが，いずれも電流の腹をできるかぎり建物から離す目的で設計しました．

マンションのベランダは，最上階を除き垂直方向

写真2-1 ベランダ設置の釣り竿アンテナ例

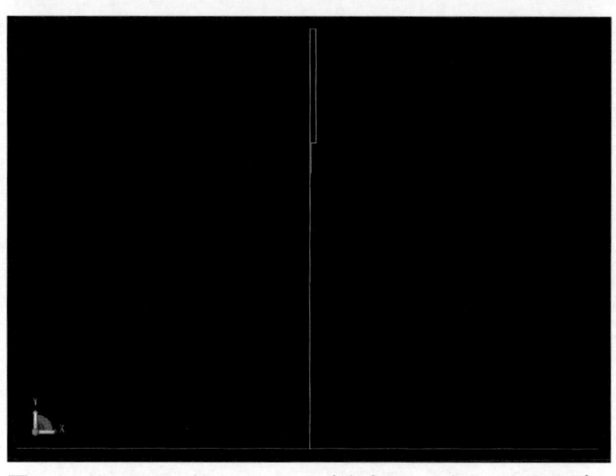
図2-8　リニアロード・エレメントをシミュレーションしたモデル

へは3mほどしか空間が使えないので，HFのローバンドでは，大胆なコンパクト化が必要になります．

リニアロードのシミュレーション

図2-8は，ベランダのリニアロード・エレメントの寸法・形状を用いて，接地系の動作をシミュレーションしたモデルです．

水平のエレメントは，左右2本の5m長の銅線で，14MHz帯用のグラウンド線です．実際のベランダ・アンテナは，これらをコンクリートの床に這(は)わせますが，このシミュレーションでは，初めに空間に浮かせた場合の放射効率を求めています．

給電部は，14MHzで共振させるためにはATUを模した整合回路が必要ですが，何も付加せずにシミュレーションしたところ，10.98MHzで共振しました．

図2-9は，共振時の電界強度分布と磁界強度分布で，磁界はエレメントに流れる電流の大きさに対応しています．リニアロード部は電流路の長さを稼いでいるので，電流腹が上に引っぱられていることがわかります．

放射パターンは，**図2-10**(p.38)に示すように天頂方向の放射がくびれ，その反対方向も同様なので，垂直設置のダイポール・アンテナに似ています．ただし，これはすべての偏波成分を総合している表示であることに注意してください．

そこで，偏波の成分ごとの表示を出力してみると，**図2-11**(p.38)に示すθ方向成分と**図2-12**(p.38)に示すϕ方向成分には大きな違いがあることがわかるでしょう．

ここでθとϕは，**図2-13**(p.38)に示す極座標系による角度です．この座標の原点にアンテナを置いたときに，θが0°のときには天頂($+z$)方向で，**図2-13**ではθが45°のときの電界ベクトルE_θを示しています．またϕが0°のときは$+x$方向で，**図2-13**

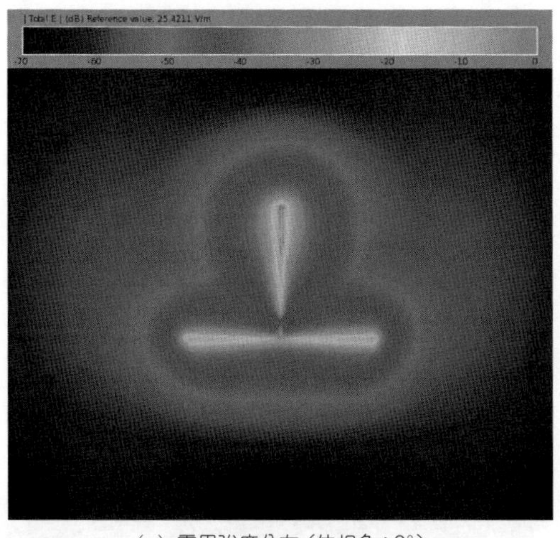
(a) 電界強度分布(位相角：0°)

(b) 磁界強度分布(位相角：90°)

図2-9　リニアロード・エレメントの強度分布

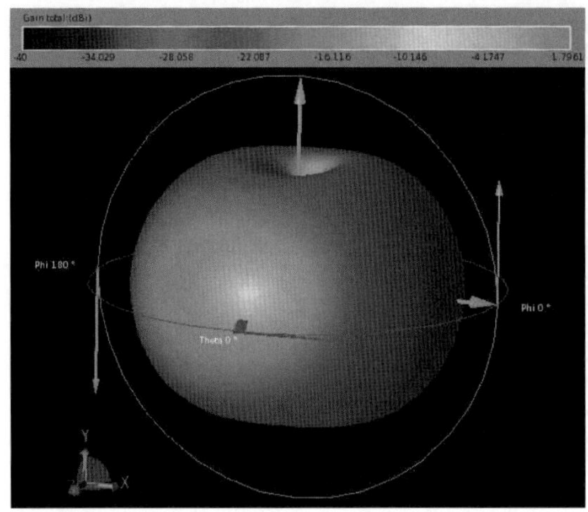

図2-10　リニアロード・エレメントの放射パターン

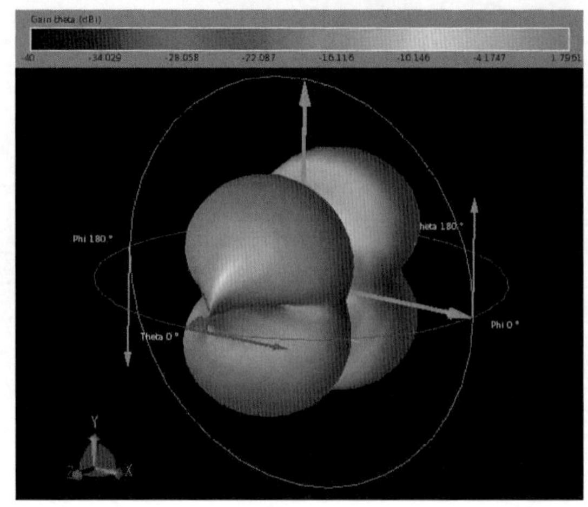

図2-11　θ方向成分の放射パターン

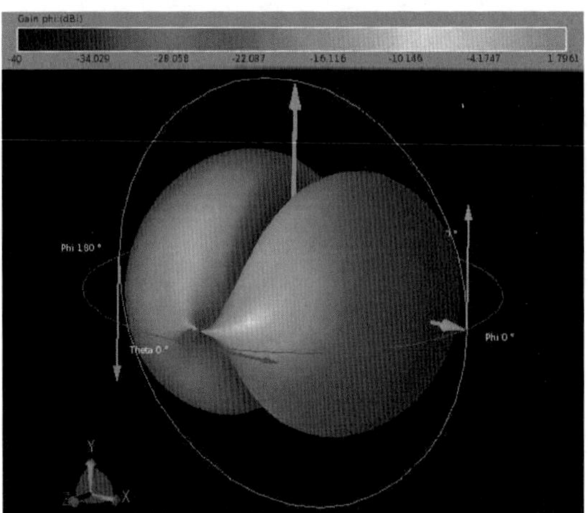

図2-12　ϕ方向成分の放射パターン

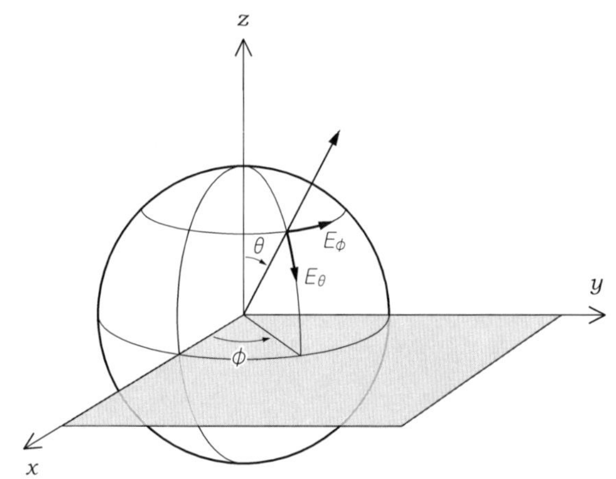

図2-13　極座標系のθ成分とϕ成分

ではϕが45°のときの電界ベクトルE_ϕを示しています．

図2-10のカラー・スケール（電力利得）の最大値は1.80dBiで，これは理想的なダイポール・アンテナの2.15dBiに近い値です．また放射効率は93%なので，リニアロードの部分で失われる損失はわずかであることがわかり，安心しました．

T型のシミュレーション

次に，**写真2-1**のT型エレメントについてもシミュレーションしてみました．こちらのアンテナは，やはり何も付加せずにシミュレーションしたところ，10.1MHzで共振しました．

図2-14は，共振時の電界強度分布と磁界強度分布です．T型エレメント部は，やはり電流路の長さを稼いでおり，電流腹が上に引っぱられていることがわかります．

放射パターンは，**図2-10**と同じように天頂とその反対方向の放射がくびれています（図は省略）．また，θ方向成分とϕ方向成分の放射パターンも**図2-11**，**図2-12**とほぼ同じで，電力利得は1.72dBiでした（図は省略）．

またT型の放射効率は95%なので，リニアロード（93%）との差はほとんどありません．リニアロードの部分は2本の線状電流が接近しており，それらは互いに逆向きなので，磁界のキャンセルを生じたぶんが2%の違いであると考えられるでしょう．しかしHF帯では，使用感の差はわからない程度です．

ただし，この差はQRO（大電力運用）では気になりませんが，QRP（小電力運用）ではT型を選びたくなるかもしれません．

コンパクト・アンテナの理論と実際

波長に比べて十分小さいダイポール・アンテナ（微

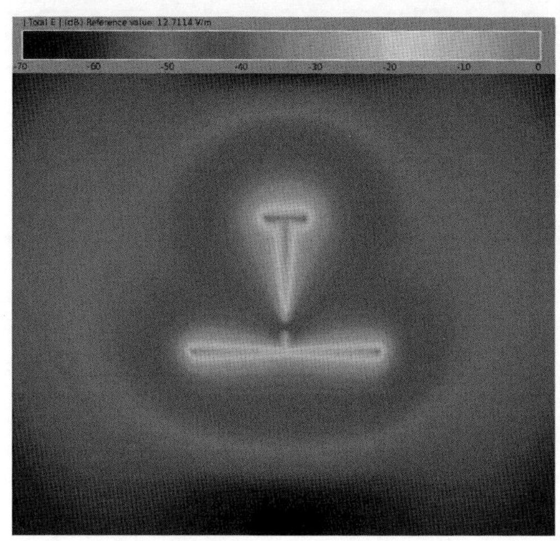

（a）電界強度分布（位相角：0°）

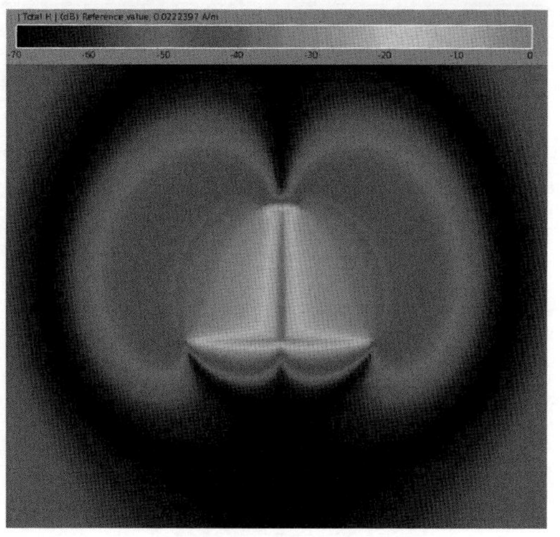

（b）磁界強度分布（位相角：90°）

図2-14　T型エレメントの強度分布

小ダイポール）の場合は，図2-15に示すような狭い領域を通過する電波しか受信できないのではないかと心配になります．

アンテナのバイブルともいえるクラウスの著書「ANTENNAS」では，微小ダイポールや微小ループの実効面積は，何と0.119 λ^2と示されています．

また，½ λダイポール・アンテナの実効面積は次の式で表されています．

$$A_e = \frac{30}{73\pi}\lambda^2 = 0.13\lambda^2$$

両者の違いは，図2-16に示すようにわずか9％なので，彼の説によれば，½ λダイポール・アンテナの寸法を1/10 λ以下にしても，電波を受信する実効的な面積は9％少ないだけで済むというわけです．

これが事実であれば，コンパクト・アンテナでフルサイズとほぼ同等の性能を得るのも夢ではありません．さらに寸法が1/10 λ「以下」という条件は，これを鵜呑みにすれば，1/100 λや1/1000 λでも9％しか違わない！ということで，すごい理論です．

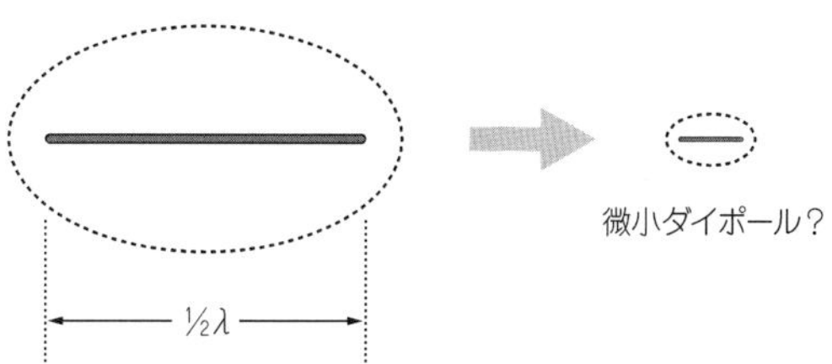

図2-15　微小ダイポールの実効面積はわずかなのか？

しかし，ここで気づかなくてはならないのは，損失については書かれていないという点でしょう．仮に1/1000 λの微小ダイポールを作ったとして，入力インピーダンスのRは極めて小さいので，放射効率を高くするためには，超電導状態を実現する必要があります．

また，整合に不可欠な回路の寸法がエレメントよりもはるかに大きくなるので，それこそ主客転倒となってしまうのです（hi）．極端な小型化はムリだとしても，実用レベルのコンパクト・アンテナは，何とか追究したいものです．

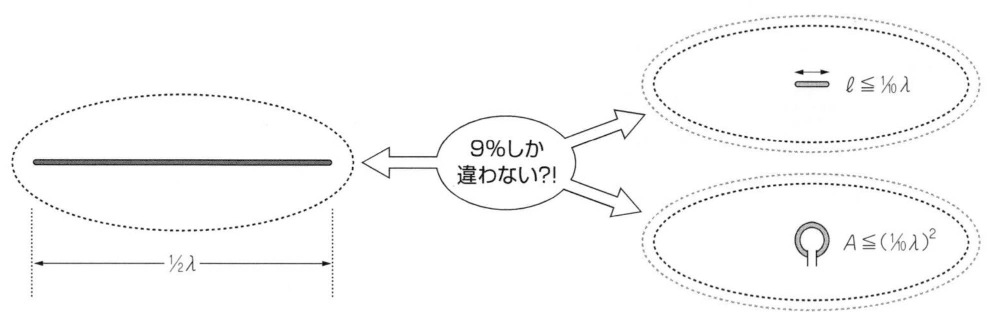

図2-16　微小ダイポールの実効面積は小さくない？

「雪博士」中谷宇吉郎先生の解説

電波は見えないので，電界や磁界といわれても，なかなかイメージできません．

そうだね．それをいいことに，アンテナは昔からモンキー・ビジネスの材料にされているふしがあるから，だまされないように気をつけないと…….

ところで先日，世界で初めて人工雪の製作に成功した中谷宇吉郎先生の著書（**図2-17**）を読んでいたら，その疑問に答える秀逸な解説をみつけた．

中谷宇吉郎（なかやうきちろう）博士（1900－1962年）は，有名な物理学者・随筆家の寺田寅彦（1878－1935年）の研究室で助手をしていましたね．

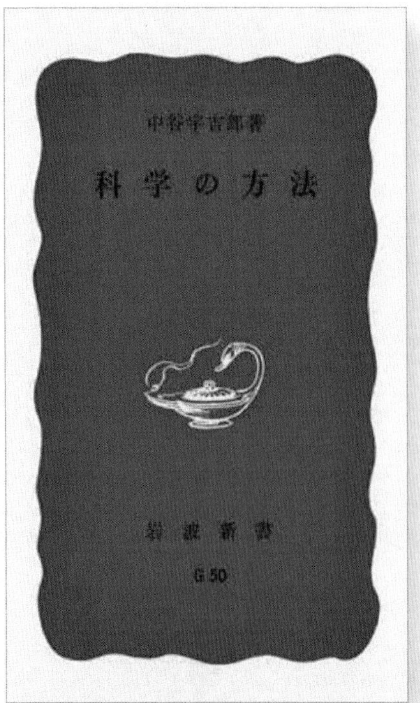

図2-17　中谷宇吉郎博士の著書「科学の方法」（岩波新書）
1958年の第1刷発行から，2011年まで第65刷を重ねる名著

図2-18は，中谷先生が解説している電磁波の存在を示す数式だ．もちろん，電磁波はマクスウェル（1831－1879年）が理論的に予言したのだが，**図2-18（A）**に示すエルステッド（1777－1851年）の「電流が磁場（磁界）をつくる」という発見と，ファラデー（1791－1867年）の「電磁誘導」の発見という二つの事実から，**図2-18（B）**，**図2-18（C）**へと理論的に導かれた手順が示されている．

図2-18の式①は，磁場の強さは電流の大きさに比例するという意味なので，よくわかります．

式②は，「一つの回路に電磁誘導によって生ずる起電力は，この回路に鎖交する磁束数の減少する割合に比例する」という発見を式の形にしています．$-\dfrac{d\phi}{dt}$は「磁束数の減少する割合」で，時間変化を表していますね．

そのとおり．式③のrot（ローテーション）という記号は回転を示すので，磁力線のループを意味する．だから式①と同じ内容だ（4πは，CGS単位系[*1]を用いているときの係数）．

式④は，式①の*IR*を電圧に書き換えていますが，これはオームの法則を使っていますね．

電圧（電位）は電場（電界）の変形だから，式④のEに対応している．また，磁束数ϕは磁場（磁界）*H*に対応している．

（**B**）では*E*，*H*，*i*と変数が三つある．そこで，電場の変化を電流の一種[*2]と仮定して，電場の変化で磁気作用が生ずるという式$\mathrm{rot}\,H=\dfrac{1}{c}\dfrac{\partial E}{\partial t}$を得る．

これで変数を一つ減らすことができました．

これらの式を変形していくと，(C)の式⑤と式⑥が得られる．ここで∇^2は，x，y，zでそれぞれ二度微分して足すという記号だ．そしてこれらは，波の伝搬を表す「波動方程式」の形$\frac{\partial^2}{\partial t^2}=c^2\nabla^2$になっているので，伝搬速度は$\sqrt{c^2}=c$になる[*3]．

この間の変形式はさらに勉強しないといけませんが，マクスウェルは理論の力だけでこの式にたどり着いたのですね．エルステッドとファラデーの発見だけから，単に数式を転換して電磁波を予言できたというのは，とても不思議です．

つまり「電磁波の存在は，エルステッドの法則とファラデーの法則の間に隠されていた(！)」のだが，天才マクスウェルが数学の力を借りて初めて予言できたということだね．中谷先生は，同著の第10章「理論」でこの偉業を解説している．また，冒頭で「自然科学の正道は，実験と理論とが並行して進んでいくところにある」とも述べられている．

数式は苦手なので，電磁波のイメージだけでもとらえておきたいのですが……．

中谷先生はこうも言われている．電磁波は「電気の場の波と，磁気の場の波とが，空間を伝わっていく現象である．電気と磁気とは，空間のゆがみの両面であって，時間的変化がある場合には，両者は常に伴っている」．

(A)　**エールステッドの法則**

磁場の強さを示す量θが電流Iに比例し，その比例定数は$\frac{1}{c}$であるという式．

$$\theta=\frac{1}{c}I \quad \cdots\cdots ①$$

ファラデーの法則

感応電流の強さIが，磁力線の数ϕの時間的減少の割合に比例し，その比例定数は$\frac{1}{c}$であるという式．Rは回路の抵抗．

$$IR=-\frac{1}{c}\frac{d\phi}{dt} \quad \cdots\cdots ②$$

(B)　①式を数式の転換で微分型になおした式．Hは磁場の強さ，iは電流密度．

$$\mathrm{rot}\,H=4\pi\frac{i}{c} \quad \cdots\cdots ③$$

②式にオームの法則を入れ，微分型になおした式．Eは電場の強さ．

$$\mathrm{rot}\,E=-\frac{1}{c}\frac{\partial H}{\partial t} \quad \cdots\cdots ④$$

E，H，iはヴェクトルで，大きさと方向性とをもっている．

(C)　電場の変化も電流の一種であるから，これにもエールステッドの法則が適用されるという仮定を入れる．

③，④の二式は数式の転換によって，

$$\frac{\partial^2 E}{\partial t^2}=c^2\nabla^2 E \quad \cdots\cdots ⑤$$

$$\frac{\partial^2 H}{\partial t^2}=c^2\nabla^2 H \quad \cdots\cdots ⑥$$

となる．これはEもHもcの速度で波となって伝わるという式である．

図2-18　電磁波の存在を示す数式

マクスウェル流にいえば，「電界の変動があればそれは磁界の変動をつくり，またそれが電界をつくり，電界と磁界は交互に相手をつくりながら波となって空間を伝わっていく」ということなんだね．

＊1　CGS単位系は，センチメートル(centimetre)・グラム(gram)・秒(second)を基本単位とする物理学の単位系で，中谷博士が上梓された1958年には，CGS静電単位系やCGS電磁単位系が使われていた．これらを使うと，マクスウェルの方程式に4πが含まれる．現在はMKS単位系に基づく国際単位系(SI)が広く使われており，方程式に4πは含まれない．

＊2　電場の変化(電束の時間的な変化)は磁界を生じ，これを導電電流による磁界の発生と同じように扱う仮想的な電流で，マクスウェルは「変位電流」の項としてアンペアの法則に加えた．

＊3　ϕを一つのスカラ関数とするとき，$\nabla^2\phi=\frac{1}{c^2}\frac{\partial^2\phi}{\partial t^2}$を波動方程式といい，波動の伝搬速度は$\sqrt{c^2}$，つまりc(光の速度)である．

Chapter 3 章

磁界型のコンパクト・アンテナ

アマチュア無線家が愛用しているアンテナは，ほとんどヘルツのダイポール・タイプです．これは彼が世界で初めて電磁波の実証に成功したアンテナですが，彼に続くマルコーニの接地系アンテナも，やはり電界を発生させる構造が電磁波を生み出します．一方，古くから方向探知器に使われている微小ループ・アンテナは，空間を移動する電磁波の磁界が貫通することで起電力を得る方式で，このタイプのアンテナを「磁界検出型のアンテナ」あるいは単に「磁界型アンテナ」と呼んでいます．その後，送信にも使える1回巻きのマグネチック・ループ・アンテナが発明され，アマチュア無線用にも普及しています．

筆者のベランダで実験を待つMLA群

3-1 そもそも磁界とは？

コイルに電流が流れると，その周りに磁界（磁力線）が発生します．小学校の理科の実験で学んだ電磁石を思い出します．そのときは電源に乾電池（直流）を使いました．また，ゲルマ・ラジオのキット（**写真3-1**）を作ると，バー・アンテナのコイルやスパイダー・コイルがラジオ放送の電波をキャッチします．

電界の変動は磁界の変動を作り，またそれが電界を作り，電界と磁界は空間を伝わります．時間変化する（交流の）磁界は，コイルを通り抜けると起電力が発生して，ラジオ放送の電波を受信できるというわけです．

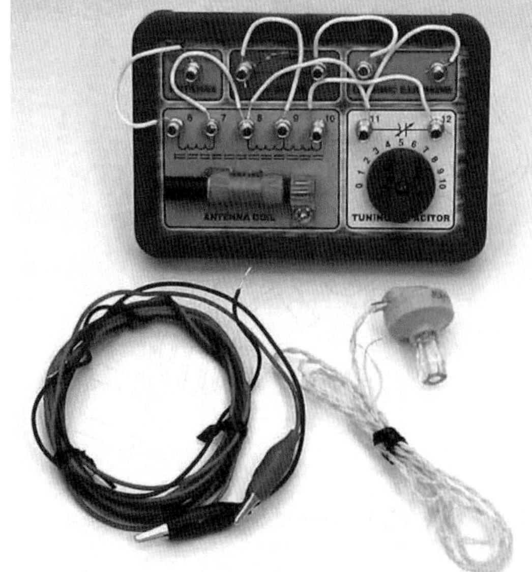

写真3-1　ワンダーキット WK-RD801

身近な磁界型アンテナ

電車やバス，買い物でも使えるICカードは，13.56 MHzの短波帯を使っています．ハムの14MHz帯に近いので，カードの寸法に超小型のアンテナが内蔵されているとは，にわかには信じがたいでしょう．

写真3-2は，薄い透明フィルムの表面にアルミ箔で作られたRFIDタグです．RFIDは，Radio Frequency Identificationの頭文字で，直訳すると電波による識別です．衣類などの商品に付けた荷札としてバーコード代わりに使われますが，電波を使ってデータの書き換えが可能なので，流通履歴を確

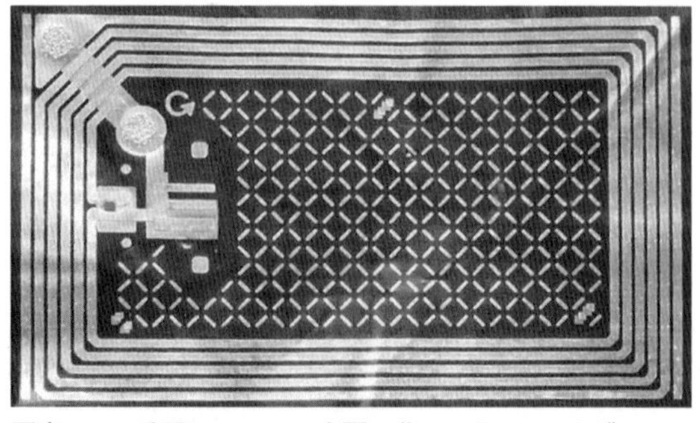

写真3-2　透明フィルムの表面に作られたRFIDタグ

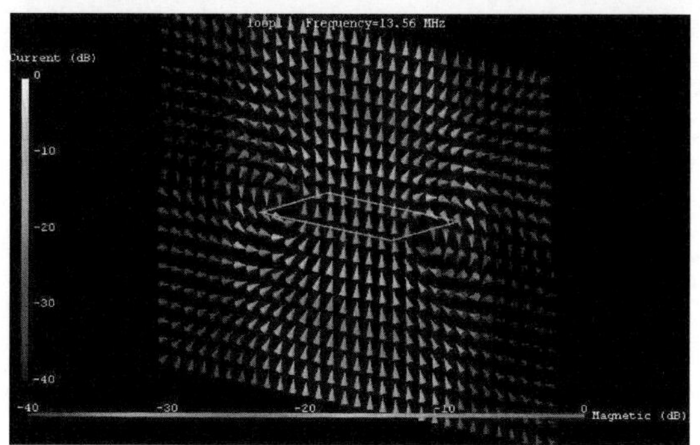
図3-1　1回巻きコイルの周りにできる磁界ベクトル

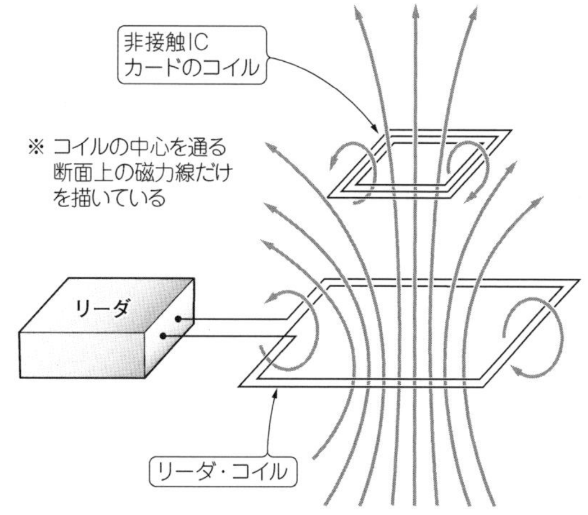

図3-2　リーダと通信しているときの磁界（磁力線）

認するトレーサビリティ（追跡可能性）を確保できるのが大きな特徴です．

ソニーが開発した非接触型ICカードFeliCaも，中には微小なICチップとアンテナ（コイル）を収めています．これらの多くは13.56MHzの電波が使われていますが，波長は22メートルもあるので，半波長ダイポール・アンテナでは実装できません．そこで使われるのが微小ループ・アンテナです．

そのループ長は，理論的には波長に比べて十分小さくできますが，ICカードの寸法のように極端に小さいと放射抵抗（後述）も極めて小さく，放射効率は極めて低くなります．つまり，これはアンテナというよりも，コイルの磁界を利用した近距離通信に使われているわけです．

図3-1は，カード寸法の1回巻きコイルの周りにできる磁界ベクトルの電磁界シミュレーション結果です．また**図3-2**は，駅の改札などで使われているリーダと通信しているようすです．コイルの大きさ程度の範囲が磁界の強い領域になるので，RFIDタグ（ICカード）の情報を読み書きするためには，この磁力線がRFIDタグのコイルを貫通する必要があります．つまりこの仕組みは，ファラデーが発見した電磁誘導（第1章）に基づいているということがわかるでしょう．

微小ループによる磁界は電界を生む

共振型のアンテナは，1λ（1波長）程度離れた場所から電界と磁界の波の山や谷（位相）が揃ってきます．そこでは，電界ベクトルと磁界ベクトルは，進行方向に直交する平面上にあって，両ベクトルは互いに直交しています．これを表しているのが**図3-3**で，空間を伝わる電磁波は，このような平面波と考えられます．

それでは，アンテナの近場では何が起きているのでしょうか？　**図3-4**は，アンテナの入門書でよく見かけるもので，電磁波の成り立ちを説明しています．

第2章で述べた平行平板コンデンサの思考実験から，「電界の変動があればそれは磁界の変動を作り，またそれが電界を作り，電界と磁界は交互に相手を作りながら波となって空間を伝わっていく」と考えられます．つまり，磁界が発生するのは電流の周りだけではなく，「変化する電界」の周りにも磁界が発生することがわかりました．この仮想的な電流は，マクスウェルによって「変位電流」と名付けられました．

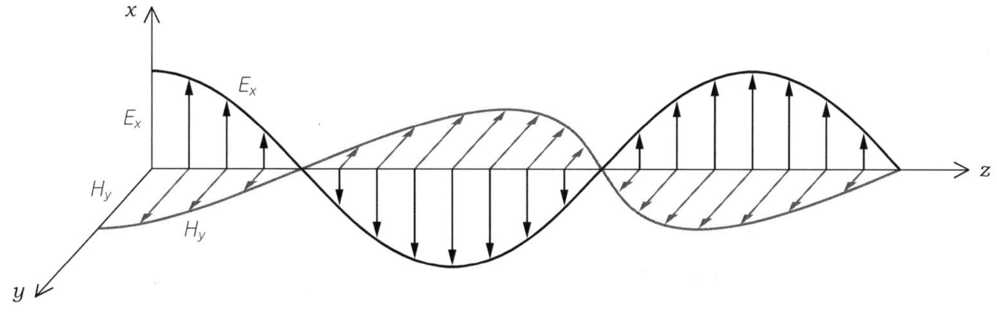

図3-3　空間をz方向へ伝わる平面波の電界ベクトルと磁界ベクトル

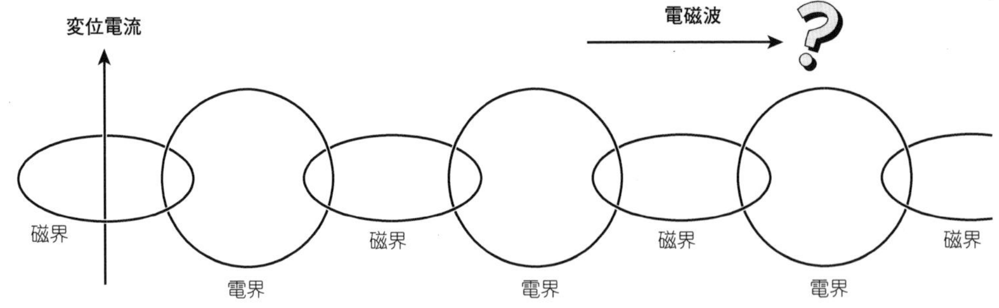

図3-4　電磁波の成り立ちを説明する概念図
はたして正しい表現なのか？

図3-4は，この発見を素直に表現した概念図と思われますが，実際のアンテナでは，近傍の電磁界分布はこれよりずっと複雑です．

RFIDシステムの微小ループは，リーダやタグ内にコンデンサがあってLC共振しています．そこで，コイルには強い電流が流れ，磁界→電界→磁界…と空間を伝わります．ICカードは波長に比べて極めて近い距離の通信なので，電流から生まれたての磁界を利用していることに注意してください．

電界のループとは？

図3-4では，あっさり電界のループが描かれていますが，ダイポール・アンテナのような線状電流を考えると，この図をそのまま受け入れることはできません．第1章や第2章でも述べたように，エレメント近くの電気力線はプラス極からマイナス極へつながっているので，少し離れて空間に広がらないと，ちぎれてループ状にはなりません．

一方，微小ループの場合は，それにまとわりつくように生まれる磁界に直交する電界を描けば，ループ状の電気力線が容易にイメージできるでしょう．ループが共振していれば，さらに強い電流が流れるので，近傍から遠方へ伝わる電磁波を強力に放射できると考えられるのです．

3-2　磁界を検出する

無線方位測定器は方向探知器とも呼ばれ，電磁波の磁界を検出することで，その到来方向を知ることができる装置です．古くは，ゴニオ・メータと直交ループ・アンテナが使われていましたが，微小ループはハムのローバンド受信用にも使われています．

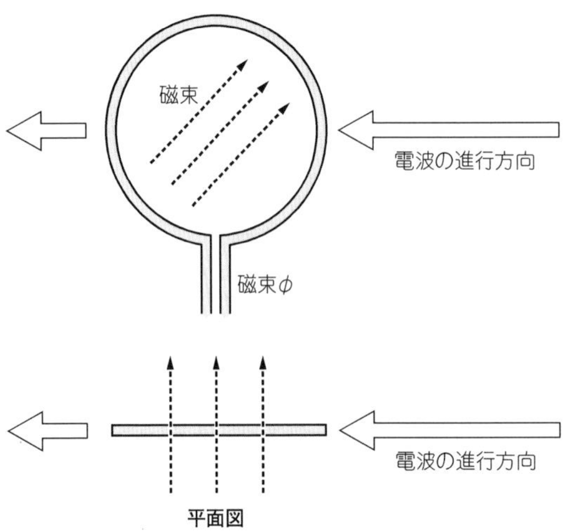

図3-5　微小ループ・アンテナと電波による磁束

方向探知器の仕組み

磁界検出型の微小ループは，遠方から到達する電磁界を検出するためにも使われます．方向探知（方探）は到来電波の方向を知る技術で，その歴史は古く1900年代の初めまでさかのぼります．

図3-5に示すように，遠方からの平面波がループ・アンテナの面に沿って到達しているときには，電波による磁束ϕはループに直交しています．

この磁界（磁束）は電波と同じ周波数で方向と大きさが変化しており，ループに発生する起電力は，ループに交わる磁束の単位時間中の変化（時間についての微分）に比例します．そこで，電波の電界（または磁界）とループ・アンテナの起電力は，**図3-6**のように90°の位相差を生じます．

図3-5の状態から，ループ・アンテナを電波の到

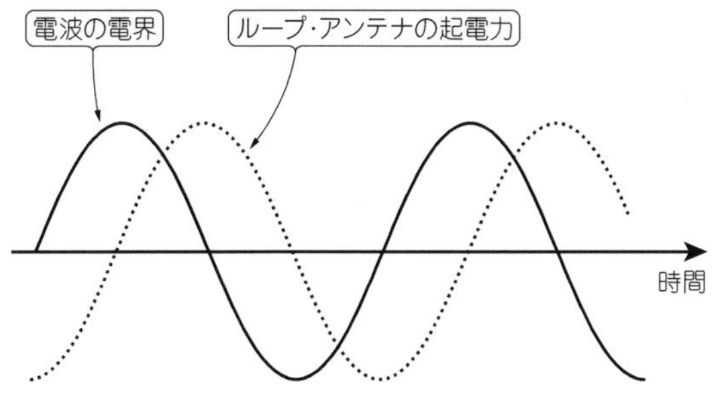

図3-6　微小ループ・アンテナの起電力の位相

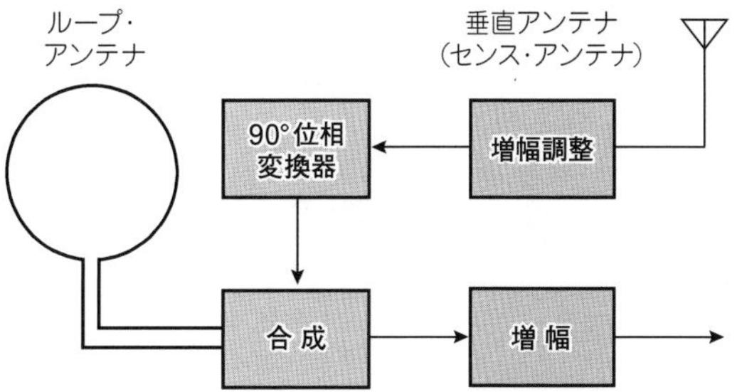

図3-8　垂直アンテナとループ・アンテナの出力を合成する

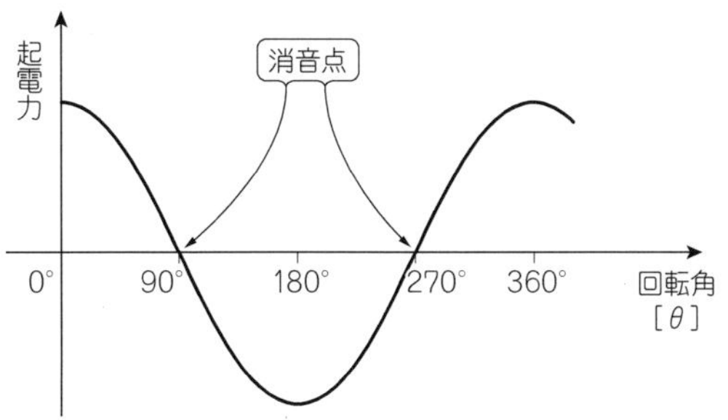

（a）θが90°のとき起電力がゼロになる

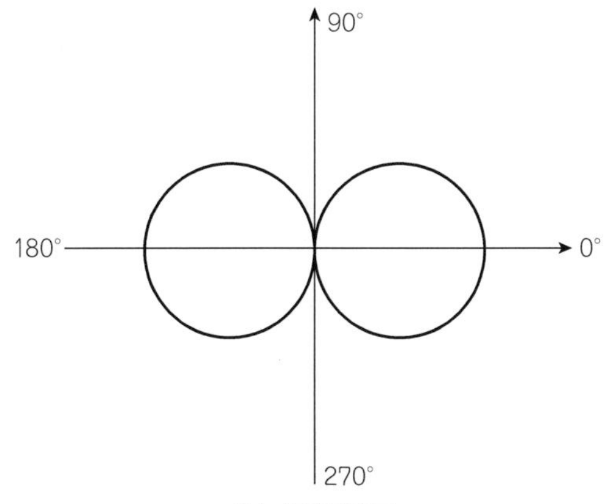

（b）極座標表示

図3-7　ループ・アンテナを回転したときの起電力

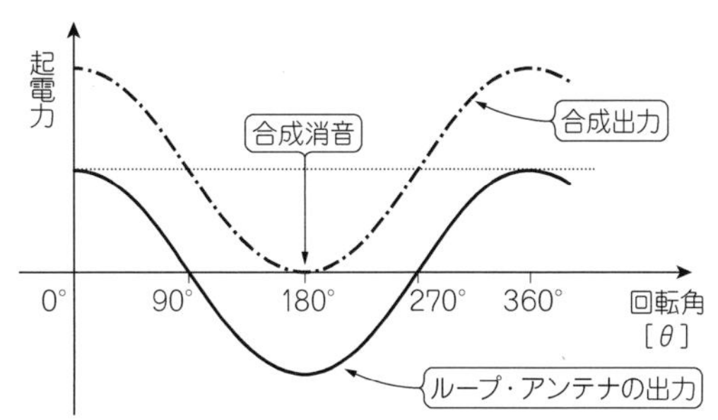

（a）垂直アンテナの出力とループ・アンテナの合成特性

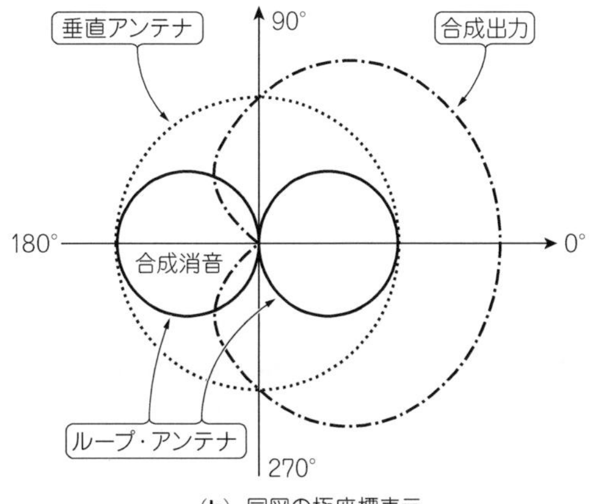

（b）同図の極座標表示

図3-9　センス・アンテナ付きループ・アンテナの場合

来方向に対して角度θを持つように回転すると，ループに交わる磁束が減少し，磁束は$\phi \cos \theta$になります．θが90°のときには起電力がゼロになり，このようすを表したのが**図3-7**（**a**）で，これを極座標で表したのが）**図3-7**（**b**）の8の字特性です．

起電力ゼロの方向を消音点といいますが，ループ・アンテナは二つあるので，どちらから電波が到来しているのか特定できません．そこで，**図3-8**のように垂直アンテナの出力とループ・アンテナの出力を合成して，消音点を一つにしたのが方向探知の原理です．この垂直アンテナはセンス・アンテナとも呼ばれています．

振幅の調整は，合成するループ・アンテナ出力信号の最大値に合わせます．垂直アンテナの起電力の位相は電波の位相と同じですが，ループの出力との位相差は90°になるため，90°の位相変換器を通して同位相にしています．そして，この後で両信号を合成すると，**図3-9**（**a**）に示すような出力が得られます．

図3-9（**b**）は極座標で示した特性です．合成出力はカーディオイド・パターン（心臓形）になります．これは一方向にだけ信号が弱いヌル点があるので，アンテナの回転角度を知れば，到来電波の方向がわかるという仕組みです．

図3-10は，実際に使われているループ・アンテナ

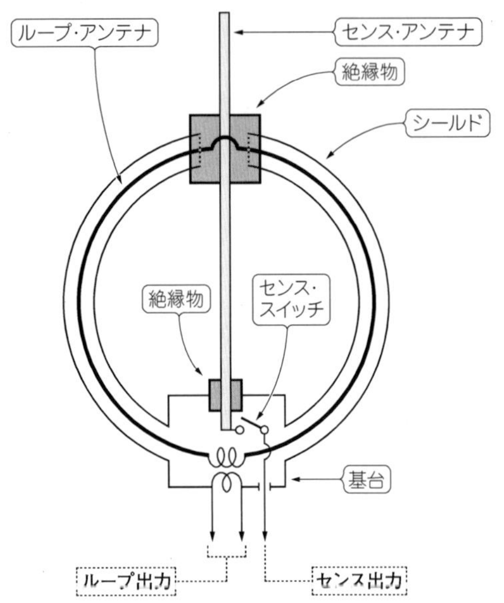

図3-10　実際に使われている方向探知アンテナの断面構造

の断面構造で，ループ部はシールドされています．これはループ線路と近傍の金属物体との静電的結合を遮蔽(しゃへい)して，静電界による影響を避ける効果があります．

方向探知は，遠方から到達する電磁波のみを受信する必要があるので，その磁界によって誘起される電圧のみを出力する機構を備えなければならないというわけです．

センス・アンテナのシミュレーション

微小ループ・アンテナのモデルとして，まずMMANA[*1]のANTフォルダ内にあるMAGLOOP.MAAに，垂直設置の½λダイポール・アンテナを加えてみました（**図3-11**，**図3-12**）．設計周波数を14.05MHzとし，ダイポールのエレメント長は10.24mで，1辺が1mの微小ループとは20cm離しています．

両アンテナの給電の位相差を90°にしましたが，自由空間で合成した水平面パターンは，仰角0°では円に近くなり，カーディオイド・パターンは得られませんでした．

図3-13の放射パターンをよく調べると，これは垂直ダイポール・アンテナに近いことがわかります．微小ループによる放射は，フルサイズのダイポールよりも劣っているので，指向性が得られていないようです．

ベランダでの運用を想定すると，センス・アンテナも小型化する必要があるでしょう．そこで，**図3-14**，**図3-15**に示すように，コイルを装荷してエレメント長を2.8mにした短縮ダイポール・アンテナに換えてみました．

このモデルで両アンテナに均等の電圧を設定したところ，**図3-13**よりわずかに指向性が得られた程度だったので，がっかりしました．

そこで，両アンテナを個別にシミュレーションし

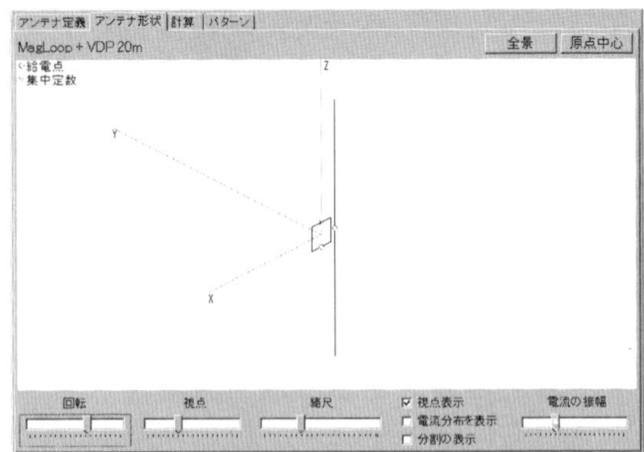

図3-11　微小ループ・アンテナと垂直設置½λダイポール・アンテナ（MMANAのアンテナ形状画面）

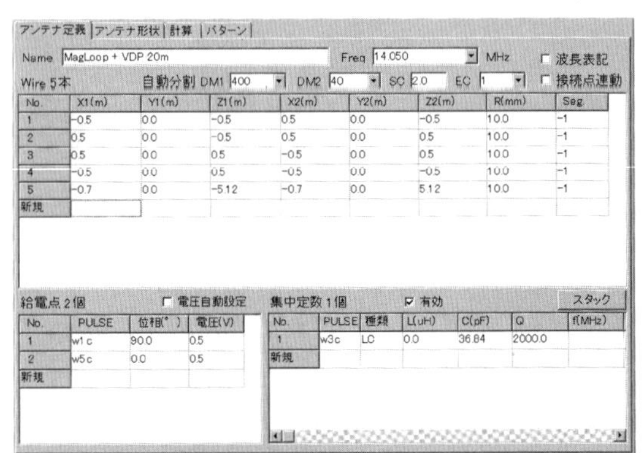

No.	X1(m)	Y1(m)	Z1(m)	X2(m)	Y2(m)	Z2(m)	R(mm)	Seg.
1	-0.5	0.0	-0.5	0.5	0.0	-0.5	10.0	-1
2	0.5	0.0	-0.5	0.5	0.0	0.5	10.0	-1
3	0.5	0.0	0.5	-0.5	0.0	0.5	10.0	-1
4	-0.5	0.0	0.5	-0.5	0.0	-0.5	10.0	-1
5	-0.7	0.0	-5.12	-0.7	0.0	5.12	10.0	-1
新規								

No.	PULSE	位相(°)	電圧(V)
1	w1c	90.0	0.5
2	w5c	0.0	0.5
新規			

No.	PULSE	種類	L(uH)	C(pF)	Q	f(MHz)
1	w3c	LC	0.0	36.84	2000.0	
新規						

図3-12　アンテナ定義の画面

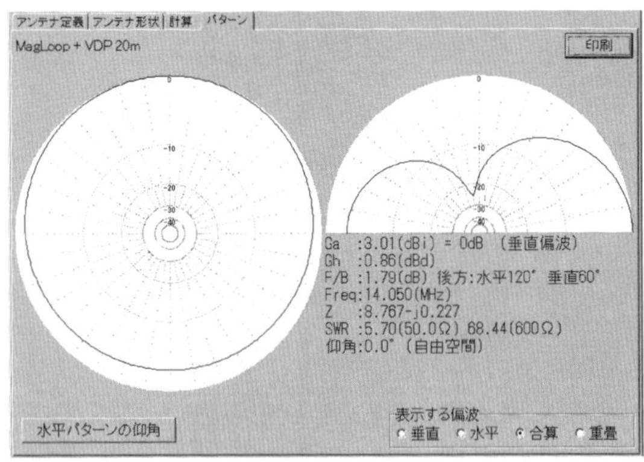

図3-13　90°の位相差給電による放射パターン

*1 MMANAはJE3HHT 森OMによるフリーソフト．参考文献：大庭信之；アンテナ解析ソフトMMANA，CQ出版社．

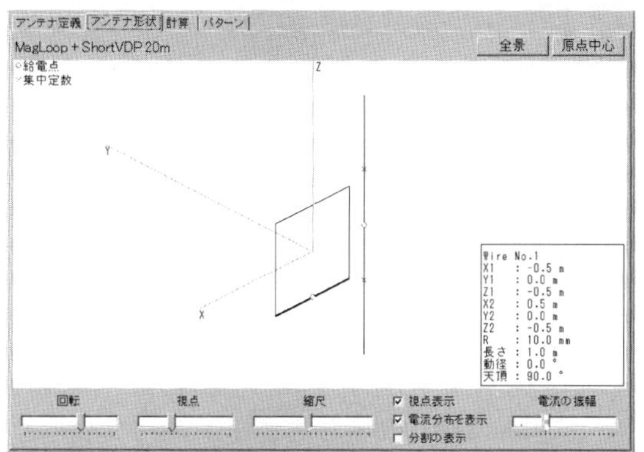

図3-14　1辺1mの微小ループ・アンテナと2.8m長の短縮ダイポール・アンテナ

図3-15　アンテナ定義の画面
コイルは中央装荷で$Q=200$，$L=10.52\mu$H，またコンデンサは付属モデルの値36.84pFで，小型エア・バリコンを想定して$Q=2000$とした

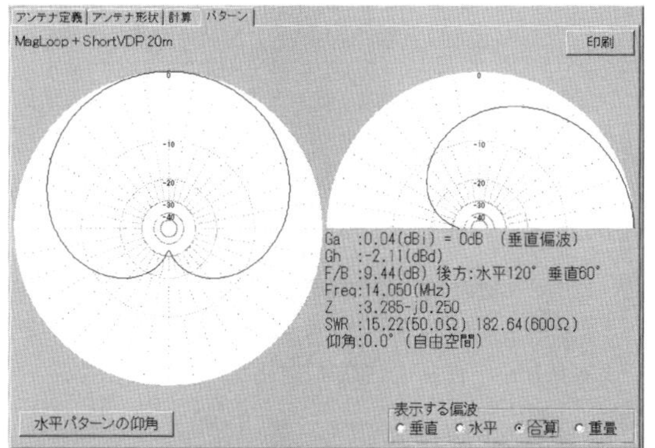

図3-16　90°の位相差給電によるカーディオイド放射パターン

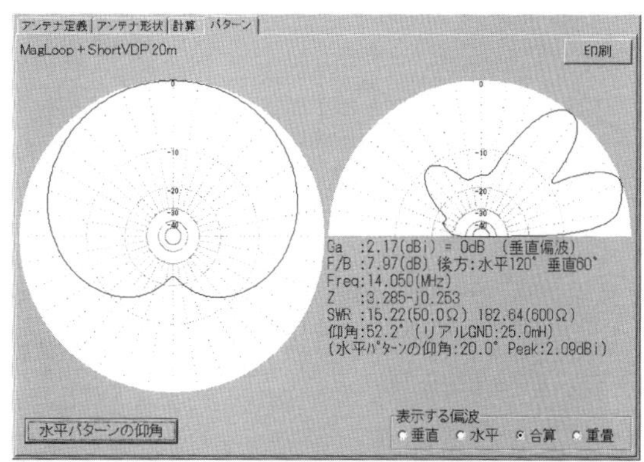

図3-17　平均的な大地の反射を含んだ放射パターン（地上高25m，水平パターンは仰角20°）

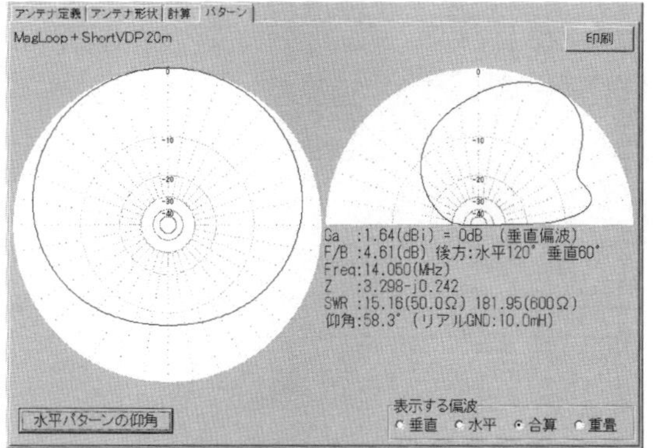

図3-18　地上高10mの放射パターン（水平パターンは仰角58.3°）

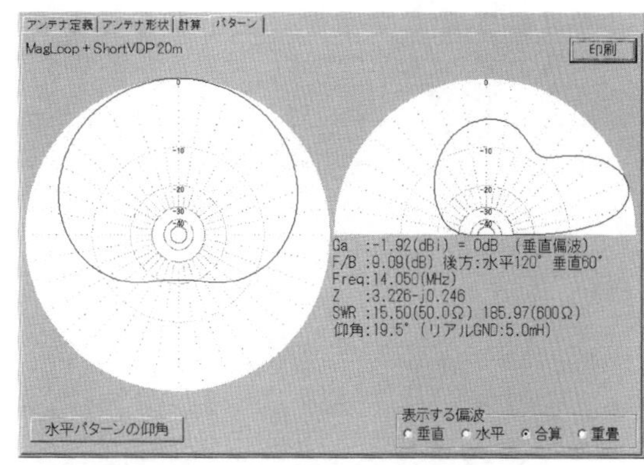

図3-19　地上高5mの放射パターン（水平パターンは仰角19.5°）

てみたところ，微小ループが－2.73dBi，短縮ダイポールが－1.98dBiと，アンテナの利得に差があることがわかりました．次に，両アンテナの給電電圧の比率を調整してみたところ，最終的に**図3-15**のように設定したとき，**図3-16**に示すように，自由空間でカーディオイドが得られました．

以上の結果から，このアンテナで重要なのは，90°の位相差と両アンテナの励振レベルを揃えるという2点であることがわかりました．

実際の放射パターンは，設置高と大地の状態によって変化します．例えば平均的な大地として比誘電率5，導電率10mS/mとしたとき，25m高では**図3-17**のような結果が得られました．

図3-18は10m高，**図3-19**は5m高の結果です．

いずれも後方の放射は少ないのですが，10m高（図3-18）は最大放射の仰角が58.3°と，近距離の通信向きです．

また，設置高5m（図3-19）では，最大放射の仰角が19.5°なので，放射パターンだけ見ればDX（遠距離の通信）向きです．ただし利得は－1.92dBiなので残念ですが，これは大地による損失が大きく影響していると考えられるでしょう．

3-3 微小ループ・アンテナの実験

ATUを使った微小ループ・アンテナ

筆者のシャックは集合住宅の3階で，ベランダの手すりは地上高約7mです．大地の状態にもよりますが，シミュレーションのようにカーディオイド・パターンが得られるものなのか，実験で確かめてみました．

JJ1VKL 原岡OMのアイデアに，ATU（オート・アンテナ・チューナ）を使った微小ループ・アンテナがあります．**写真3-3**は，その設計を参考にした筆者が，幅4cm，長さ2mのアルミ材2本をつなげてループにして，直径をほぼ1mにしたアンテナです．余った部分は上部で直角に折り曲げており，40cm長の垂直部を設けています．このアイデアは，JA1HIS 横田OMが発表された，430MHz用マグネチック・ループ・アンテナのコンデンサ実現方法を用いています．

この40cm長の垂直部は平行板コンデンサになるので，容量不足ではありますが，ATU内部のコンデンサの組み合わせの補助や，それらにかかる強い電圧を分散し，動作が安定するかもしれないと考えました．

主柱は塩ビ・パイプVP25（直径32mm）で，ステンレス製の木ネジでエレメントを固定しました．念のため束線バンドも使い，給電部は根元付近に少し大きめのナットでしっかり締め付けています（**写真3-4**）．また，手元でアンテナを回転できるように，TVアンテナ用の小型ローテータを用いています．

ATUは，トランシーバ（IC-731）からコントロールできるAH-2を使って実験したところ，7～28MHzの全バンドで，狭いベランダにもかかわらず，ほぼSWR＝1.5以下に収まり，21MHz，28MHzでは1に近く

写真3-3　直径1mの微小ループ・アンテナ

写真3-4　微小ループ・アンテナの給電部とATU

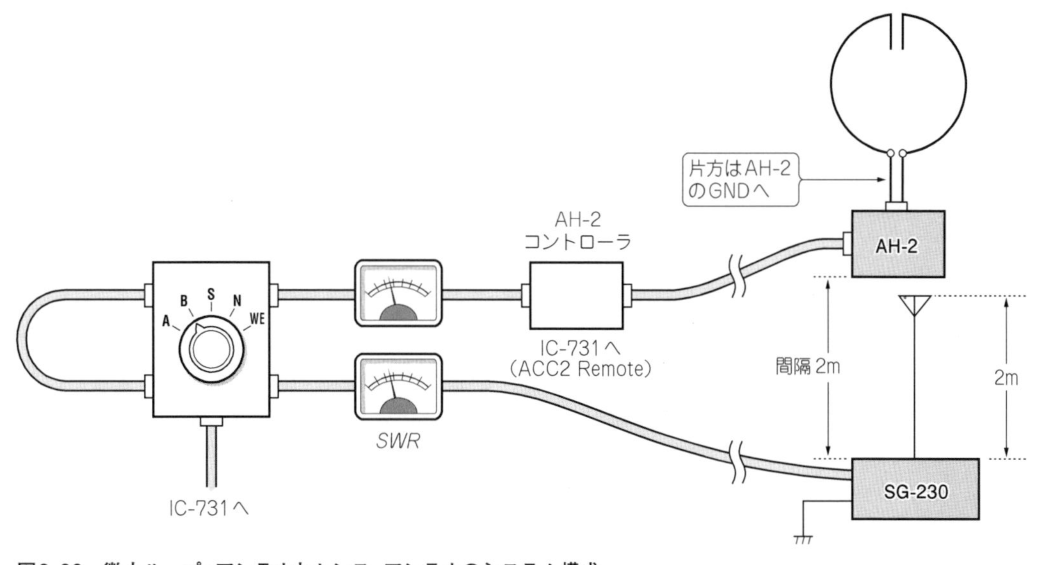

図3-20　微小ループ・アンテナとセンス・アンテナのシステム構成

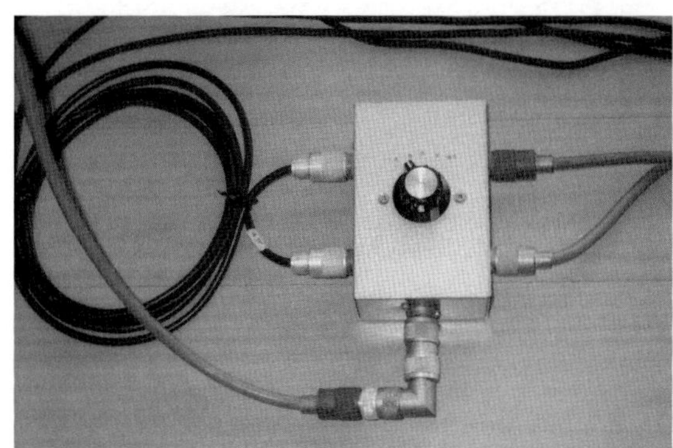

(a) 外観

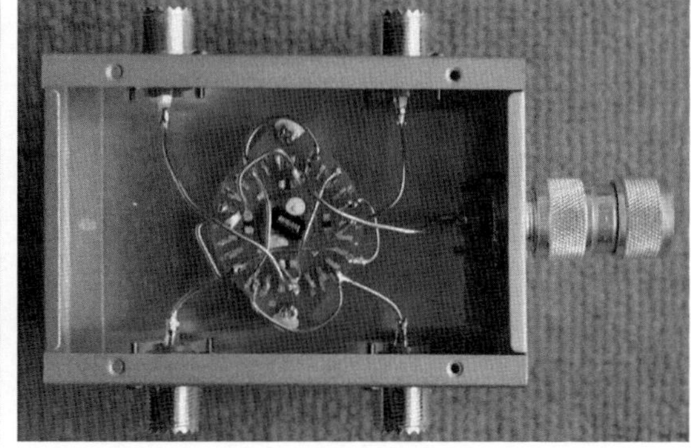

(b) 内部配線

写真3-5　スイッチ・ボックス

なりました．また，上部の平行板コンデンサのおかげか，100W(CW)でも安定しています．放射パターンは8の字に近いようで，入射角にもよりますが，Sメータの最大と最小の差は3～4あります(14MHz)．

センス・アンテナの実験

まずセンス・アンテナを付けた**図3-20**のような構成で実験しました．ATUを使った微小ループ・アンテナはチューニングが楽なので，この実験でも使うことにしました．

初めに垂直ロング・ワイヤの長さを約6mにして，位相差90°(14MHz)をつける同軸ケーブルをセットして組み合わせてみました．例えば14.1MHzでは，1λ(波長)＝300/14.1＝21.28[m]なので，90°(¼λ)では5.32mになります．5D-2Vなどを使う場合は，波長短縮率の0.66をかけて，3.15mの同軸ケーブルを用意します．

また，両アンテナの出力を合成する装置は，ベランダの位相差給電アンテナの実験で長年使っている，**写真3-5**のスイッチ・ボックスを使いました．

スイッチ・ボックスの配線は，**図3-21**(p.50)のようになっており，**図3-22**(p.50)に示す位相差給電アンテナの切り替えに使っています．センス・アンテナの実験だけであれば，もちろんT型の分岐コネクタを使って，微小ループ・アンテナ側の同軸ケーブルを3.15mだけ長くすればOKです．

さて，スイッチ・ボックスのAとBのポジションで，それぞれ単独で受信した信号を比較したところ，SGC-230＋垂直ロング・ワイヤのほうがSメータの振れで2～4程度まさることがわかりました．

これは，設置場所が最上階(3階)で，垂直ワイヤ部分が4mほど屋上に出ていることや，これに比べ

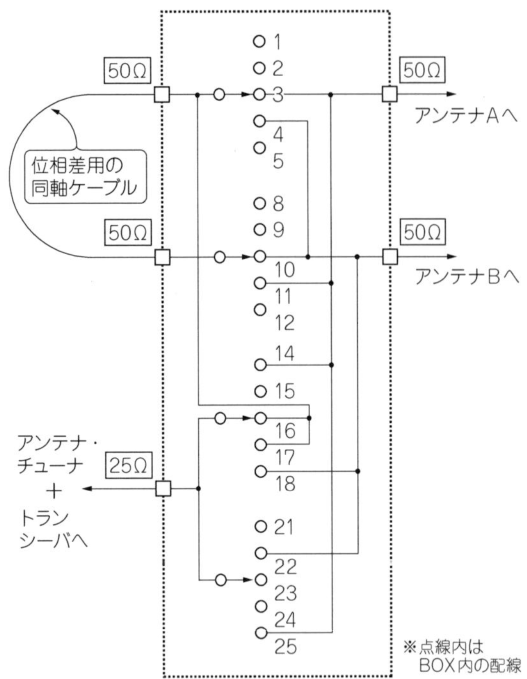

図3-21　スイッチ・ボックスの配線

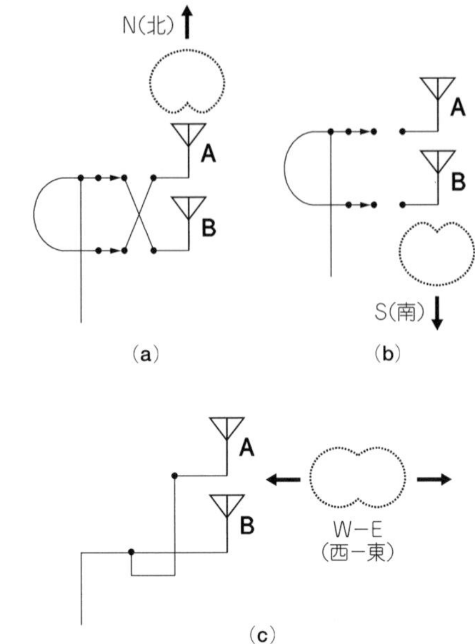

図3-22　スイッチの切り替えと放射パターンの関係

て磁界検出型は受信ノイズがより少ないことなどが原因と考えられます．しかし，これだけ垂直アンテナの信号が勝っていると，合成してアンテナを回転しても，指向性は認められません．

そこでワイヤを徐々に短くしていって，2mほどにして合成したところ，最も良いケースではS8とS2の差が得られました．カーディオイド・パターンのNULL（消音点）に相当する方向では，Sメータがスーッと振れなくなります．

垂直アンテナは，小型のほうが両アンテナの受信レベルが揃うことがわかったので，市販のベランダ用短縮ダイポール（COMET CHA14）と組み合わせてみました．

このアンテナを，先の**写真3-3**の奥側に見える，L型のグラウンド・プレーンとして設置したところ，ほぼ両アンテナの受信レベルのバランスがとれました．こちらの組み合わせでも，やはり消音点ではSメータがほとんど振れなくなる場合があります．

図3-23は，連続信号を受信したときのSメータの値をもとに描いたグラフで，カーディオイドに似たパターンが得られました．14MHzの送信でも，おおむね*F*/*B*がはっきり確認できるというレポートがもらえますが，ATU＋6m長の垂直ロング・ワイヤ単独の送信と比べると，Sが1〜2程度劣っているようです．

この実験では，カーディオイド・パターンは得られたものの，ビーム・アンテナのような高い利得ではないので，残念ながら送信アンテナとしてのメリットがあるとはいえません．

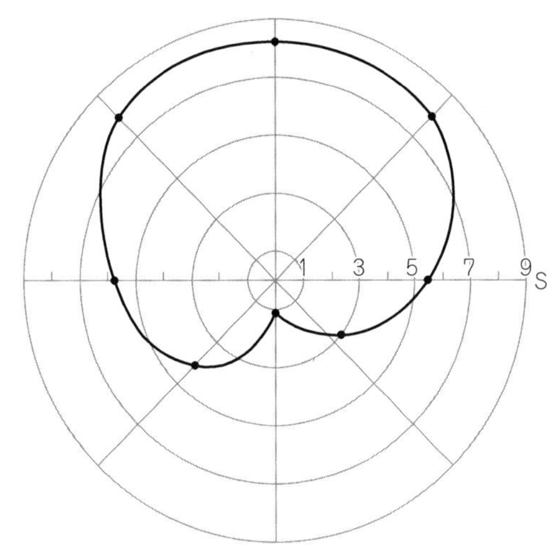

図3-23　受信のSメータ値をもとに描いたグラフ

3-4 微小ループ・アンテナへの期待

受信用の微小ループ・アンテナ

方向探知器の話に戻ると，初期には前節の実験のように直接微小ループを回転して消音点を測定していました．**図3-24**は，ループを固定したまま方位を測定できるBT（ベリニ・トシ）方式といわれる装置で，二つの直交ループとゴニオ・メータで構成されています．

直交する二つの微小ループは，それぞれ直交する2組のフィールド・コイルに接続され，内部には回転するサーチ・コイルがあります．これを回すことで，直接微小ループを回転するのと同じ効果が得られ，この機構をゴニオ・メータと呼んでいます．

図3-25は，信号音を聞きながらサーチ・コイルを回転して消音点を求める可聴音式無線方位測定器の構成図です．

垂直アンテナ効果とは？

方向探知用アンテナを調べていたところ，ループ・アンテナと合成するための垂直アンテナを省略できる「ソレノイド形ループ・アンテナ」というものが，「アンテナ工学ハンドブック」（オーム社）に載っていました．

ループ・アンテナの8の字パターンがくずれる要因として，垂直アンテナ効果という現象があるそうです．これはループ・アンテナやケーブルを含む回路上に存在する浮遊容量の不平衡などが原因で，ループ・アンテナを含めた全体が垂直アンテナとして働き，消音点を不鮮明にしてしまうというものです．

図3-26はソレノイド型ループ・アンテナの構造で，実際にはループを二つ直交して平衡をとっていますが，絶縁物の基台に直接ループ・アンテナを取り付けていることで，垂直アンテナ効果の影響を受けます．

しかし，逆にこの垂直アンテナ効果を積極的に利用してしまう方法として，**図3-26**に示すように，コ

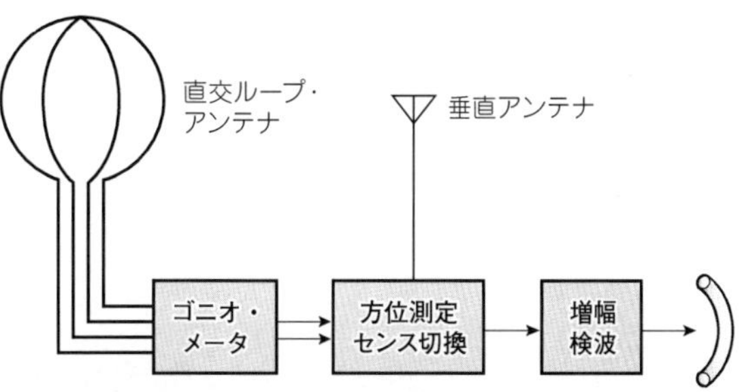

図3-25　可聴音式無線方位測定器の構成図

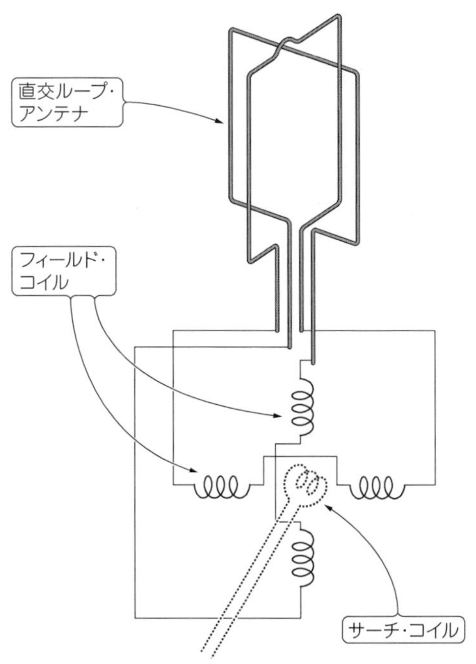

図3-24　BT（ベリニ・トシ）方式の構成図

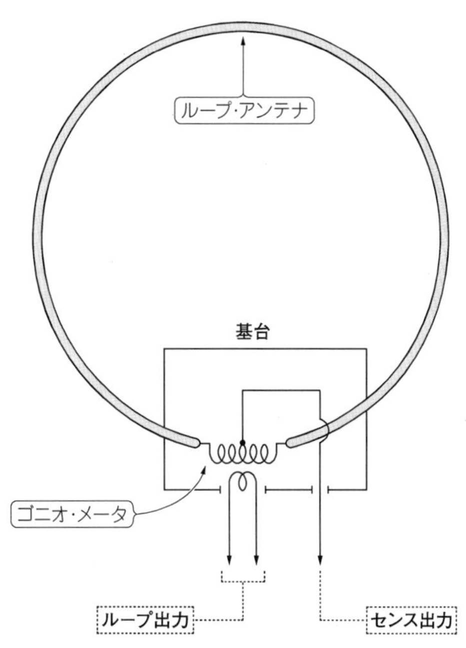

図3-26　ソレノイド型ループ・アンテナの断面構造

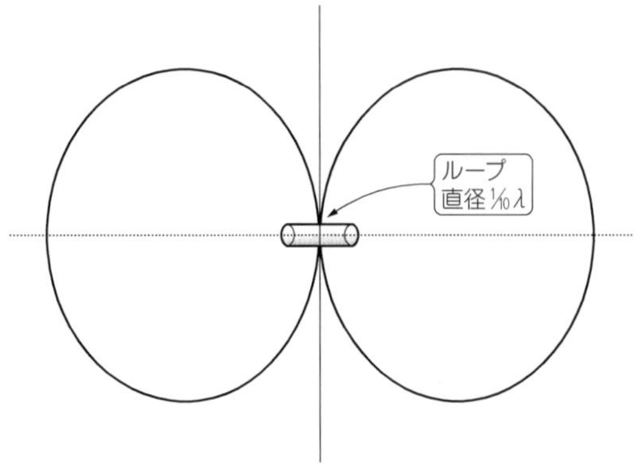

図3-27　直径$\frac{1}{10}\lambda$の微小ループ・アンテナの放射パターン

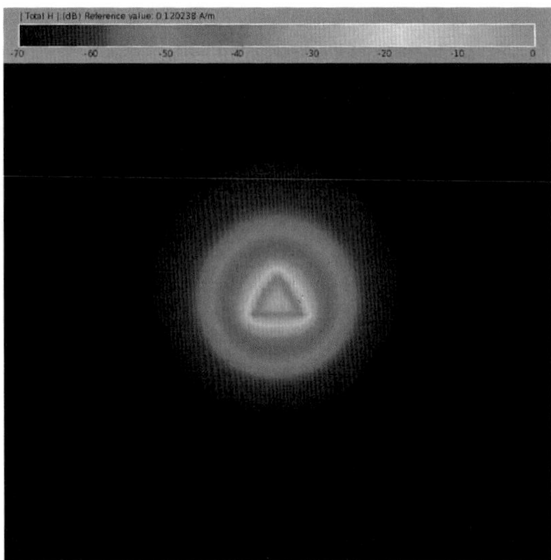

図3-28　直角三角形の微小ループ・アンテナの磁界強度分布

イルの中点から出力を取り出して，センス用の垂直アンテナからの出力の代わりをしようというアイデアがあります．

このように簡単な構造でもカーディオイド・パターンが得られてしまうというのでは，前節の大がかりな実験の甲斐がないことになってしまいますが，送信できるようにするには，コイルの線材を選ぶなどの工夫が必要で，実現できるか懸案の課題です．

ループ形状と放射パターンの関係

微小ループ・アンテナは，使用する周波数の波長に比べて十分に小さい寸法のアンテナです．一般に寸法が$\frac{1}{10}\lambda$以下といわれていますが，円形ループの直径が$\frac{1}{10}\lambda$の場合，図3-27のような放射パターンになります．

微小ループ・アンテナは，ループ自体の形状が円形である必要はなく，例えばAEA製のIsoloopは，初期の製品では長方形でした．このほかに八角形の製品もありましたが，すべて図3-27に示すような放射パターン得られます．

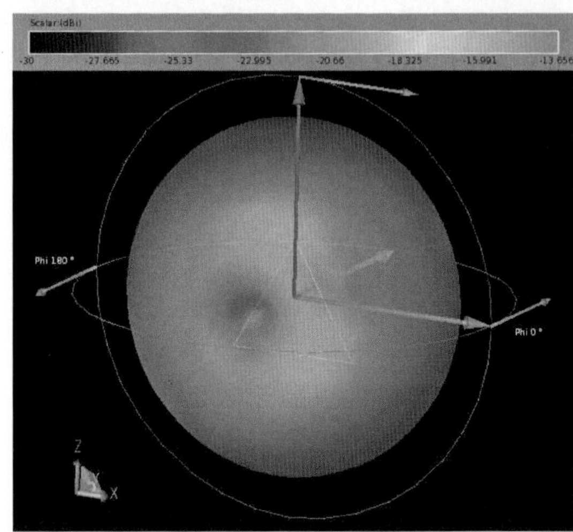

図3-29　直角三角形の微小ループ・アンテナの放射パターン
垂直・水平の各偏波成分を合算している

ハムの実験レポートに，三角形の微小ループ・アンテナで単一指向性が得られたという報告がありました．微小ループの形状によって単一指向性が得られるというのは初耳だったので，1辺が1mの直角三角形でシミュレーションしてみました．

図3-28は，14.1MHzで共振するように，コンデンサを直列接続したときの磁界強度の分布です．磁力線は，微小ループのエレメント周りにまとわりつくので，図3-28のような三角形がイメージできますが，放射パターンは，図3-29のように前後にややくびれがある，少しつぶれたような球体に近くなりました．

三角おむすび形の放射パターンを想像されたかもしれませんが，指向性が得られないのは，ループ状の電流が波長に比べて十分小さいので，ループを含む平面上にある遠方では，同じ半径の各観測点で電磁界強度がほぼ等しくなるからだと考えられます．

残念ながら微小ループ単体で指向性を得ることはできません．しかし，マンションのベランダなどに設置すると，鉄骨などが反射器や導波器として働けば，指向性が得られるかもしれません．

ループの長さと放射パターンの関係

ループ・アンテナのエレメントは短絡回路ですが，加える信号の周波数の波長に対して，ループの全長が$\frac{1}{10}$以下の場合と，波長に近い場合では，その動作

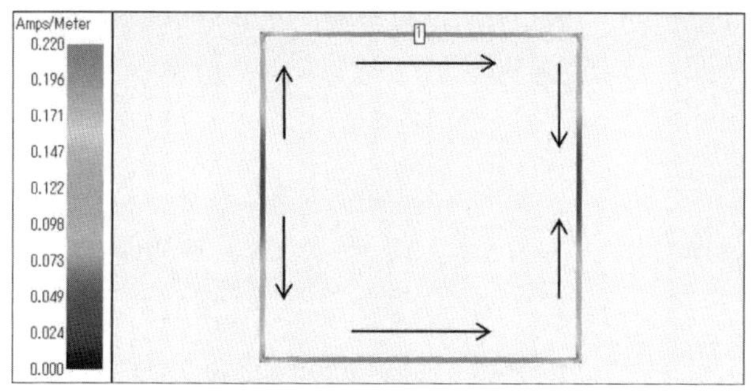

図3-30　クワッド・アンテナの電流の向き

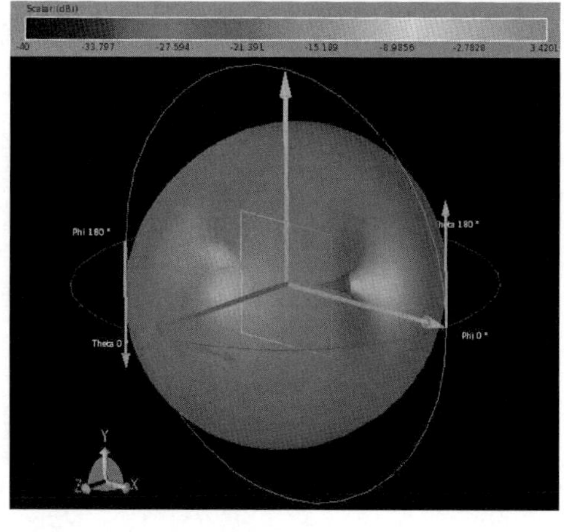

図3-31　ループ全長が1λのクワッド・アンテナの放射パターン(垂直・水平の各偏波成分を合算)

が異なります.

ループの全長を1λの長さに設計したアンテナは，特にクワッド・アンテナと呼ばれ，ハムにはおなじみのアンテナです．図3-30は，上側のエレメントの給電点(ポート1)に電流の腹があり，ちょうど対向する側にも電流の腹があります．

電流の向きを矢印で描くと，上半分と下半分は，折り曲げダイポール・アンテナを2本配置した構造になっています．ここで重要なのは電流の向きで，水平方向は上下のエレメントの電流は同じ向きなので，両者からの放射は合成されて強められます．

一方，垂直方向のエレメントは，電流がゼロになる節が中央にあり，この前後で電流の向きが逆の関係にあります．また，左右の電流の向きは互いに逆です．アンペアの右ネジの法則から，これらの磁力線は互いに逆向きになるので，垂直偏波の放射はわりあい少ないと考えられるでしょう．

図3-31は，ループ全長が1λのクワッド・アンテナの放射パターンです．微小ループとは異なり，ループ面に垂直な方向へ強い放射があることがわかりますが，これは折り曲げダイポール・アンテナを2本配置した構造からの放射を考えれば理解できるでしょう．もちろんこれは給電点の位置によるので，垂直エレメントの中央に給電すれば，**図3-31**をZ軸で90°回転した放射パターンが得られます．

以上からわかるように，ループ全長が1/10以下というのは，ループの途中で電流の向きが逆転しない条件，つまり位相の違いが小さい範囲で使うための寸法といえます．

そこで，このような微小ループは，その形状によらず**図3-29**のような放射パターンが得られるというわけです．

磁界型アンテナの放射効率

微小ループ・アンテナは，コンデンサを追加して直列LC共振回路として使うので，ループには強い電流が流れます．そこで，電圧を電流で割ったインピーダンスの実部R(レジスタンス)はひじょうに小さくなり，ループの寸法によっては放射抵抗*2が1Ω以下になることもあります．

放射効率η(イータ)は，次の式で計算できるので，放射抵抗が損失抵抗以下になるとηは大きく低下します．

$$\eta = \frac{P_{rad}}{P_{in}} = \frac{R_{rad}}{R_{in}} = \frac{R_{rad}}{(R_{rad}+R_{lost})} \times 100\,[\%]$$

ここでP_{rad}：放射電力，P_{in}：入力電力，R_{rad}：放射抵抗，R_{in}：入力抵抗，R_{lost}：損失抵抗

したがって，微小ループ・アンテナは「導体の損失やマッチング部分の接続損失をいかに減らすかが重要である」という指摘や，「太い径の1回巻きループ」にするのは，まさにこのためにあるのです．

微小ループはR_{rad}が極めて小さいので，シミュレーションで正確なηを得るのは難しいのですが，FDTD法やモーメント法(第8章参照)で得た結果は，十数%から五十数%の範囲にありました．

送信も可能なMLA

送信もできる微小ループ・アンテナに，MLA(マグネチック・ループ・アンテナ)があります．DK5CZ

*2　放射抵抗R_{rad}は次の式で定義される．

$$R_{rad} = \frac{P_{rad}}{|I|^2}$$ ここでIはアンテナの給電点の電流，P_{rad}は放射電力

アンテナの入力抵抗R_{in}は，放射抵抗R_{rad}とアンテナ全体の損失抵抗R_{lost}の合計になる．ここで損失抵抗は，アンテナの導体抵抗や接地抵抗，誘電体損失などで，これらは小さいほど放射効率ηの値は高くなる(さらに詳しくは第6章を参照)．

写真3-6 最も大きいループの直径は3.4m
Chris提供：彼の自宅の庭か？

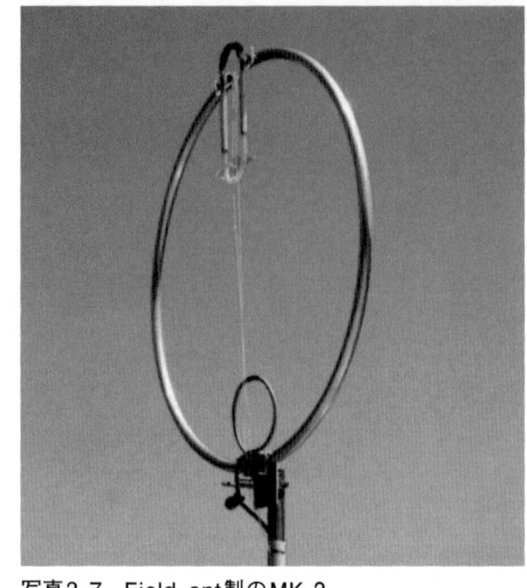
写真3-7　Field_ant製のMK-2
ループの直径77cmで14～28MHzに対応

Chris Käferleinが開発・販売した製品AMAには，何と160mバンド用もあります．また放射効率を上げるために，直径が大きい3.4m（AMA4，AMA7）もあります（**写真3-6**）．

このほか，米国MFJ製のSuper Hi-Q Loopや，国産ではField_antのMKシリーズ（**写真3-7**）などの微小ループ・アンテナも，MLAとして動作します．

Chrisの資料（**図3-32**）によれば，160mバンド用の利得は約－6dBiです．このデータはDL2FA Hans Würtzが彼の式によって計算した理論値で，放射効率の計算値は約15%ですが，160mバンド用としては高効率だと思います．

MLAは，垂直に設置すると**図3-33**のような放射パターンになります．磁界はループにまとわりつくので，ループの中心を通る水平面上の磁界ベクトルに直交する電界ベクトルをイメージでき，水平面上では8の字パターンです．大地に対する電界ベクトルの向きを「偏波」といいますが，**図3-33**は垂直偏波ということになります．

160mバンドの電波は地表波成分がかなりあります．地表波は近距離のQSOに利用されますが，その電界ベクトルは地面に対して垂直な垂直偏波なので，**図3-33**の設置は有利でしょう．また**図3-34**の水平設置は水平偏波で，無指向性になります．

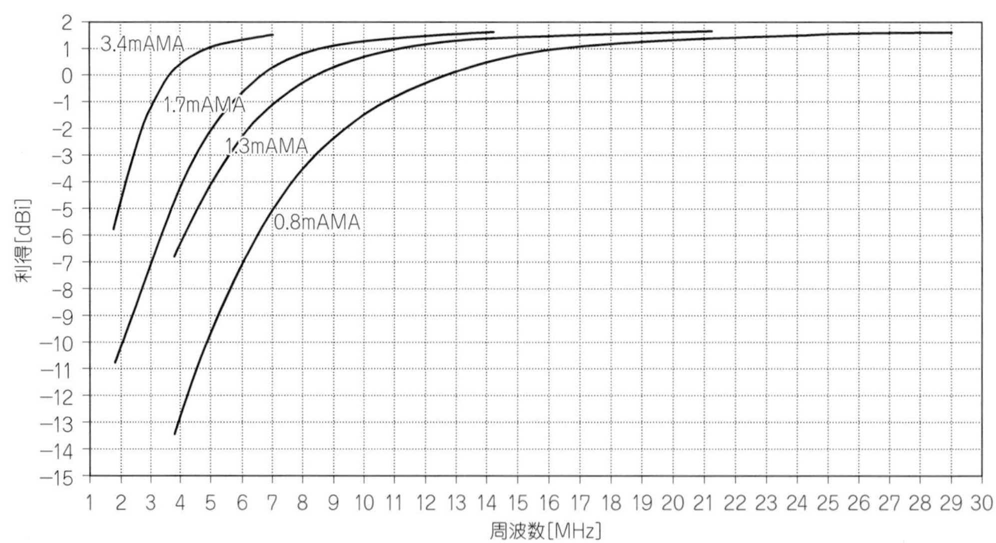

図3-32　ループ直径の違いと利得の関係

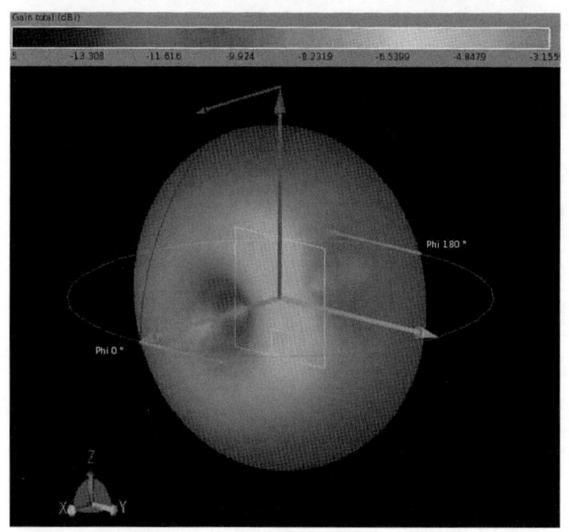

図3-33　垂直設置のMLAの放射パターン（垂直・水平の各偏波成分を合算）
ループは1辺1mの正方形．14MHz

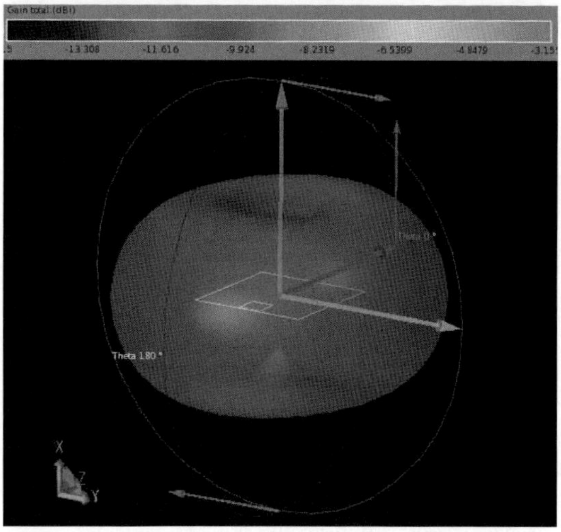

図3-34　水平設置のMLAの放射パターン（垂直・水平の各偏波成分を合算）

MLAのインピーダンス整合

MLAは，1回巻きのコイルと可変コンデンサで，直列LC共振を利用しています．入力インピーダンスのR（抵抗：レジスタンス）は小さく，例えば0.1Ωのときに200Wの送信電力では，電流が$\sqrt{200/0.1}=44.7$Aも流れ，強い磁界を作ります．コンデンサの容量性リアクタンスを例えば$-j200\,\Omega$とすれば，電圧は8,940Vにもなるので，送信時に触れないように注意してください．

また，入力インピーダンスのRが小さいので，特性インピーダンス50Ωの同軸ケーブルは直接つなげません．**図3-35**，**図3-36**はDL2FA Hansが発表している7種類の給電方法のうちの3例です．

ハムの自作でも試されている**図3-35(b)**は，DK5CZ ChrisのAMAでも採用された方法で，給電用の結合ループに同軸ケーブルを使って広帯域の特性を得ています．

図3-35の方法は，小さいほうのループ（短絡回路）に流れる強い電流によって発生する磁界を，本体側の大きいループに磁気結合することで，インピーダンスを変換しています．

MLAの利点

ここで，Chrisが主張するMLAの利点をまとめておきます．

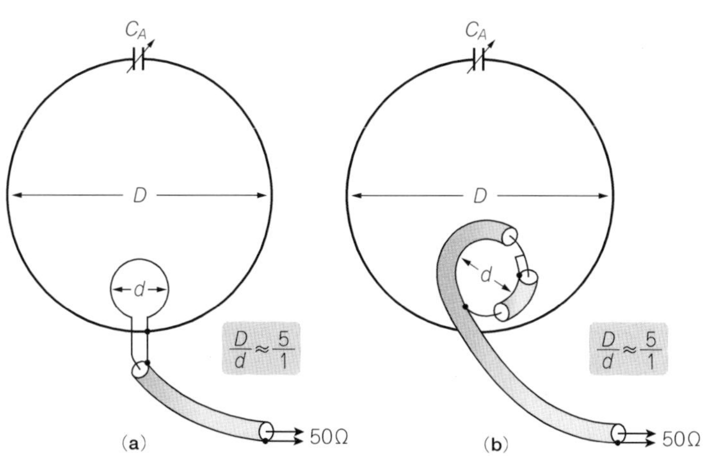

図3-35　DL2FA Hans Würtzによる代表的な給電方法

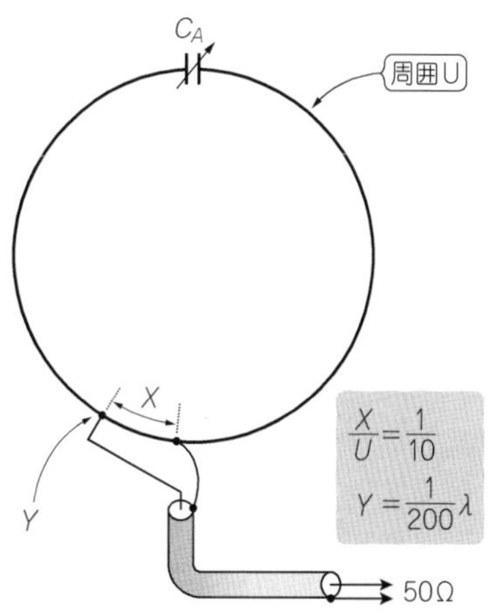

図3-36　DL2FA Hans Würtzによる別の給電方法

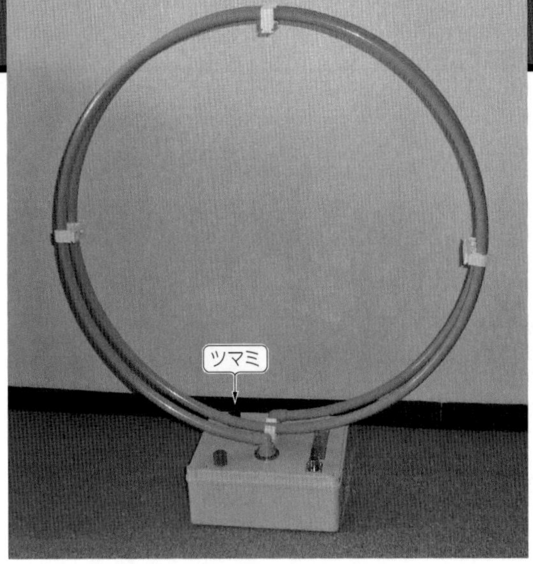

写真3-8　OK2ER Oldřich Burger氏によるBTV社製MLA-M
（**http://www.btv.cz/en/products-en**）

写真3-9　回路基板とジャンパ・ピン（右上：J2，左下：J1）
写真はいずれもOFF

① ラジアルが不要
② 同じ小型率の中では高い放射効率
③ 使用周波数で完全に同調がとれる
④ 大地に近い設置ではダイポールより有利
⑤ 垂直設置では8の字の指向性
⑥ 垂直設置では大地の影響が少ない
⑦ 1回巻き高Qコイルの結合で低伝送ロス
⑧ 磁界成分は電界成分に比べて建物などの影響を受けにくい
⑨ 高Q・狭帯域幅で混変調を低下
⑩ 送信時に高調波成分を抑圧

2回巻きのMLA

写真3-8は，チェコのBTV社で開発されたQRP用のMLA-Mです．直径わずか60cmの2回巻きで，3.5MHzから28MHzまでの各バンドにチューニングがとれるという，他社製品にない多バンドのスペック（仕様）です．

写真3-9は，下部の箱内にある回路基板で，二つのジャンパ・ピン（J1，J2）で3.5MHz，7〜10MHz，14〜28MHzの三つのモードに切り替えます．**写真3-9**の左側には，バリコン（可変コンデンサ）が二つあります．中央に見える上下二つの大型ナットは，2回巻きループの巻き始めと巻き終わりにつながっています．

また，左下のジャンパ・ピン（J1）は，ループの中央を巻き終わりにショートするために使いますが，短絡するとループは1回巻きで動作します．付属の取扱説明書によれば，三つのモードの回路は**図3-37**のとおりです．

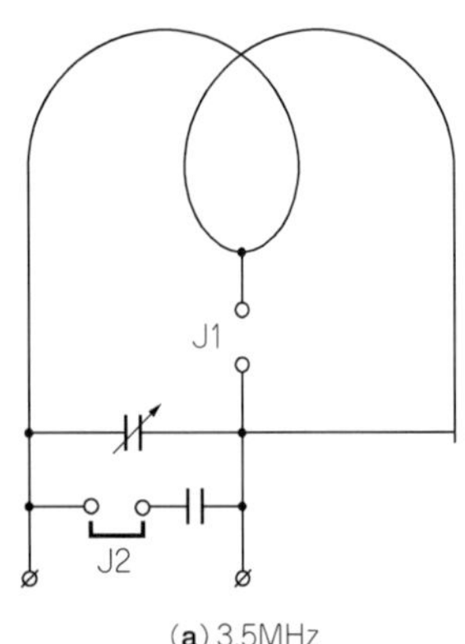

(**a**) 3.5MHz

J1
J2

(**b**) 7〜10MHz

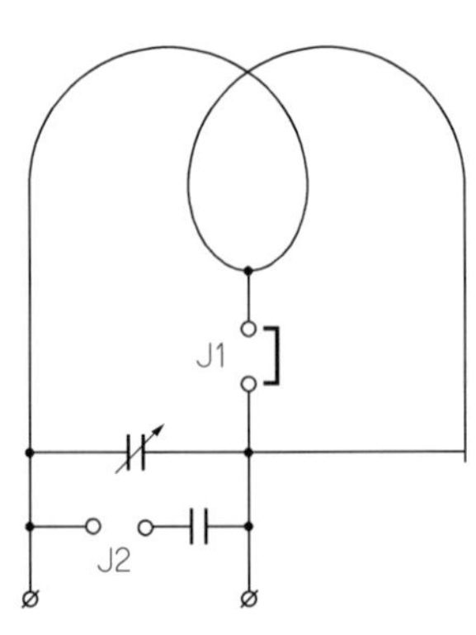

(**c**) 14〜28MHz

図3-37　三つのモード
取扱説明書の図は実際の回路を簡略化している

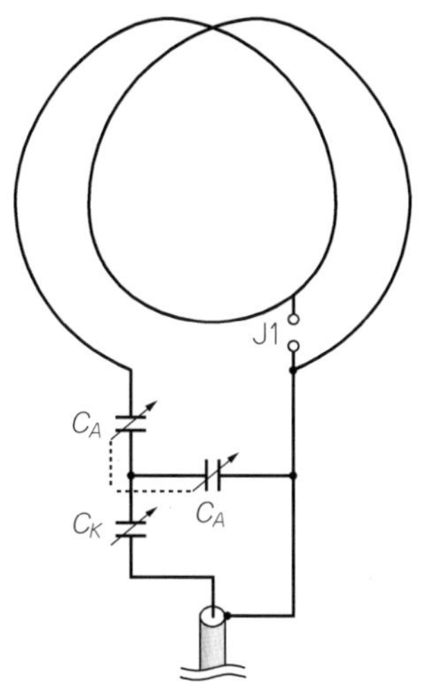

図3-38　基板上の実際の回路

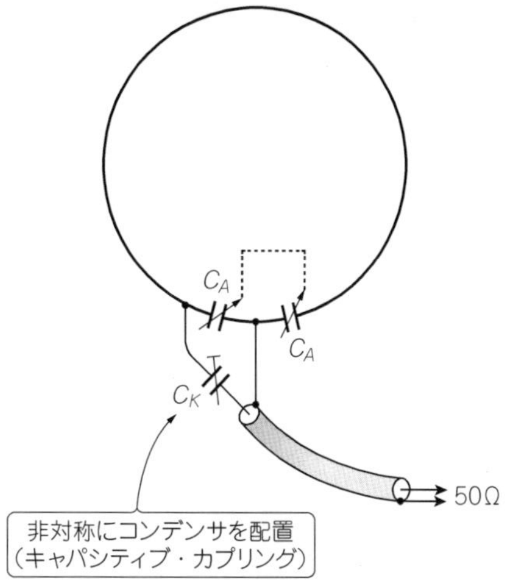

図3-39　DL2FA Hans Würtzの考案した整合方法の一つ

しかし，この回路はいずれもコイルに並列にコンデンサが接続され，このままでは並列LC共振回路です．もしこの回路図が正しければ，それぞれの動作周波数では並列共振（反共振）現象を利用することになるので，インピーダンスは極めて高くなるでしょう．下部の箱にはM型コネクタ（メス）があり，50Ω同軸ケーブルを接続するのですが，整合回路は見あたりません．

図3-38は，**写真3-9**の回路をたどって描いた図です．上側のバリコンは2連で動作しますが，**写真3-8**では，箱の左奥にあるツマミで動かします．また，**図3-38**の下側のバリコンは，箱の左手前のツマミで操作します．バリコンの容量は，刻印が薄いのですが2×147pFと読めます．

さて，**図3-38**に示す実際の回路は，取扱説明書の回路（**図3-37**）と一部異なりますが，これは，**図3-39**に示すDL2FA Hans Würtzの考案した数多くの整合方法の中の一つを参考にしているものと思われます．

また，これらのオリジナルは，おそらく，MLA初期のPettersonのループ（1967年ごろ）で採用されたもの（**図3-40**）ではないかと思います．

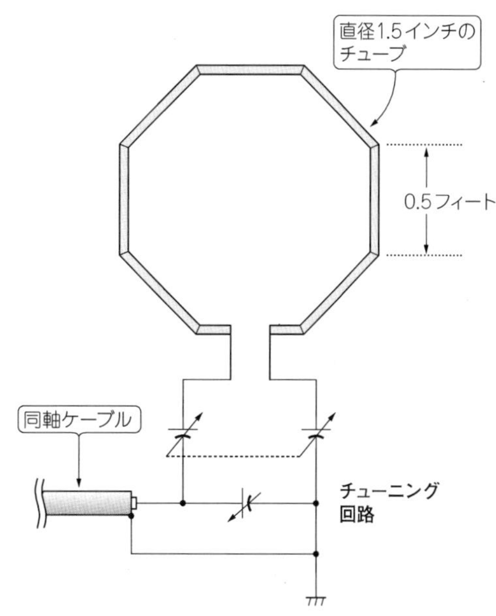

図3-40　MLA初期のPettersonのループ

整合状態の確認方法

直径60cm，1回巻きのループで，14MHzにおける動作を電磁界シミュレーションしてみました．**図3-41**（p.58）はSonnetによるモデルで，パイプの直径が1cmの銅製ループです．

シミュレーションの結果，14.1MHzにおける入力インピーダンスZ_{in}は，$0.13+j172$［Ω］だったので，コイルのインダクタンスは1937nH（≒1.9μH）になります．

波長に比べて十分短いループは，Rが極めて小さいので，このZ_{in}を50Ωに整合を取る回路例は，例えば**図3-42**（p.58）のようになります．

また，**図3-43**（p.58）はこの回路を**図3-41**に接続したときの入力インピーダンスのグラフです．これはコンデンサの損失分を含まないモデルで，共振周波数の14.1MHzを中心に，Rの山が鋭くなりました．さらに，**図3-44**は反射係数S_{11}（リターン・ロス）のグラフで，狭帯域の特性を示しています．

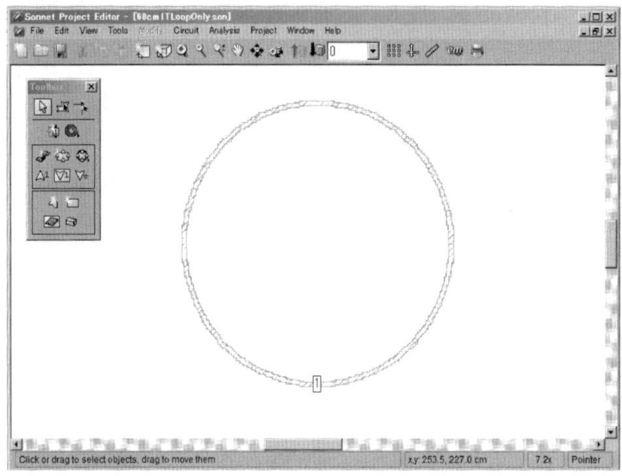

図3-41　Sonnetによる直径60cmの銅製ループ（1回巻き）モデル

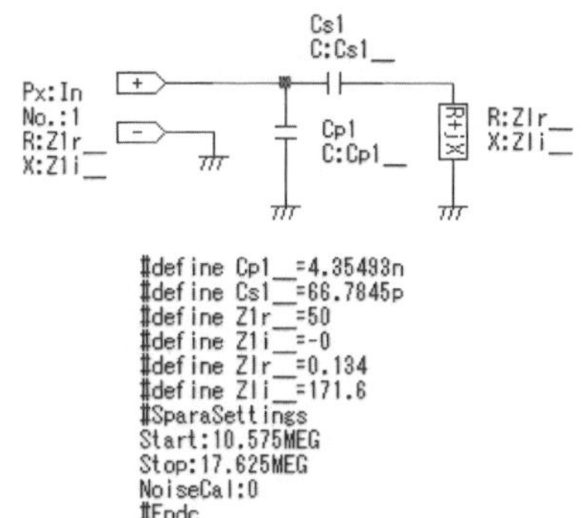

図3-42　整合回路の自動設計（MEL社 S-NAP Designを使用）

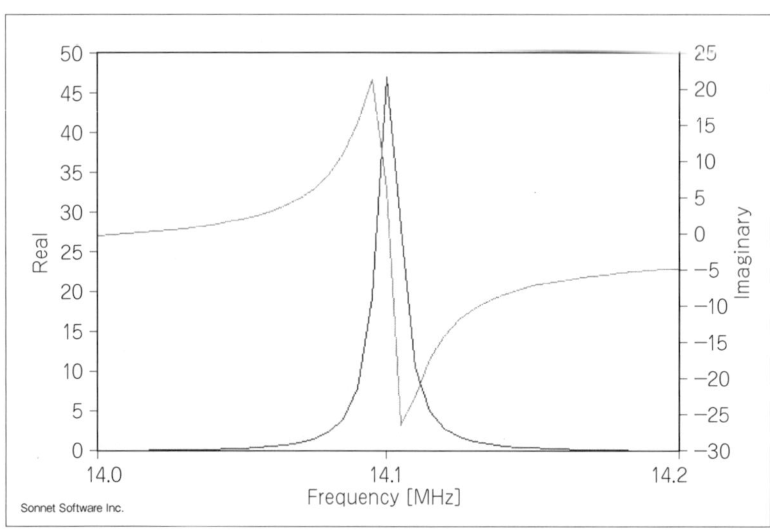

図3-43
整合回路付きの入力インピーダンス
R（実部）の山のピークは50Ωに近く，X（虚部）は14.1MHzでゼロである

実際の整合回路

MLA-Mは，（おそらく）147pFの2連バリコンが2個使われています．そこで，**図3-42**の回路を用いてこの範囲の容量で実現すれば，例えばC_K = 122pF，C_A = 23pFのとき，SWRは**図3-45**のようになりました．

Sonnetに付属の回路シミュレータで得た入力インピーダンスは**図3-46**のようになり，**図3-38**の整合回路によると14.7MHzに並列共振（反共振）があり，リアクタンスXの左肩がゼロになる14.14MHzで共振します．

インピーダンスの測定と使用感

MLA-Mをベランダに出して，14MHzにチューニングを取ってみました．メインのツマミに周波数の目盛がないので，バリコンの初期位置決めは，例えばアンテナ・アナライザRig Expert AA-520（第6章参照）などで，共振点を根気よく探す必要がありました．また人体の影響が大きいので，調整後にアンテナから離れると，SWRが大きく変動してしまい，何度も微調整を繰り返しました．

図3-47（p.60）は，アンテナ・アナライザによる入力インピーダンスの測定結果です．**図3-46**とは反対に，低い周波数に並列共振（反共振）があることがわかります．

本体から約5mの同軸ケーブル端で測定しているので，外導体の外側がアンテナの一部として働き，帯域はシミュレーション結果ほど狭くありません（**図3-48**）．

そこで，**写真3-10**のようにCMC（コモンモード・チョーク）を付けてアンテナ単体の特性を測ってみ

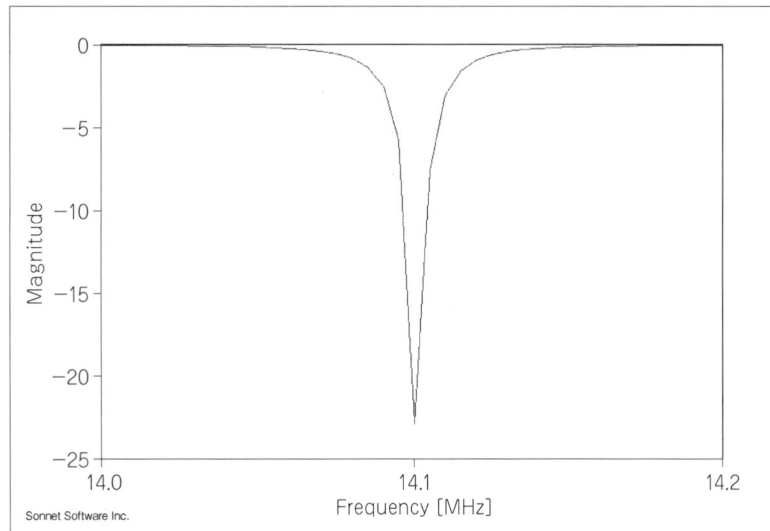

図3-44
整合回路付きの反射係数S_{11}（リターン・ロス）のグラフ

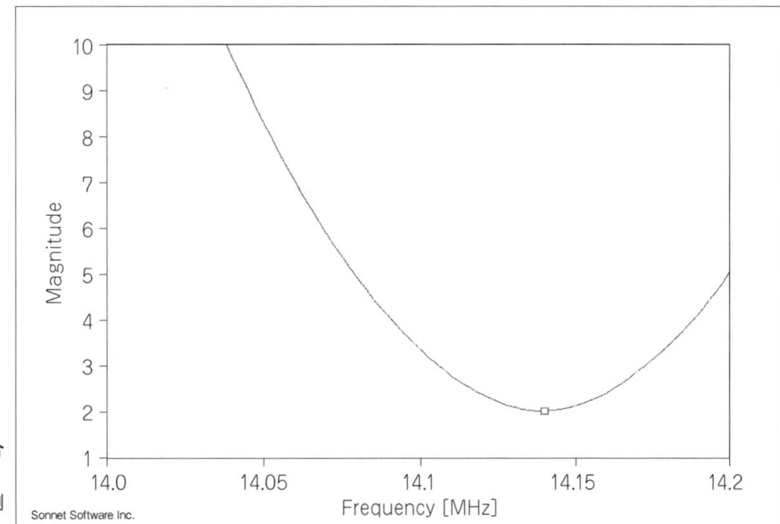

図3-45
実際の容量範囲に基づく整合モデルの*SWR*

全体の損失抵抗を0.5Ωとした例で，帯域幅はやや広がった

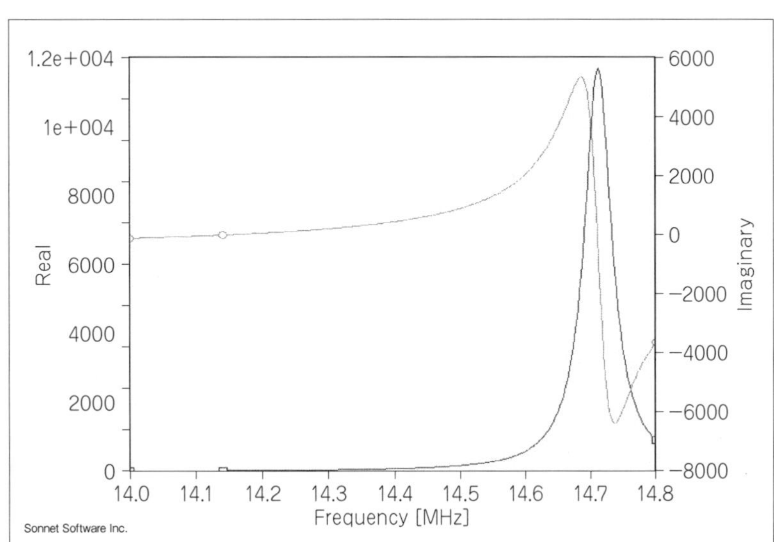

図3-46
実際の容量範囲に基づく整合モデルの入力インピーダンス

14.7MHzで並列共振している

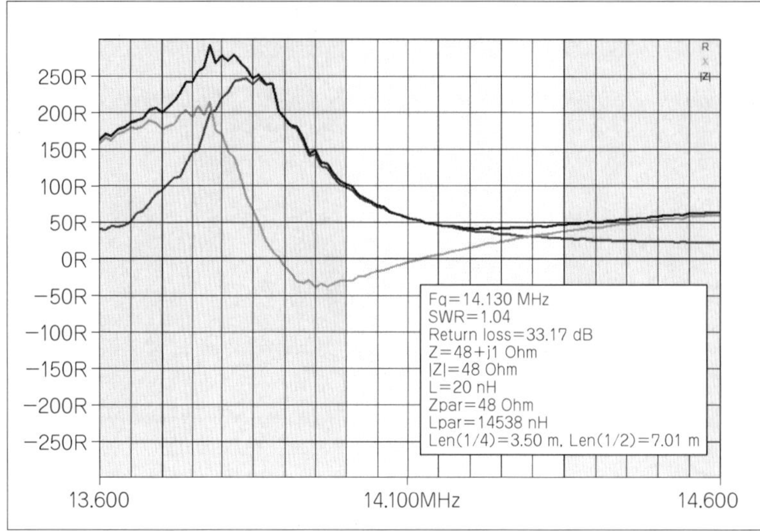

図3-47
Rig Expert AA-520による入力インピーダンスの測定結果（約5mの同軸ケーブル端で測定）

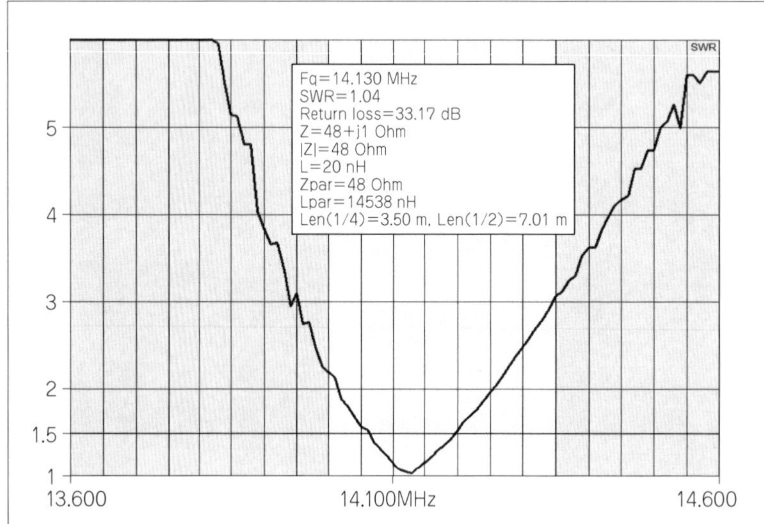

図3-48
Rig Expert AA-520によるSWR特性表示

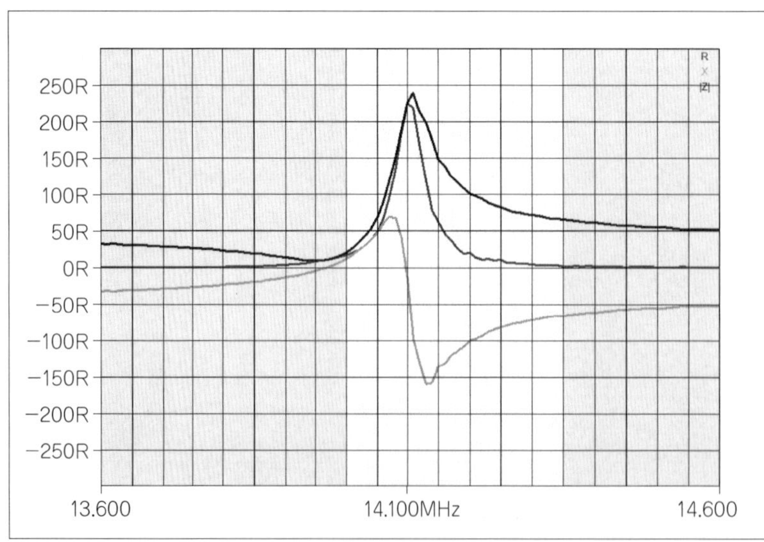

図3-49
MLA-M単体の入力インピーダンスの測定結果

図3-50
MLA-M単体の*SWR*

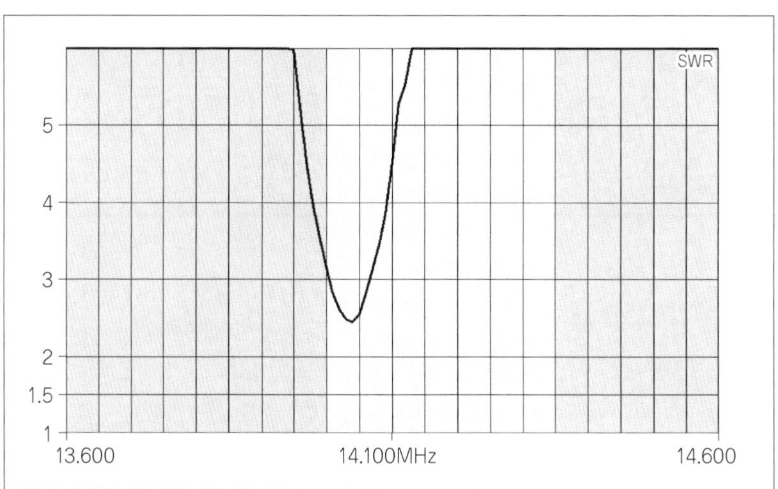

(a) MLA-M単体の*SWR*特性

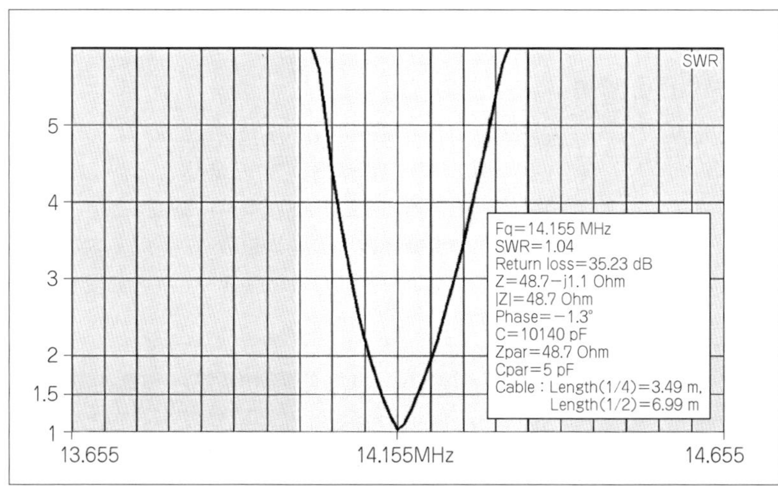

(b) MLA-M単体最良状態の*SWR*特性

ました．室内の窓ぎわに置き，人体の影響もあるので，*SWR*は最良で2.4でした．

図3-49は，このときのアンテナ単体の入力インピーダンスです．今度は**図3-46**と同じように，高い周波数に並列共振があることがわかります．また，**図3-50(a)**でもわかるように，単体の帯域幅は狭く，取扱説明書に近い結果が得られました［**図3-50(b)**は最良状態］．

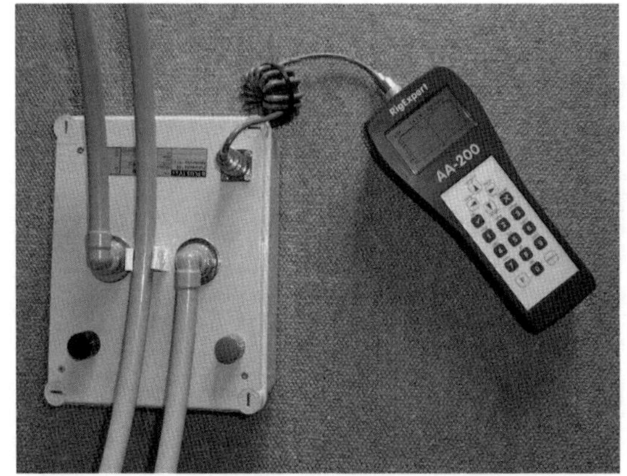

写真3-10　CMCを付けてアンテナ単体の特性を測定

ベランダ運用で長いケーブルを使ってMLA本来の狭帯域特性を得たいという場合は，**写真3-10**のように，本体近くにCMCを介して給電するとよいでしょう．

また，CMCなしでは同軸ケーブルの外導体外側の一部がアンテナになるので，放射効率が向上して(hi)帯域幅も広くなります．そこで，アンテナ・システムとしての実用度は増すわけですが，これを意図的に活用するのであれば，同軸ケーブル・アンテナとしての注意点（第5章 5-5節）をおさえて，I（インターフェア：電波障害）を出さないようにしましょう．

森羅万象は共振している？

MLA*3のループは，波長に比べて十分小さい場合，部品のコイル（*L*）に見えますね．

コンデンサ（*C*）を追加して*LC*共振現象を利用すると，*L*には大電流が流れて，ループの周りに強い磁界が発生する．

MLAは1回巻きがFBだそうですが，Field_antのMK-4（**写真3-11**）のような多巻きのアンテナもありますね．

図3-51は銅パイプ（直径2cm）を3回巻いた直径1mのループで，線間は8cm，ループの全長は約10mだ（XFdtdを使用）．

これを1回巻きにするとループの直径が3m以上になるので，多巻きのほうがコンパクトです．しかし，ループ長が½λ以上になる高い周波数では，途中で電流の向きが逆転しますね．

その場合は微小ループといえないが，いくつかの周波数で調べてみよう．

図3-52は7.1MHzにおける磁界ベクトルだが，全長は波長の約¼なので，電流の向きは逆転しない．だから磁力線が巻きつく向きも変わらないね．

写真3-11　Field_ant製のMK-4A

ループの直径85cm，6回巻きで3.5～50MHzに対応．MK-4Bは直径1.15m

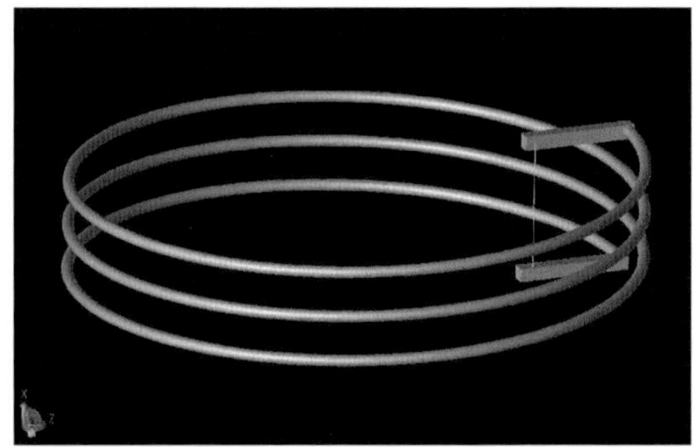

図3-51　3回巻きMLAのシミュレーション・モデル

図3-52　7.1MHzにおける磁界ベクトル（配線付近の空間は細かい分割）

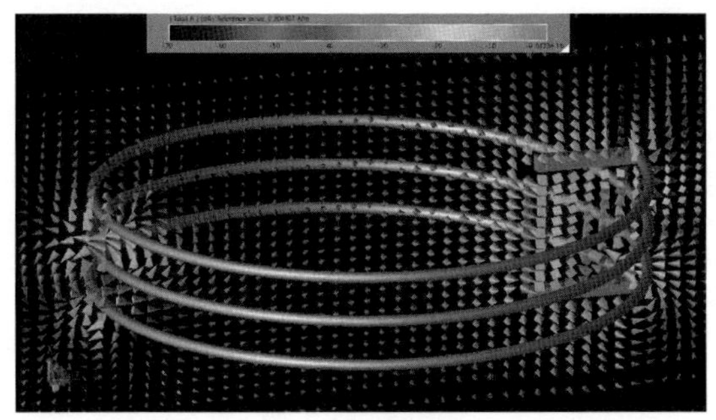

図3-53　28.5MHzにおける磁界ベクトル（配線付近の空間は細かい分割）

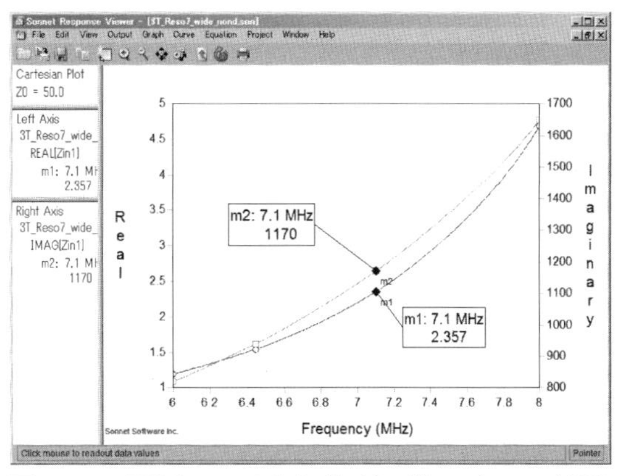

図3-54　3回巻きMLAの入力インピーダンス（7MHz付近）

図3-53は28.5MHzの磁界ベクトルですが，こちらはループの途中で磁力線の向きが逆転しています．右端の給電部分は，磁界の分布が複雑ですね．

これらは，それぞれの周波数で共振していないときの表示だが，給電点から見たインピーダンスがわかれば整合回路を設計できるね．パルス信号を加えて電磁界シミュレーションする手法では，低い周波数の精度を得るために長い時間の応答を計算する必要がある（詳しくは第7章参照）．モーメント法のSonnet Suitesは，正弦波（サイン波）を加える手法で，低い周波数にも向いている．

図3-54はSonnetによる入力インピーダンスのグラフで，**図3-55**は7.1MHzで共振させたときの電流分布だ．

Sonnetは2次元多層のCAD（製図ツール）だから，ループの途中で立ち上がりながらつながっているのですね．Rは2Ωと小さいので，ATUを使う場合は，50Ωにステップアップするために複数のLやCが作動します．

そうだね．それらの数は変動するから，整合に関わる損失は含まず，放射効率を計算してみよう．SonnetではGain（利得）と

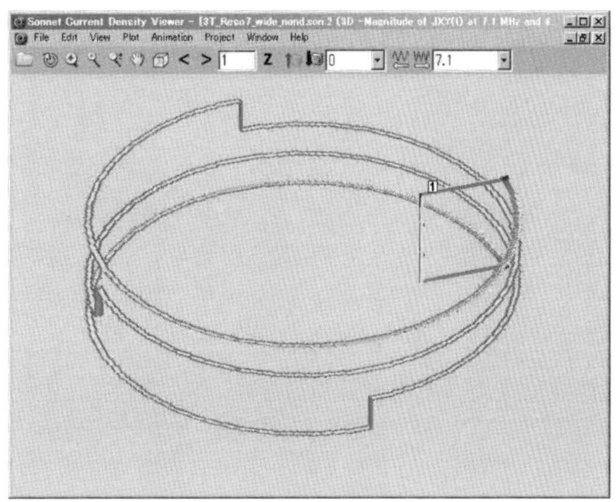

図3-55　3回巻きMLAの表面電流分布
7.1MHzで共振している

Directive Gain（指向性利得）が得られるから，次の式で放射効率ηを計算できる．

$$放射効率\eta\ [\%] = 100 \times 10^{[(\mathrm{Gain} - \mathrm{Directive\ Gain})/10]}$$

図3-56（p.64）の放射パターンは平面だが，立体的には太ったドーナツをイメージできる．また，左上に利得の値が表示され，Gain＝－9.44dBi，Directive Gain＝1.75dBiだから，ηは8%と低い値になった．MLAは，一般に放射抵抗の値が小さいので，電磁界シミュレータで得られるηの値は，損失値の精度によって変動する．だからここに示すηは参考値として考えよう．

＊3　MLAという名称が使われることが多いが，スモール・ループや微小ループとも呼ばれている．「スモール（小型）」とはあいまいだが，一般に微小ループはループ長が波長の1/10以下をいう．このとき電流の位相変化は小さいので磁界を揃える条件ともいえ，マグネチック（磁気の）ループという名称はふさわしいと思われる．

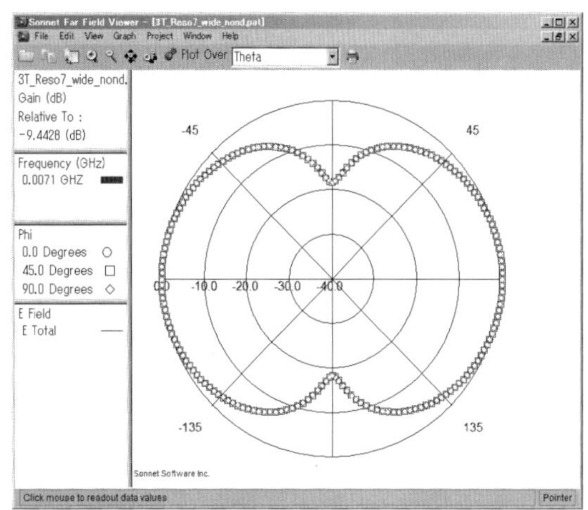

図3-56　3回巻きの放射パターン①

7.1MHzで共振している．極座標は第2章の図2-13による．η＝8%

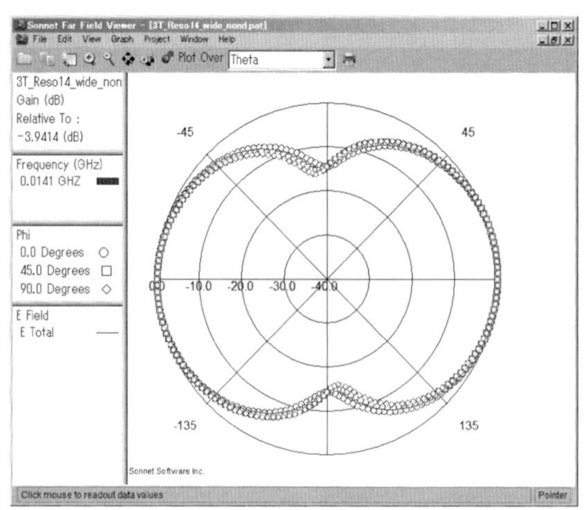

図3-57　3回巻きMLAの放射パターン②

14.1MHzで共振している．η＝27%

ちなみに直径3.3mの1回巻きでは，7.1MHzのηが15%に向上しました．**図3-57**は3回巻きの14.1MHzの結果で，Gain＝−3.94dBi，Directive Gain＝1.71dBiだから，ηは27%です．また**図3-58**は21.2MHzの結果で，Gain＝−1.66dBi，Directive Gain＝1.78dBi，η＝45%，28.5MHzではη＝70%でした．

かなりコンパクトだが実用的な値になってきたね．ただし，これらのηは不整合による損失を含まない値だ．また，ATUを使う場合は内部のLやCが多く動作すればηはさらに低下すると考えたほうが無難だ．

21.2MHzの波長は14.2mで，ループ全長の10mには½λの波が乗っているから，これより高い周波数では，磁界型の動作とはいえないね．

14MHzや21MHzでは，放射パターンが傾いていますが，この程度であれば気になりません．

多巻きは，細いワイヤより太いパイプを使い，ピッチにも余裕を持ちたい．ループの近くにATUを付ける場合はトップヘビー（頭でっかち）になるので，特にベランダ運用では，落下しないように命綱が必要だね．

MLAの使用感では，もう少しηが高そうだというレポートを聞きますが……．

給電する同軸ケーブルの外導体の外側に強いコモンモード電流が流れれば十分放射に寄与するから，これを含んだηは高くなる．しかしQRO（高出力運用）では，インターフェア（電波障害）や回り込みによる感電，リグのダメージにも気をつけないといけないね．

ATU側の同軸にフェライト分割コアを何個も付けたり，コモンモード・フィルタを使えば，このコモンモード電流は減りますね．

ところでワイヤ系のアンテナは，調整が済んでしまえば，日常の運用では共振していることすら忘れてしまう．しかしMLAは帯域幅が極めて狭いので，QSYのたびに共振のチューニングを取る必要がある．

そうですね．MLAはその度に面倒を見るので，いかにも共振しているという実感が湧くアンテナですね．

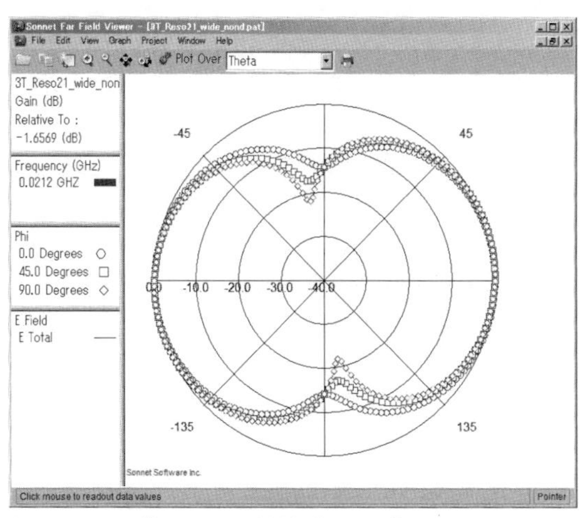

図3-58　3回巻きMLAの放射パターン③
21.2MHzで共振している．η＝45％

「共振」といえば，昭和10年の訳本（バルクハウゼン著「振動学入門」）に「振動なる現象は吾人の周囲に殆ど絶えず生ずる現象である．而して森羅万象の美しさは，全部とは言い得ない迄も，大部分は此の振動現象によって生ずると云っても過言ではない」とある．これは実に含蓄に富む文章だね．

現代物理学では，近年，物質の基本的な構成物は粒子ではなく「プランク長さ*4程度のひも」であるという仮説＝超ひも理論が提案された．2008年にノーベル物理学賞を受賞した南部陽一郎博士はその提唱者の一人だが，「ひもの振動」がすべての物質や重力を生むという説は，昭和10年に書かれた「森羅万象が振動している」という話と，妙につながる気がする．

物質はすべて振動しているのであれば，真に共振しないアンテナは，はたして実現できるのでしょうか…？

素粒子（ではなく超ひも？）レベルでは，われわれの肉体も常に振動しているというわけだが，そう考えると安眠できなくなりそうだね．

共振しないアンテナの代表は，ホーン・アンテナなどの開口面アンテナ（第1章）だ．しかし，測定するとS_{11}（リターン・ロス）は一定でなく，周波数によって異なる．

広帯域のホーン・アンテナ製品にも，使用できる周波数の範囲があります．

そのとおり．共振しないアンテナを実際に作るのは極めて難しいだろうね．金属体に電波（進行波）を加えると，その先の不連続部で必ず反射がある．アンテナは有限長（hi）で作らなければいけないからね．

160mなどで使われるビバレージ・アンテナは，進行波アンテナといわれていますね．

先端に整合用の抵抗器が付いている．完璧な整合が可能であれば無反射だから，進行波だけが存在する．

でも，抵抗器は電磁エネルギーをほとんど熱に変えてしまうので，送信できる電力はわずかですね．

波長に比べ，十分小さい素子（アンテナ？）を用いて進行波だけ発生できるという提案があるが，それは無理だろう．唯一の方法は「十分な損失で反射させないこと」，つまり，抵抗器で整合状態を実現するということだ．

その答えは，「ダミーロード」ですね．

Chapter 3

＊4　プランク長さは，ドイツの理論物理学者，マックス・プランク（1858－1947年）によって作られた長さの最小単位で，その値は1.616×10^{-35}m.

Chapter 4 章

進行波アンテナは小さくなるのか？

ダイポール・アンテナをはじめとする電界型アンテナや，MLA（マグネチック・ループ・アンテナ）を代表とする磁界型アンテナは，いずれもL（インダクタンス）成分とC（キャパシタンス）成分によるLC共振現象を利用して強い電流を得ています．そこで，アンテナは共振することが前提であると思いがちですが，給電路を伝わる進行波をそのまま空間へ放出するタイプのアンテナがあり，進行波アンテナとも呼ばれています．共振を利用しないので，理論的には超広帯域で使えるFBなアンテナです．

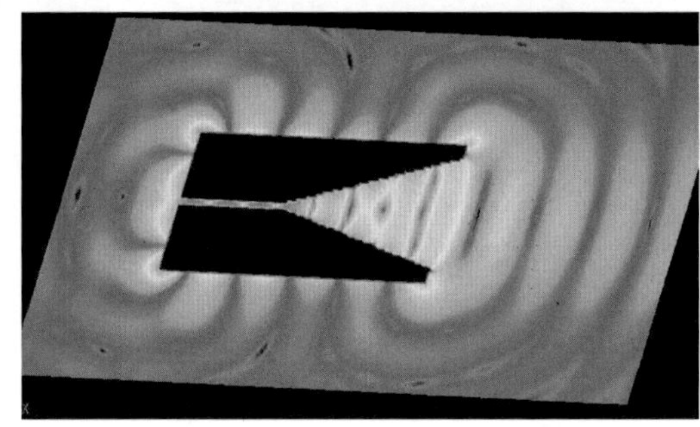
テーパード・スロット・アンテナ（TSA）の電界強度分布

4-1 進行波とは？

電気回路には，電源・配線・負荷の三つの要素があります．アンテナ（負荷）に送信機（電源）からの電力を供給するために給電線（配線）が必要で，直流も交流も配線はペアで働きます．電流の流れをたどると，電源から出発して負荷を通り，再び電源に戻るループです．また配線は，電源の電気を負荷に無駄なく伝えるための伝送路ともいえます．

配線間の電圧によって電界が分布し，電流の周りに磁界が分布するので，これらは電源から負荷へ向かって進む電界と磁界の波（電磁波）で，これを進行波とも呼んでいます．

インピーダンス整合と進行波

電気の教科書では，配線の説明に平行2線路がよく使われます．無限の線路を仮定している場合は，進行波が伝わっていることになるので，線路の先にある終端抵抗のことは忘れて理論が展開できます．

しかし，実際には線路の先に負荷となる素子があり，線路は負荷に電力を供給するために必要不可欠です．負荷（アンテナ）の入力インピーダンスと線路の特性インピーダンスが大きく異なると，両者の接続点で電力の反射が起こり，負荷に十分な電力が供給できなくなります．

図4-1に示すように，内部抵抗R_iを持つ電源から負荷R_Lへ供給される電力Pは，次の式で表されます．

$$P = \left(\frac{V}{R_i + R_L}\right)^2 R_L$$

ここで，$R_i = R_L$のときに，図4-2に示すようにPが最大となることがわかります．また，線路の特性インピーダンスもR_iと同じ値，つまりアンテナの入力抵抗と同じ値のときに，電源と負荷は「整合」しています．

このように，実際の回路では電源と負荷は線路に

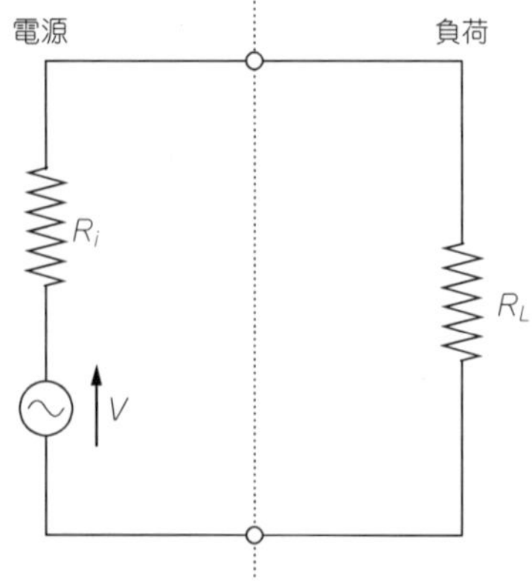

図4-1　内部抵抗R_iを持つ電源と負荷R_Lをつないだ回路

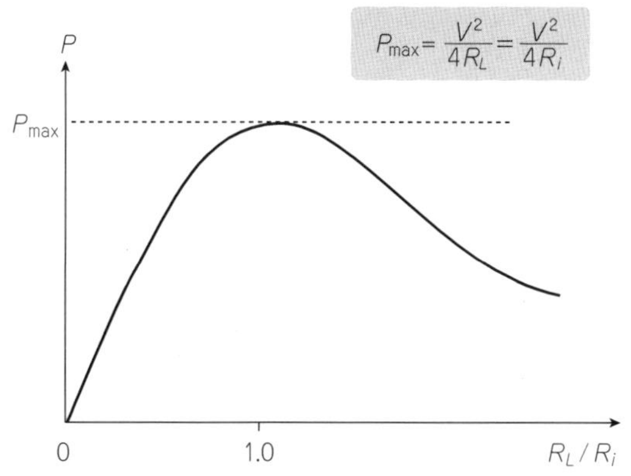

図4-2　$R_i = R_L$のときにPが最大となる

つながるので，線路の特性インピーダンス（または特性抵抗）を知って，電源や負荷の入力抵抗に合わせることで，理想的な給電が可能になります．

この状態は，負荷　に到達した電力が反射することなく伝送できることを意味しており，このときに限って，線路に進行波が伝わります．

平行2線の周りの電磁界

電界は，電源の電圧（電位差）によって配線周りの空間に生じる電位の勾配で，大きさと向きを持つベクトルで表します．**図4-3**は，50Hzの交流を加えた平行2線に直交する断面上の電界ベクトルを表しています．

上下の線路間には，下の線路から上の線路へ向かう小さな円錐形が表示され，周囲の空間にも広がっています．これらを数珠つなぎにたどる線は電気力線をイメージできます．

図4-4は，**図4-3**と同じ50Hzの交流を加えたときの磁界ベクトルです．これらを数珠つなぎにたどる線は磁力線で，それぞれの線の周りにループ状になっていることがわかります．また上側の線の周りは右巻き，下側は左巻きなので，アンペアの右ネジ

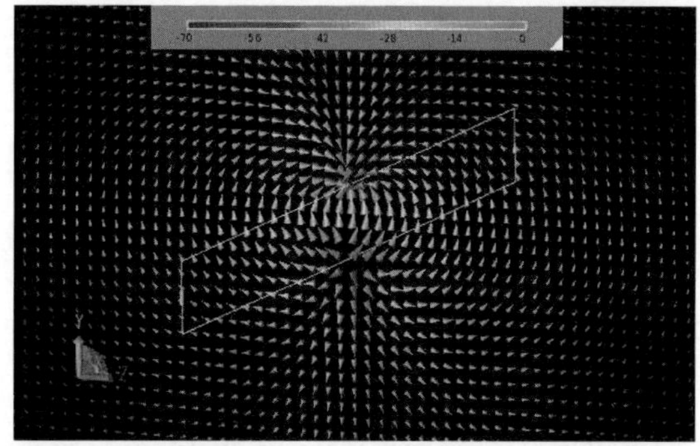

図4-3　平行2線の周りに分布する電界ベクトルのようす

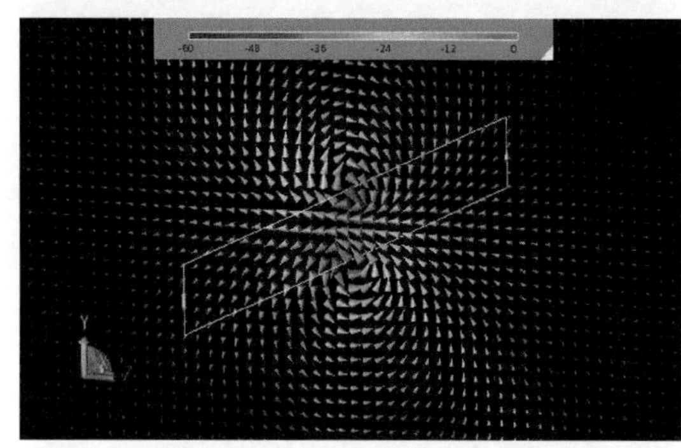

図4-4　平行2線の周りに分布する磁界ベクトルのようす

の法則[*1]によれば，上側の線の電流は，この瞬間に手前から奥に向かっていることがわかります．

平行2線からの放射

適切に終端されている平行2線路（リボン・フィーダ）では，同相の電界と磁界が負荷側へ進み，この電磁波が進行波です．負荷で反射がないので，このときには最も効率良く電力を負荷へ運ぶことができるわけです．**図4-5**は100MHz（波長3m）の場合の電界強度分布で，線路長の1m内に波の節が見えています．

次に，**図4-6**では1GHzの正弦波を加えていますが，線間10cmは波長30cmに近く，互いに逆向き

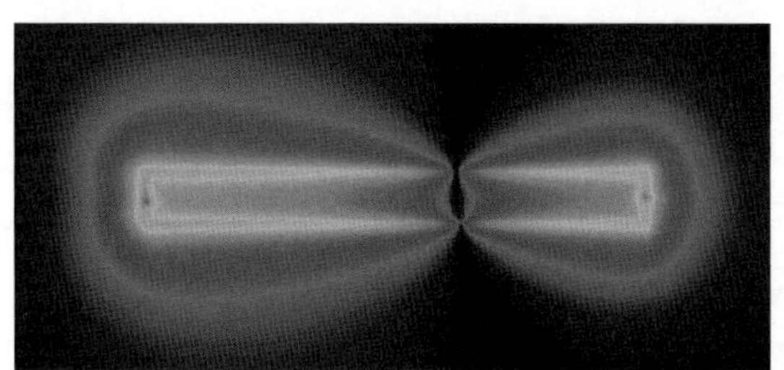

図4-5　100MHzの正弦波を加えたときの電界強度分布
ある瞬間の表示

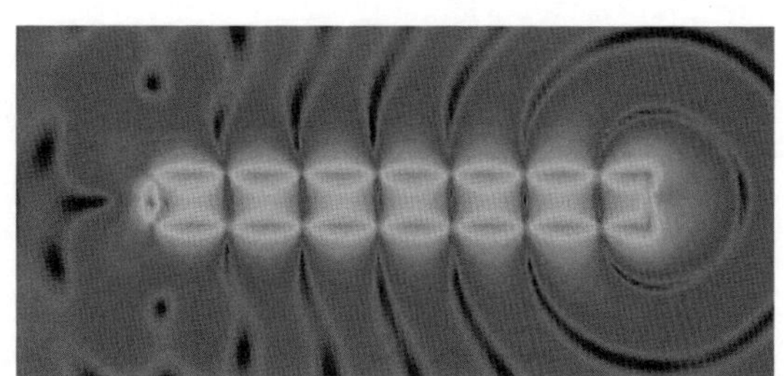

図4-6　1GHz（波長30cm）を加えたときの電界強度分布
放射が観測される

*1　アンペアの右ネジの法則：フランスの物理学者アンペア（仏語読み：アンペール）は，1820年，右ネジを電流の流れる方向に回すと，磁力線はネジの回転する向きにできることを発見した．

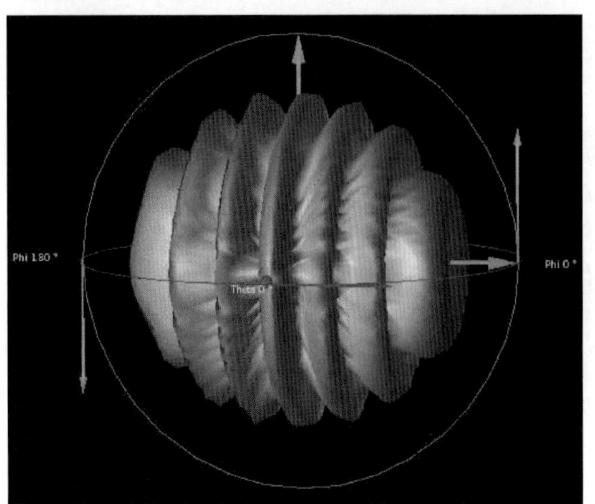

図4-7　1GHzにおける放射パターン

の電流による電磁波のキャンセル効果が少なくなっていることがわかるでしょう．

これはアンテナではなく線路ですが，図4-7のような放射パターンが得られ，電磁界シミュレーションによる放射効率ηは52%でした．

TEM波とは？

電界と磁界を詳しく調べると，両者は互いに直交して，平行2線の進行方向に垂直に交わる断面に沿っていることもわかりました．実はこの特徴は，真空中や導電性のない一様な媒質で満たされた，いわゆる自由空間を伝わる電磁波にも同様に見られることです．

このように，電磁界がある一定の形態になっている波動をモード（mode）といいます．中でも，「電界も磁界もその進行方向に直角の成分しかもたないような振動のモード」を，TEM（transverse electromagnetic）モードと呼んでいます．

おなじみの同軸ケーブルは，金属導体の外被によって閉じた構造でTEMモードであるため，遮断周波数*2をもたないという特徴があります．しかし，伝える電磁波の周波数が高くなると別のモードも発生し，内部の誘電体の損失から，減衰も大きくなります．

平行2線も周波数によってTEMモードと見なすことができますが，実際は周波数が高くなると減衰なども大きく，現在マイクロ波帯ではほとんど使われていません．

同位相の電界と磁界

共振型アンテナの周りに分布する電界と磁界は，共振現象を利用しているので，それらのピークが互いに90°ずれています．

しかし，平行2線を伝わるTEM波は，電界と磁界の位相が揃っているので，そのまま電磁エネルギーが自由空間へ打ち出される機構を作ることができれば，理論的にはどの周波数でも放射する超広帯域のアンテナが実現できることになりますが，それは果たして可能なのでしょうか？

平行2線の伝送速度は？

図4-3や図4-4は，ある瞬間の電界や磁界の分布を表示しています．これらは電源側から負荷側へ光の速度で移動します．周りが広い空間では，導線は電磁界が「お行儀良く」伝わるためのガイドにすぎず，マイクロ・ストリップ線路のように誘電体がブレーキをかけることがないからです．

第1章で述べたマクスウェルは，「電界の変動があればそれは磁界の変動を作り，またそれが電界を作り，電界と磁界は交互に相手を作りながら波となって空間を伝わっていく」と予言しました．また，空間を伝わる電磁波の速さも理論的に計算しています．その値はほぼ3×10^8［m/s］で，これは光の速さと同じです．

そこでマクスウェルは，光は電磁波の一種であるという光の電磁波説（1861年）を提唱しました．写真4-1は，彼が電気と磁気の関係から光の速度を得た実験装置の一部です．

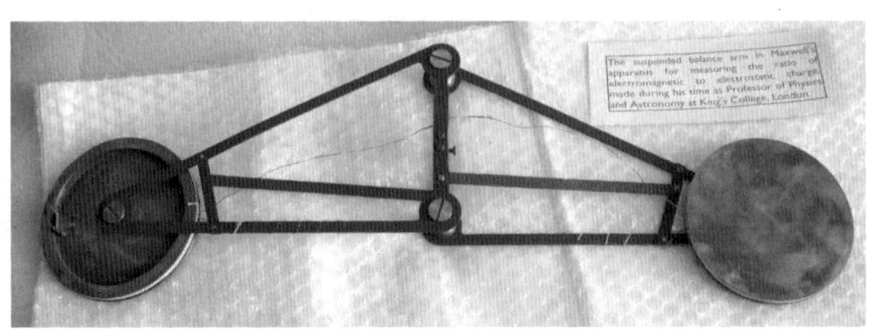

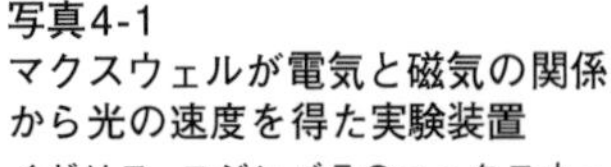

写真4-1
マクスウェルが電気と磁気の関係から光の速度を得た実験装置
イギリス・エジンバラのマックスウェル協会にて撮影
提供：AJ3K Dr. Jim Rautio氏

*2 導波管は遮断周波数（カットオフ周波数）より低いモードは伝わらない．

4-2 定在波とは？

図4-8のダイポール・アンテナは，エレメント長が動作周波数の波長の約半分のときに最良の性能が得られます．中央の給電点から出発した電流は，エレメントの先端で全反射して戻り，さらに反対側の端でも全反射するため，エレメントには右へ進む電磁波と左へ進む電磁波が混在しています．

図4-9の左側の縦列には，点線で表した波が描かれています．左から右へ向かって進む波（→）を進行波，右から左へ向かって進む波（←）を反射波とします．

①～⑫は，それぞれの波が1/12波長だけ進んだ状態を順に描いており，進行波と反射波の合成した波を実線で示しています．①はちょうど逆相の関係なので合成するとゼロですが，②ではやや膨らんだ山になることがわかります．

これらの実線だけを①～⑫の順に追って，その1/2λ（波長）部分だけを右側の縦列に描き直しています．これはギターの弦を爪弾いたとき，両端を固定した弦が上下に振動するようすをイメージできるでしょう．

ダイポール・アンテナの両端はオープン（開放）なので，電流は全反射して戻ってきます．そこでこのように，進行波と反射波の合成によってできる波が定在波で，1/2λの針金はギターの弦のように共鳴（共振）して，強い電流が流れます．

電流は電波放射の源？

第1章で述べたヘルツのダイポールは，金属球によるキャパシタンスC（容量）が電界，また針金に沿ったインダクタンスL（自己誘導係数）は磁界に関連しています．それは，コンデンサに電気がたまり，コイルは電磁石になることからも理解できます．

八木・宇田アンテナの発明者の一人である八木秀次博士がドイツに留学したときに師事したバルクハウゼンは，「長い導体にわたってLとCが均等に分布しているときは，それぞれの部分は隣の部分とのみ結合される小さい振動体を形成する」と述べています．

図4-10（p.70）は，このことを説明する現代の教科書にもある絵です．線状電流を分割して，それぞれの部分からの放射電磁界の和を求め，空間の電磁界分布を得るという方法として，今日でも用いられ

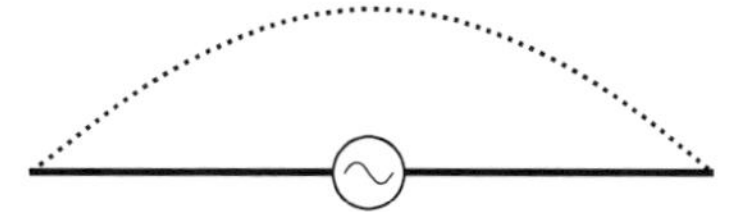

図4-8　ダイポール・アンテナの電流強度分布（点線）

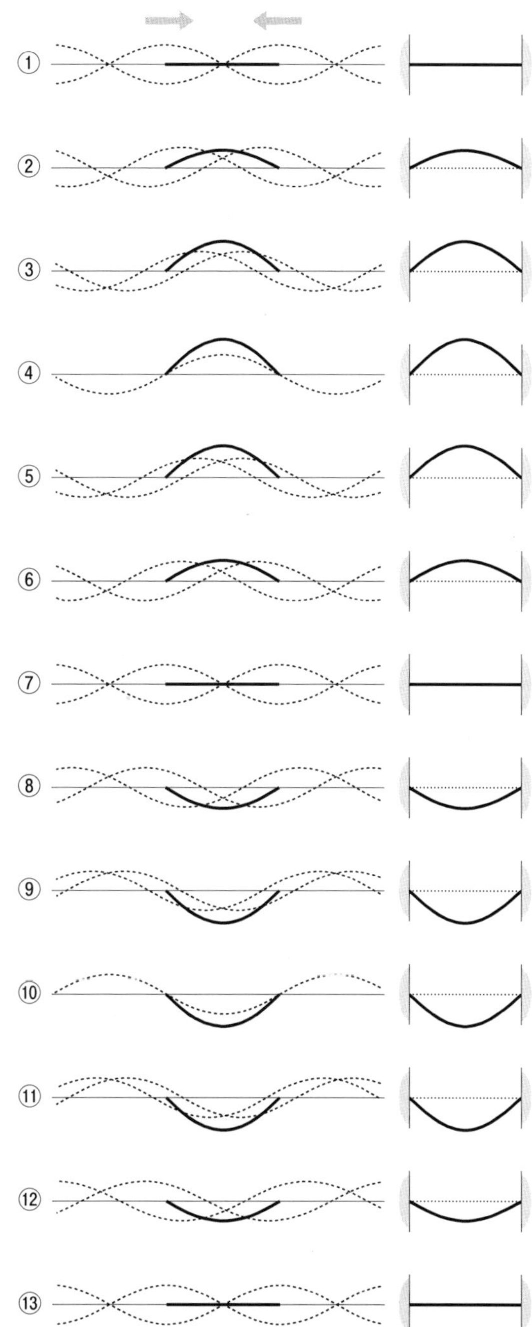

図4-9　進行波と反射波の合成で定在波が発生するようす

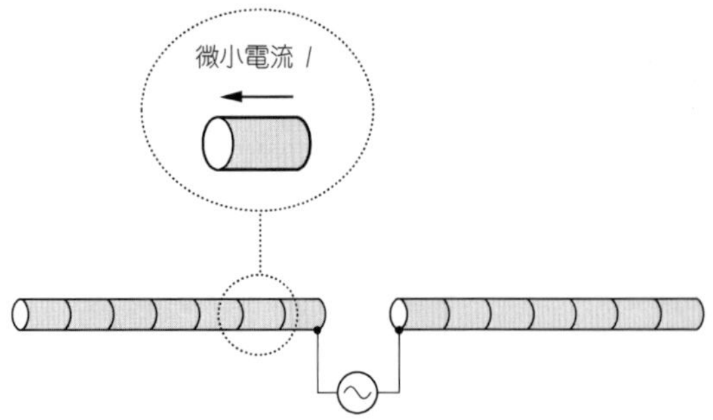

図4-10　線状アンテナの微小電流素子

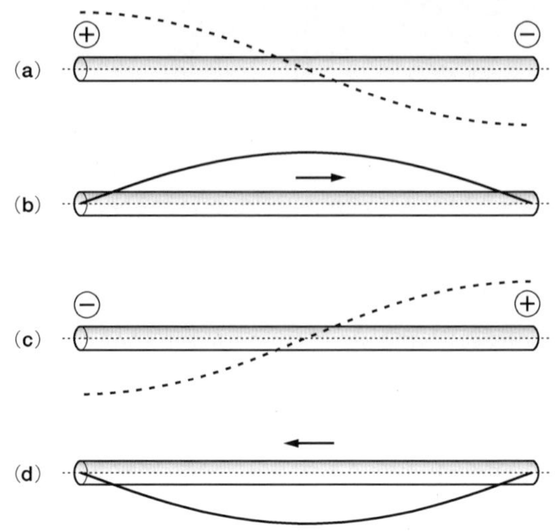

図4-11　両端開放の線状電流の基本振動

ています．**図4-10**の微小電流部分は小さいヘルツのダイポールを構成し，それらが連なることで放射が合成されるというのがバルクハウゼンの解説で，これに従えば，電波が放射される仕組みは極めてシンプルだとわかります．

バルクハウゼンは，線状に連なる均等な微小振動体を考えることで，楽器の弦や笛の空気振動に全く類似するものとして，機械的な振動系をもとに電気系の振動（共振）の式を導いたのでした．

図4-11は，彼が説明している線状電流の基本振動です．両端が開放された導体棒に流れる電流の強さを実線で，また点線は電圧の強さを，それぞれの場所における棒軸から曲線までの距離で示しています．

電流と電圧は，**図4-11**の導体棒の各所において時間とともに正弦波（サイン波）形的に変化するので，「電圧がゼロのときには電流が最大，また電流がゼロであれば電圧が最大」となります．また，**図4-8**に示したように，「振幅は，電流に対しては導体棒の中央が最大で，電圧に対しては端が最大」です．

これは前項で述べた定在波にほかならないので，ダイポール・アンテナは定在波型のアンテナともいえます．

空間の放射電界は？

平行2線は，各線の電流が互いに逆向きで同量なので，ディファレンシャル・モードあるいはノーマル・モード電流と呼ばれています．また，一方向に

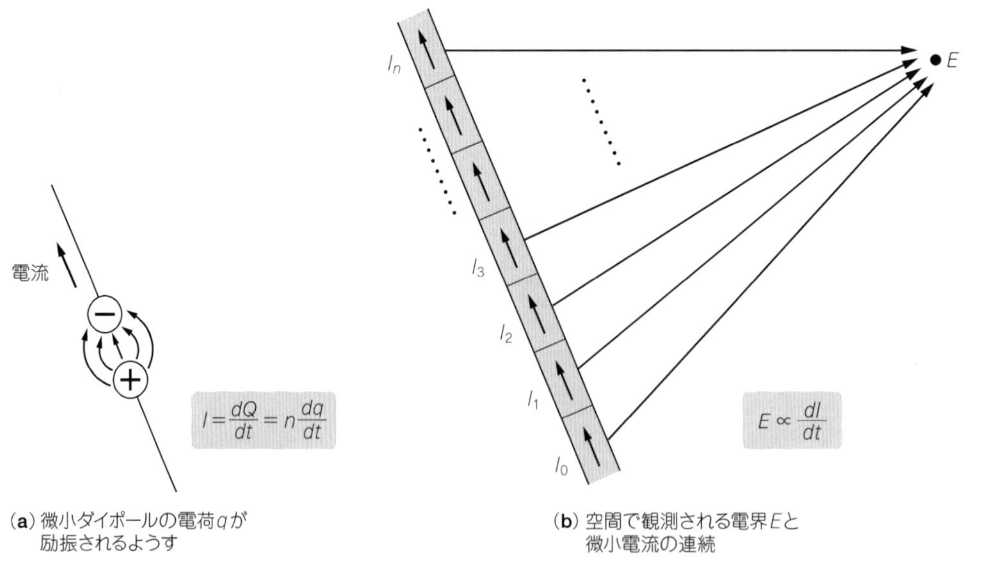

図4-12　一方向に流れる電流はコモンモード電流と呼ばれ，微小ダイポールの連続で説明される
微小ダイポールの電荷の時間変化が電流を生み，電流の時間変化は，空間で電界として観測される

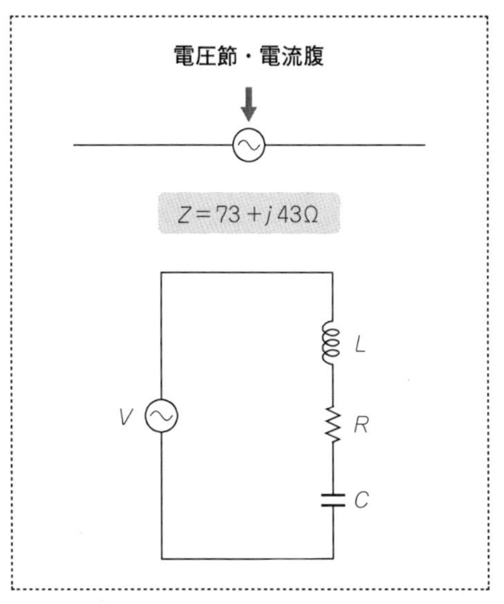

（a）直列共振RLC回路

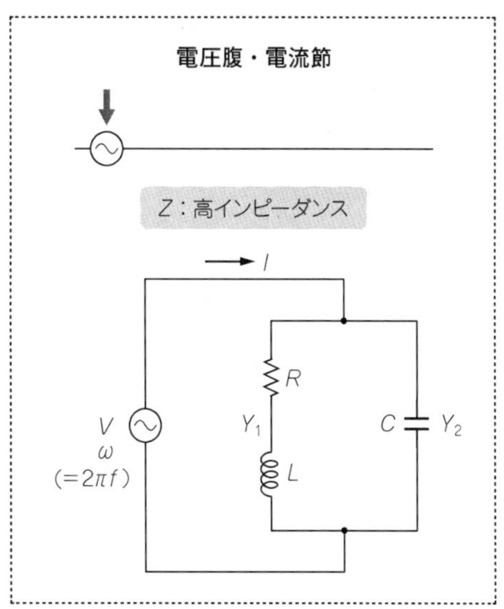

（b）並列RLC共振回路

図4-13　ダイポール・アンテナの等価回路2種

流れる電流はコモンモード電流と呼ばれ，図4-12に示すように，微小ダイポールの連続で説明され，これは図4-10と同じです．

電流は電荷の時間変化で発生し，この電流の時間変化は，空間で電界として観測されます．この電界の強さは，電流の時間変化（数学ではdI/dtと表現する）に比例するので，一般に高周波ほど放射電界が強くなります．

ダイポール・アンテナの等価回路

図4-13は，½λダイポール・アンテナの等価回路です．左側は中央給電で，図4-8や図4-11に示すように，給電点は電圧の節，電流の腹なので，両者の比であるインピーダンスの理論値は，$73+j43\,\Omega$ほどになります．また，右側は端部給電で，こちらは電圧の腹，電流の節なので，インピーダンスはひじょうに高くなります．

そもそも等価回路とは，観測点から見込んだ電圧と電流が同じ（等価）である回路という意味で，複雑な構造を等価な回路で表すと問題を単純化できるというメリットがあります．

しかし等価回路は，あくまで電圧と電流が同じだけなので，アンテナの周りに分布する電界や磁界と，等価回路の各素子が個別に対応しているわけではありません．したがって，とっぴなアンテナの電磁現象を，都合の良い等価回路にこじつけた説明を見かけることがありますが，それには十分気をつける必要があるでしょう．

図4-13に戻ると，どちらのダイポール・アンテナも電圧と電流の分布は同じですが，給電点のインピーダンスには大きな違いがあり，特性インピーダンス50Ωまたは75Ωの同軸ケーブルに整合をとることを考えれば，中央給電の方が有利であることがわかります．

しかし，初期の携帯電話のアンテナのように，½λダイポール・アンテナを引き出して端部で給電する構造の場合は，高インピーダンスのアンテナを50Ωに変換する回路を設けて，整合をとっているのです．

4-3　UWB（超広帯域）アンテナの進行波

図4-14（p.72）は，金属製の円錐を二つ使ったバイコニカル・アンテナで，それぞれの円錐は半無限に伸びています．空間に電波を旅立たせるためには電界を空間へ押し出せばよいので，共振は必須条件ではありません．

中央部の2点に給電することで，電界ベクトルは球面上に沿った円弧になり，もともとループ状の磁界ベクトルも広がるので，電界と磁界による球面波が無限遠に向けて伝わることになります．この構造は反射がまったくないので，理論的にはどの周波数でも進行波のみの電波が空間へ広がる，超広帯域アンテナになります．

現実の広帯域アンテナ

実際に製作するときには，図4-15のように円錐を有限長の寸法で切り取るので，その不連続点で反射した波が戻ってきます．途中の球面波の電界E［V/m］と磁界H［A/m］の比Zは単位がΩで，これがこの電波の特性インピーダンスZ_kと考えられます．

そこで，このアンテナを2次元の平行線路で考えると，アンテナ端の電界と磁界の比は線路を終端する負荷のインピーダンスZ_Lに相当します．そこでZ_Lの値をZ_kに近づければ反射が減り進行波が優って，理想のバイコニカル・アンテナに近づくというわけです．しかし実際に作ってみると，円錐形のエレメント長は波長の何倍も必要で，反射をゼロにするのは不可能です．

ボウタイ（蝶ネクタイ）・アンテナ

バイコニカル・アンテナの3次元立体は製作が面倒で大型になりますが，これを2次元平面に押しつぶしたボウタイ（蝶ネクタイ）・アンテナがあります．

図4-16は，電磁界シミュレータSonnetのモデルで，エレメントの表面電流分布の表示です．進行波をスムースに放射するには，バイコニカル・アンテナのように進行波のアプローチ長が数波長以上必要になります．しかし，それではアンテナが大きくなってしまうので，蝶ネクタイの寸法をできるかぎり小さくしなければなりません．

その極限は，図4-16に示す電流の強い縁部の長さが半波長程度になるため，動作としては共振型のダイポール・アンテナに近くなってしまいます．

図4-17は，さらに半分のサイズにするために，片側のエレメントを取り除いてグラウンドとの間に給電する接地型にした三角（Triangular）アンテナです．左側の直線で表す壁はSonnetの解析空間の境界で，グラウンドとして扱われるので，その間にポート（給電点）を設定しています．

超広帯域化のアイデア

図4-17の三角エレメントのフレア角を変化させたモデルを比較すると，広帯域になる最適値があることがわかりました．図4-18のグラフはこのアンテナのS_{11}（リターン・ロス）で，－6dBの範囲で帯域幅を評価すれば，103°がバンド内になんとか収まっています．

このモデルは，Sonnetの側壁（電気壁ともいう）をグラウンドに見立てていますが，実際のグラウンドは基板のベタ・グラウンドのように1枚の金属板です．

そこで，グラウンドの寸法・形状を変えると三角アンテナの特性も変わりますが，グラウンドを変形した結果，その寸法・形状がもとの三角エレメントと同じになってしまうと，再び半波長ダイポール・アンテナの動作に帰着します．つまり，グラウンドの形状は三角エレメントに近いものの，意図的に非対称形に設計してはどうかというアイデアが浮かびます．

小型でしかも広帯域というアンテナ特性を両立さ

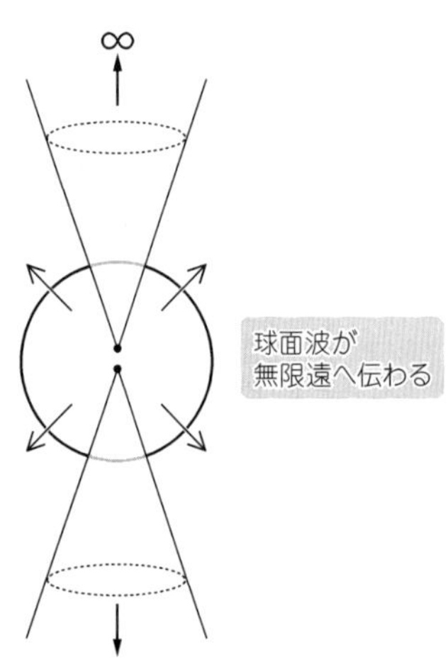

図4-14 金属円錐を二つ使ったバイコニカル・アンテナ

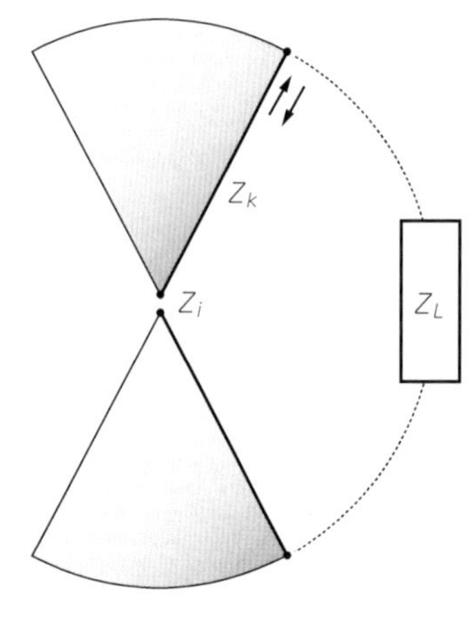

図4-15 円錐を有限長の寸法で切ったバイコニカル・アンテナ

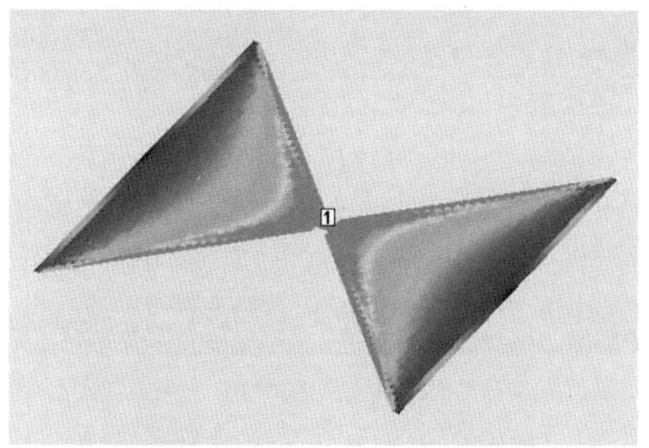

図4-16　電磁界シミュレータSonnetのモデル（エレメントの表面電流分布）

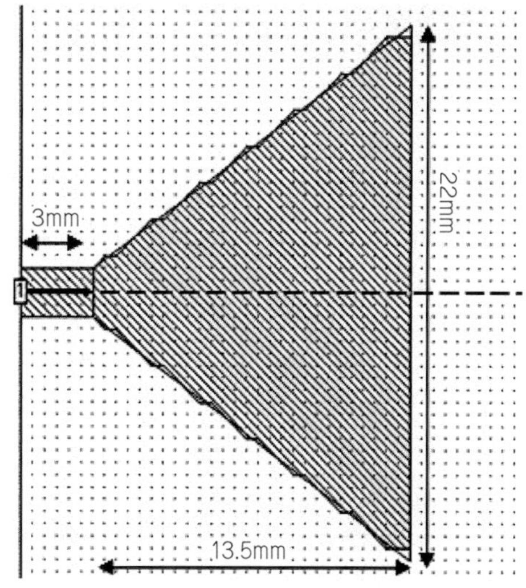

図4-17　三角（Triangular）アンテナの例
3〜10GHzの超広帯域UWB用の寸法

せることは困難なのですが，図4-19のようなエレメント形状を工夫したアンテナが発表されています．

図4-19(a)，図4-19(b)は，いずれも上下のエレメントの寸法・形状が異なっているのが特徴で，これによって広帯域の特性が期待されます．

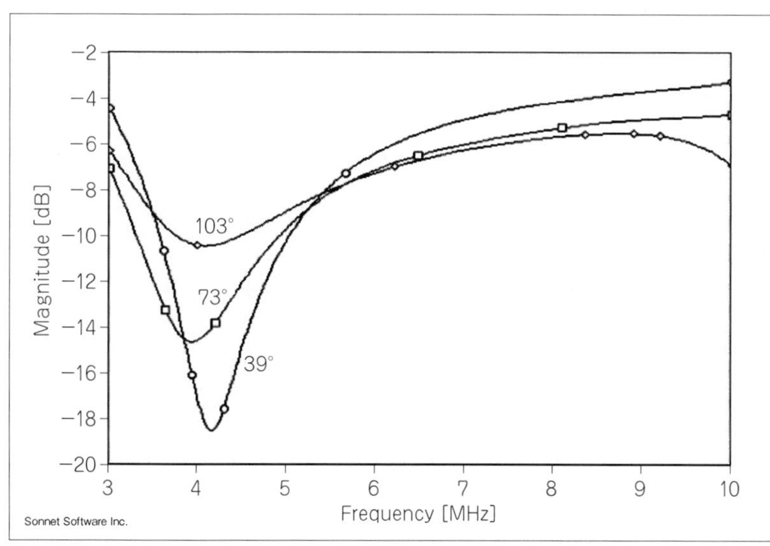

図4-18
三角アンテナのS_{11}（リターン・ロス）

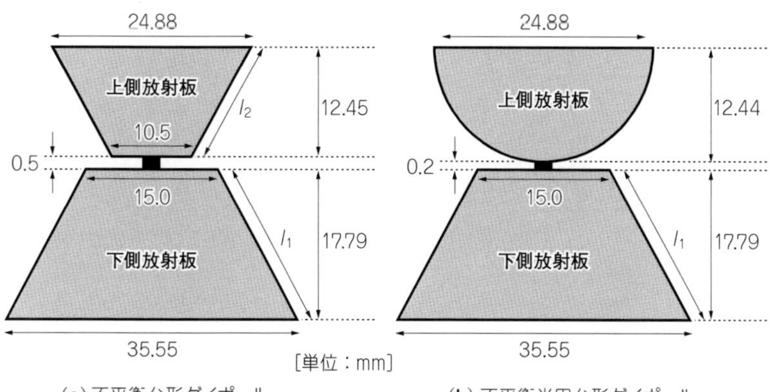

図4-19
非対称形の広帯域ダイポールの例（3〜10GHzの超広帯域UWB用の寸法）
(a)は堀田篤氏，岩崎久雄氏の論文より，(b)は越地福朗氏，江口俊哉氏，佐藤幸一氏，越地耕二氏の論文よりそれぞれ引用

Chapter 4

4-4 進行波アンテナのコンパクト化

進行波アンテナは共振していないので，給電線路を伝わる同相の電界と磁界をそのまま空間へ旅立たせることになります．また，空間を伝わる平面波の電界と磁界は位相が揃っているので，電磁エネルギーも空間を伝わると考えられます．

しかし，アンテナと空間の境界は不連続部なので，良好な整合をとるためには一般に数波長以上の長いアプローチ領域が必要です．

テーパード・スロット・アンテナ（TSA）

図4-20は，基板のスロット線路の幅を徐々に開いて，先端で空間へ電磁波を放射しようというアイデアで，テーパード・スロット・アンテナ（TSA）と呼ばれています．

テーパー状のスロット線路に伝わる進行波を押し出して放射するという構造で，スロット線路とはスロット・ラインとも呼ばれ，回路基板の片面にスロット（細い溝）を設け，その間に電気を加えて電磁波を伝える線路です．

誘電体の波長短縮効果を利用する

進行波アンテナは数波長のアプローチ領域が必須ですが，それならば，アンテナを誘電体でサンドイッチして，波長短縮の効果を利用して小型化するというアイデアがあります．携帯電話やスマホの小型・内蔵GPSアンテナは，比誘電率が100前後のセラミックスで超小型化しています．仮にアンテナの電界がほとんど影響を受けたとすれば，その短縮率は $1/\sqrt{100} = 1/10$ となります．

図4-21は，**図4-20**の上下に誘電体層を置いた構造で，比誘電率は90という大きな値です．また，**図4-22**のグラフはこのアンテナの S_{11}（リターン・ロス）

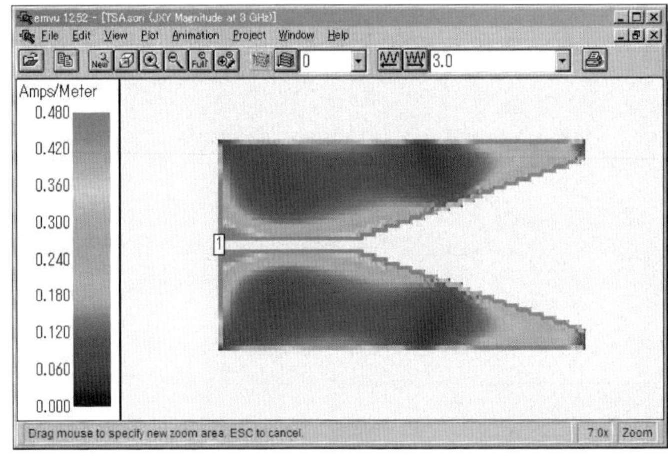

図4-20
テーパード・スロット・アンテナ（TSA）の表面電流

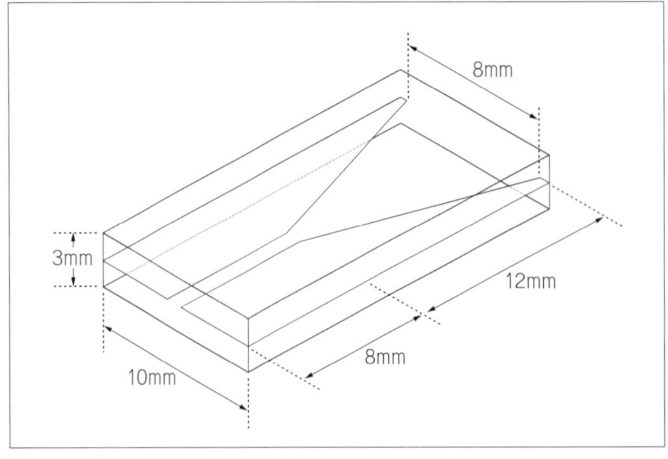

図4-21
比誘電率90の誘電体でサンドイッチしたTSAのシミュレーション・モデル

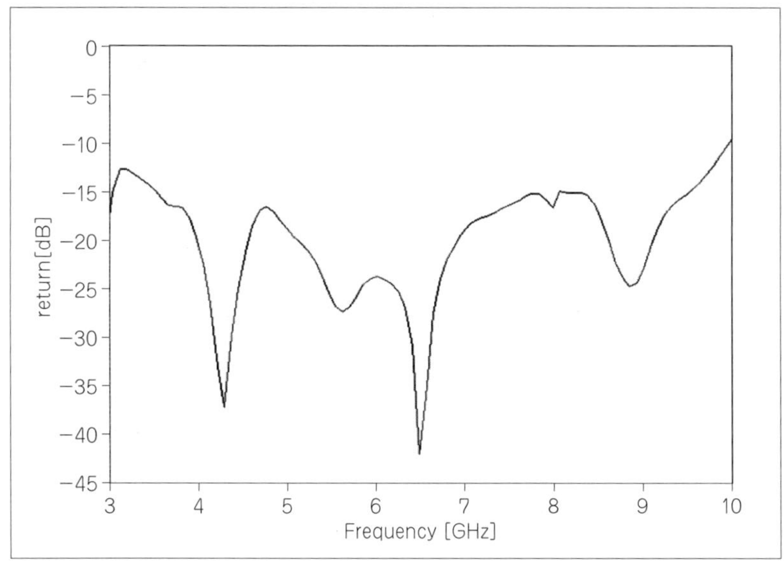

図4-22
比誘電率90の誘電体でサンドイッチしたTSAのS_{11}（リターン・ロス）

で，－10dBという厳しい基準で帯域幅を評価できるほどの超広帯域です．

実は，これにはちょっとした（あるいは重要な？）秘密が隠されています．S_{11}は反射係数なので，セラミックスの損失が大きいほど反射は少なくなります．つまり，**図4-22**のグラフは手放しでは喜べないわけで，S_{11}または*VSWR*だけをみて「すばらしい放射効率」と早とちりしてはいけません（hi）．ここで，「S_{11}と放射効率ηは単純に連動していない」ことに注意が必要なのです．

図4-23は，UWB（ウルトラ・ワイドバンド）規格の上限10GHzにおける表面電流分布です．長手方向は20mmですが，波長短縮効果により，小刻みな波の分布状況がよくわかるでしょう．

電界と磁界をそのまま空間へ旅立たせることができれば，どの周波数でも無反射になるはずなのですが，**図4-22**のグラフからも，理想どおりにいかないことがわかります．

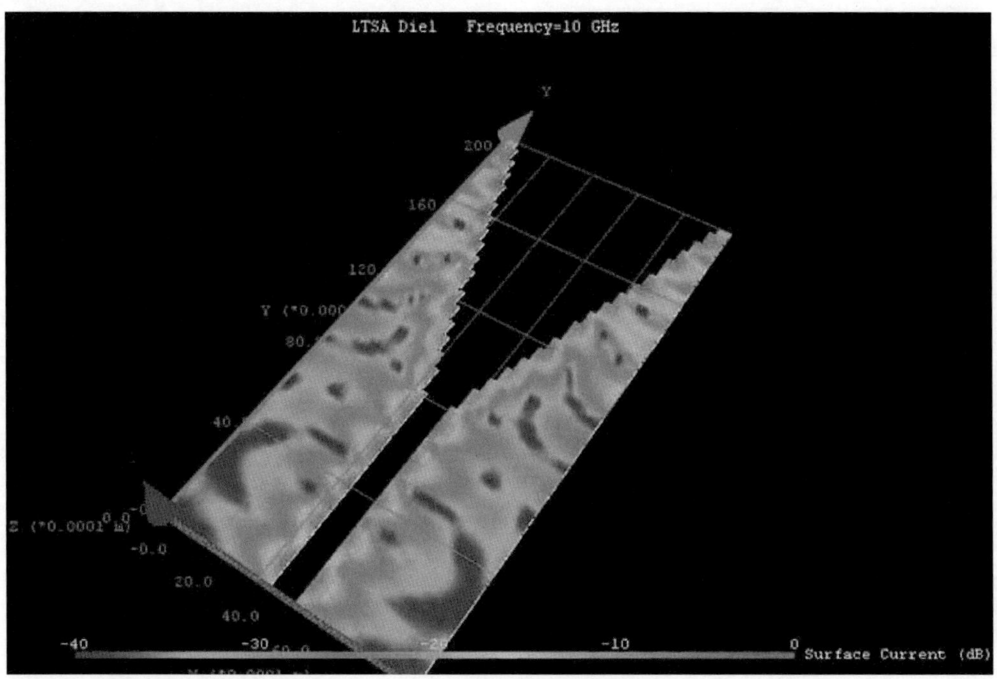

図4-23　比誘電率90の誘電体でサンドイッチしたTSAの表面電流分布（10GHz）

真の進行波アンテナは作れない？

平行2線の先端を，その特性インピーダンスで終端すると無反射になるので，その線路を伝わる電気（電磁波）は進行波のみと考えられるのですね．

理論的にはそのとおりだ．しかし，実際に作ってみると，完璧な無反射状態は実現できないね．

それでは，反射がどのくらい小さい量であれば「無反射」といえるのでしょうか？

決まった量はないが，例えば電波が入り込まない完全遮へい（シールド）の部屋はどうだろう．

写真4-2は，世界最高水準の超高性能磁気シールド・ルームだ．脳内の神経細胞の活動電流に伴って発生する微弱な脳磁場を計測するための磁気シールド・ルームで，32面体の形状をしている．

壁は4層のパーマロイ合金と1層のアルミニウム板とから構成され，磁気遮へい率の値は，1Hzにおいて10万分の1以下，10Hzにおいては100万分の1以下だ．

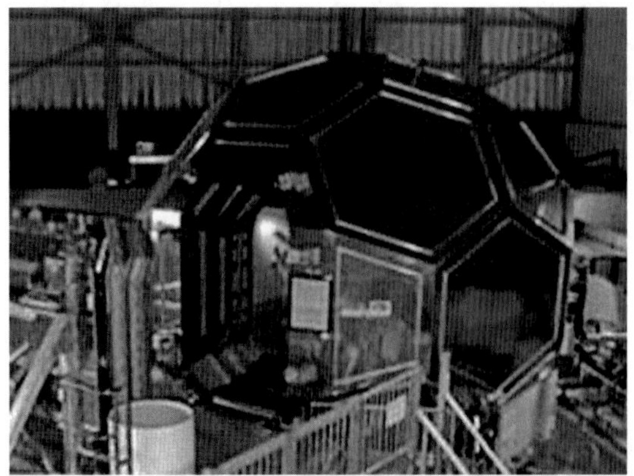

写真4-2　世界最高水準の超高性能磁気シールド・ルーム
東京電機大学 総合研究所（旧 先端研究所）

おおがかりな装置ですが，これでも「真の遮へい」ではないのですね．

平行2線の話に戻ると，やはり真の無反射は実現できそうにありません．ということは，アンテナに給電する線路は，平行2線であれ同軸ケーブルであれ，無反射にはできない…….

アンテナは，線路を伝わる電気を空間に旅立たせる重要な装置だ．しかし，そもそも空間との間で仲立ちをする以上，どちらの側とも不連続な関係だね．

線路とアンテナは，インピーダンスを合わせれば，理論的には無反射（連続状態）です．一方，空間の電波インピーダンスは377Ωなので，アンテナと空間のインピーダンスは合いません．50Ωのアンテナと50Ωの同軸ケーブルは整合が取れますが，その50Ωのアンテナと377Ωの空間は，どう考えてもミスマッチ（不整合）ですが…….

共振型のアンテナは，そこが実に奥深いね．今アンテナ近傍のさまざまな位置で，電界と磁界を測定できたとする．実測するにはプローブが必要だが，それはアンテナ近傍の電磁界を乱してしまうので，正しい値は得られない．そこで，電磁界シミュレータで計算した結果を調べると，観測点によって電界と磁界の比（インピーダンス）はまちまちであることがわかる．

また，アンテナの50Ωとは入力インピーダンスのことだから，給電位置によっていくらでも変わることにも気をつけよう．

電界や磁界の分布は，ダイポール・アンテナの近傍では複雑なのですね．

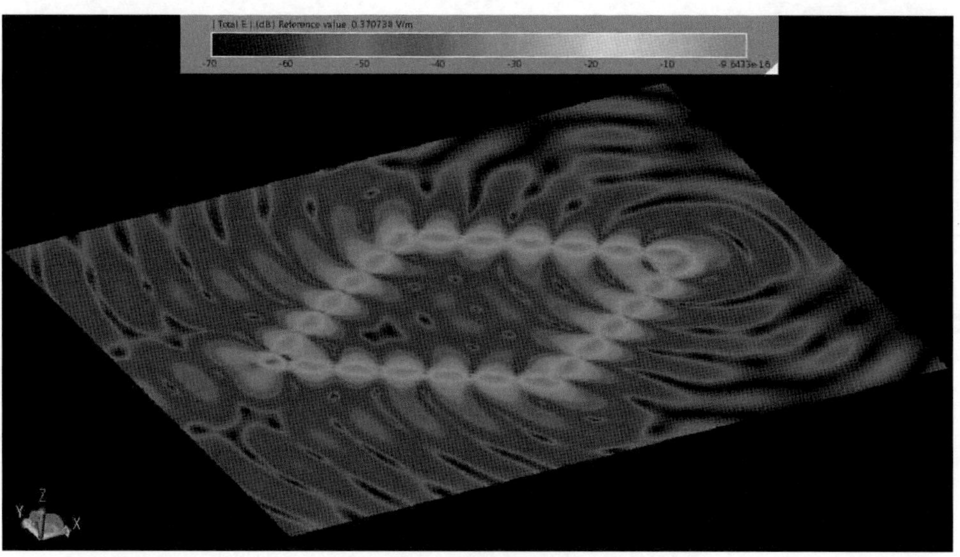

図4-24　1辺60mのロンビック・アンテナの周りの電界強度分布（14MHz）

そのとおり．アンテナの形状にもよるが，1波長ほど離れると，空間の電界と磁界の比は377Ωになる．

送信アンテナは，*VSWR*が1であれば，電波は空間に広がるだけですから，その電波は「進行波」です．どんな形のアンテナも377Ωの空間に整合するのは不思議ですね．

そこが近傍界の奥深さだね．近傍界は電磁エネルギーが「たまっている」領域といわれているが，それは少し離れた領域から旅立ってしまい，もはや戻ってこない．

空間（宇宙）って，不思議ですね……．

その点，進行波アンテナは考えやすいかもしれないね．テーパード・スロット・アンテナ（TSA）のスロットは徐々に開いているが，その途中で電界と磁界の比率を「だましだまし」377Ωに近づけていけば，電波君は，「知らず識らず」空間へ旅立ってしまうのかもしれないね．

図4-24は，整合終端した線路をひし形に開いて，途中から電波を効率良く放射できるロンビック（ひし形）・アンテナだ．

こちらも進行波アンテナだから，広い周波数帯で使えますね．

ところで最近，波長に比べて十分小さい金属物に進行波が現れて放射するという主張がある．しかし，その先端はオープン（開放）なのだから，電流は全反射して定在波が立つ（4-2節 **図4-9**を参照）．

またその主張は，同時に「共振により強い電流を得る」とも述べているので，「共振しない進行波アンテナ」であるという主張とも矛盾していますね．仮に進行波アンテナであれば広帯域なのに……狭帯域なのは，進行波アンテナではないという「動かぬ証拠（hi）」です．

物質の基本的な構成物は，「共振しているプランク長さ程度のひも」であるという仮説＝超ひも理論（第3章 Q＆Aコーナー参照）が提案されているくらいだから，その説ではあらゆる物質は共振しているといえる．

そもそも，共振しない「真の進行波アンテナ」は，とても作れないのかもしれないね（hi）．

Chapter 5章 ちょっと変わったコンパクト・アンテナ

アンテナは，その外観から動作原理が想像できますが，中にはちょっと変わったアンテナもあります．アンテナは一般にスケール変換が可能で，例えばダイポール・アンテナは，エレメント長をほぼ半波長にすることで，どのバンドでも使えます．これとは逆に，かつて「周波数依存性がないアンテナ」が主張されたことがありましたが，共振を利用するアンテナでは考えられません．そのような突飛な話はともかく，外観からは何アンテナがベースになっているのか，極めてわかりづらいアンテナを集めてみましょう．

ベランダに設置したヘリカル・コイル・エレメント
（JA1QOJ 村吉OM製作）

5-1 ヘリカル・アンテナ

初期の携帯電話のアンテナは，図5-1に示すように，外部アンテナの上部に背の低い円筒形のカバーが固定されているタイプです．この円筒の中には，図5-1のような，ダイポール・アンテナの線をバネ状に巻いたコイル・アンテナ（ヘリカル・アンテナともいう）が収納されています．

コイルは誘導性リアクタンスなので，エレメントがすべてコイルであれば純抵抗分がなくアンテナにはならないと考えられますが，それは本当でしょうか？

コイルはアンテナになるのか？

コイルが波長に比べて極めて小さく，集中定数と見なせるのであれば，理論的には誘導性リアクタンスなので，レジスタンスは無視できる値です．しかし，波長に近い長さを粗く巻いたコイルは，物理的な寸法と動作周波数の波長との関係によって，図5-2のような種類の放射パターンが得られます．

これらはヘリカル（螺旋（らせん）状の）アンテナと呼ばれていますが，図5-2(a)は，ヘリックス1回巻きの長

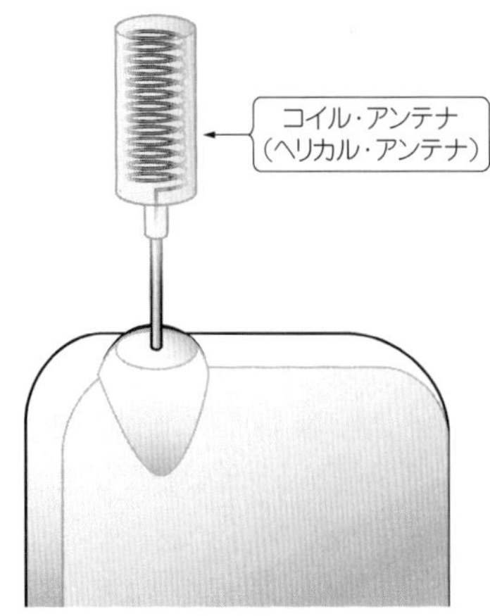

図5-1　初期の携帯電話の外部アンテナ

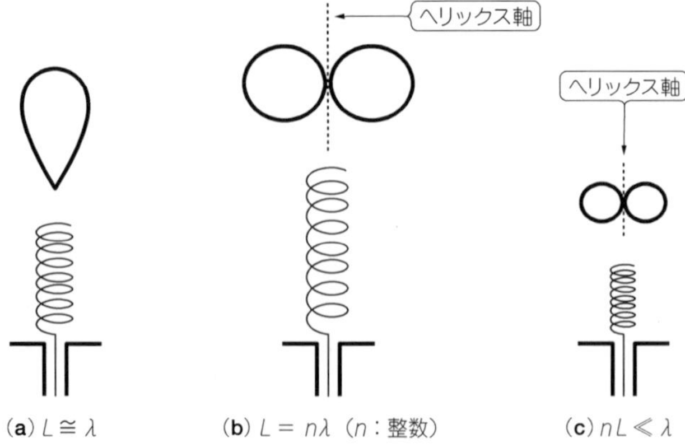

図5-2　ヘリカル・アンテナの寸法と放射パターン

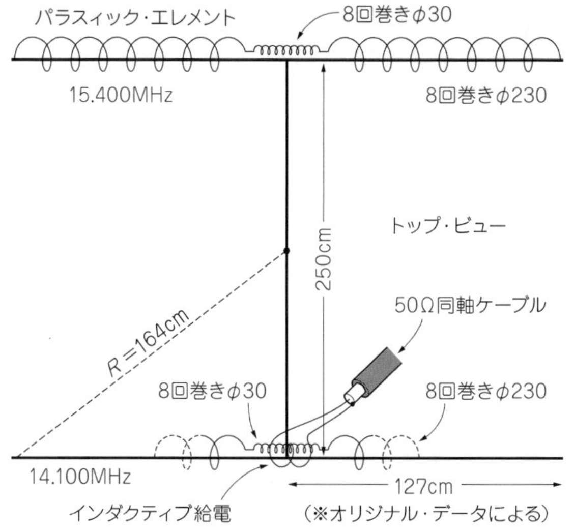

図5-3　W8YIN考案の超コンパクト・ビーム

12	34	23	41		45	WA7	QKD	✓	59	59
12	12	23	40		45	W7	LEL	✓	56	53
	13	23	59	00	07	W7	OTO	✓	57	57
	13	00	45	00	52	W6	JER	✓	59	58
12	17	01	58	02	04	KL7	JW	✓	59+	58-9
12	17	02	05	02	~10	~HM2	JV	✓	59+	59+
12	22	01	50	01	54	UKØ	FAJ	✓	59+ 20dB	59+ 20dB
12	22	02	08	~	28	KH6	IID	✓	58	55

図5-4　超コンパクト・ビームによるQSO（1976年）
14MHz SSBで，時間はZ（UTC）

さLが¾～⁴⁄₃波長で，ピッチ（1回転で進む距離）が波長の数分の1～10分の1程度で，ヘリックスの長手方向（軸方向）へ放射します．これは，いわゆるエンドファイア・ヘリカル・アンテナとも呼ばれています．

また**図5-2(b)**は，Lを正しく波長の整数倍にとり，ピッチを½波長にとる，ブロードサイド・ヘリカル・アンテナです．各ヘリックスの1回巻きごとの点で電流分布が同相となるので強め合い，軸方向へは放射がほとんどなくなります．日本で初めてUHFテレビ放送を行った日立市では，このアンテナを4段にして送信したといわれています．

最後に**図5-2(c)**は最も小さいアンテナで，$nL << \lambda$（波長）の条件では微小ダイポールと等価になって軸方向に垂直な放射になります．

2エレメントのヘリカル・アンテナ

図5-3は，W8YIN局が考案した超コンパクト・ビームで，2エレメントの短縮八木アンテナです．**写真5-1**は，筆者が学生時代に作ったもので，2mほどの塩ビ・パイプに銅線を巻き付けました．

学友のJR2IZG（ex JJ1JPL）吉野OMに手伝ってもらい，徹夜で仕上げた朝，WA7QKD局から呼ばれて59，その後も**図5-4**のようにQSOできて大感激しました．

この体験がきっかけで，その後，コンパクト・アンテナの設計がライフワークになってしまいましたが，2エレメントのヘリカル・アンテナの成功は，忘れられない貴重な体験です．

写真5-1　組み立て中のW8YINアンテナ

写真5-2　平行2線給電のW8YIN方式エレメント（ダイポール・アンテナ）

ATU＋ベランダ・ヘリカル・アンテナ

写真5-2は，2m長のグラス・ファイバ製釣り竿を軽量のジョイントで固定して，6m長の園芸用アルミ線を左右各8回巻きにしています．

7m長の垂直ロング・ワイヤ＋ATU（第2章の**写真2-1**）と比較すると，14MHzではSメータの値*[1]で1～2劣りますが，18MHzではほぼ同じといった結果が得られました．比較アンテナが近すぎることと偏波の違いもあるので，これは大まかな使用感ですが，簡単な工作で**写真5-1**の再現ができました．

ATU（オート・アンテナ・チューナ）を使うと，こ

*1　Sメータは，1から9まで1目盛が6dB(2倍)に相当するが，機種によって異なるので目安としての値である．

写真5-3　モノポール動作のコイル・エレメント
電線は垂直グラス・ファイバー・ポールの中を通ってATUに至る

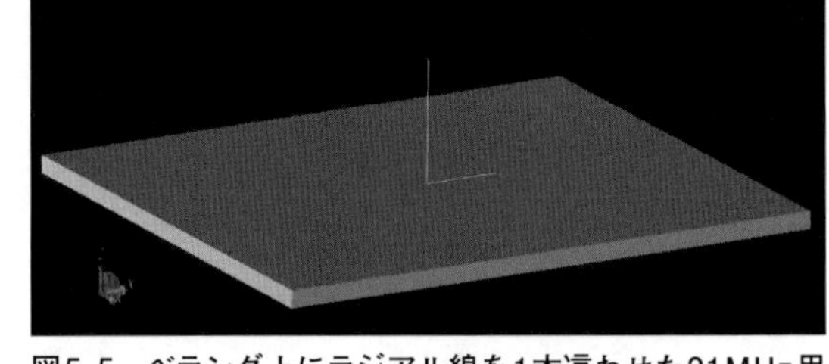

図5-5　ベランダ上にラジアル線を1本這わせた21MHz用GPアンテナのモデル
コンクリートの比誘電率＝6，*tan* δ＝0.05

のエレメントでも多バンドでQRVできますが，さすがに7MHzはチューナを温めそうです．ほかのアンテナで何とか7MHzでもQRVできないものでしょうか？

モノポール動作のヘリカル・エレメント

写真5-3は，**写真5-2**の片方のエレメントをATUにつなげたモノポール動作のアンテナです．運用するときだけエレメントをベランダから突き出せば，7MHzでも十分QRVできます．

ここで重要なのはラジアルの強化です．短縮エレメントの場合は，ラジアル線長をフルサイズ（¼λ）にすることで放射効率ηは確実に向上します．

ベランダに這(は)わせるラジアル線は，コンクリートの損失がηに影響します．そこで，さまざまなケースをシミュレーションしてみました．**図5-5**はベランダを想定した50cm厚のコンクリート板上に，ラジアル線を1本這わせた21MHz用GP（グラウンド・プレーン）アンテナのシミュレーション・モデルです（XFdtdを使用）．ラジアル線は，波長短縮効果（第4章）により2.1mになりました．

ベランダ・ラジアルのシミュレーション

図5-6はθ成分の放射パターンで，極座標系は第2章の**図2-13**です．ラジアルは水平設置ですが，水平面上では垂直偏波の強さを表しているので，無指向に近くなっています．**図5-7**はϕ成分です．V字形ダイポール・アンテナと考えれば，8の字パターンをイメージできます．

電磁界シミュレータでηの正確な値を得るのは難しいのですが，**図5-5**のモデルの結果は78%でした．実際にコンクリートの損失（*tan* δ）を測定したわけではないので，このηはあくまで参考値ですが，同じ条件下でラジアル線を増やせば，相対的な傾向はつかめます．

ηは，ラジアル2本で87%，4本で94%になったので，確かに本数を増やせばηは向上することがわかります．しかし，94%で満足できれば，何十本も張る必要はないといえるでしょう．

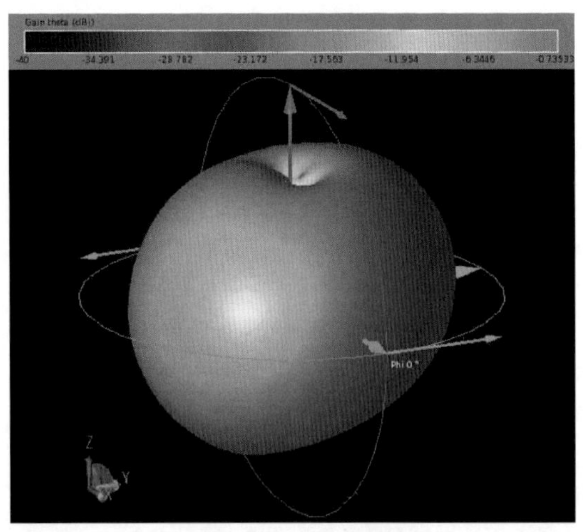

図5-6　ベランダ上のGPアンテナの放射パターン（θ成分の表示）

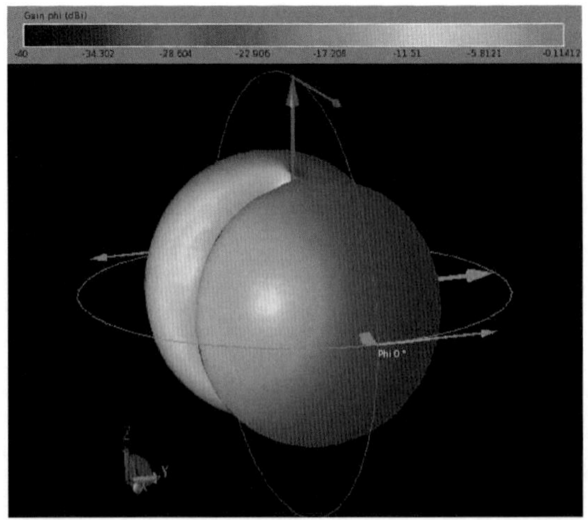

図5-7　ベランダ上のGPアンテナの放射パターン（ϕ成分の表示）

写真5-4
ベランダの縁から10cmほどせり出したラジアル線

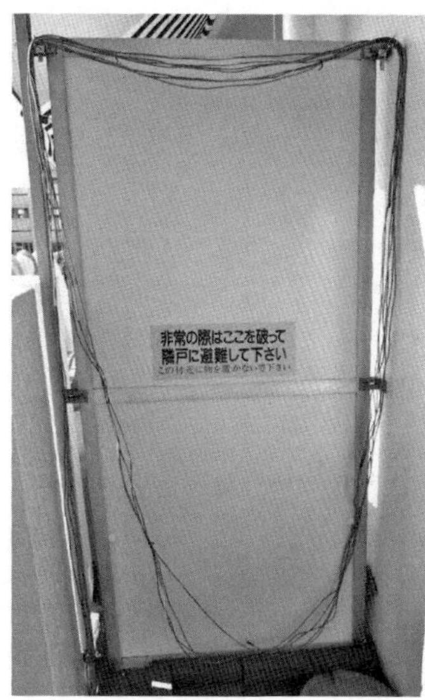

写真5-5
ベランダのボードにとぐろを巻いたラジアル線

コンクリートの損失

ARRL（米国アマチュア無線連盟）発行の「ANTENNA BOOK（17th EDITION）」には，４本のラジアル線を地面に這わせたGPアンテナのηが55％程度であると書かれています．それは給電点インピーダンスの測定値が65Ωだったことから類推したようです．

アンテナの教科書には，モノポール・アンテナの放射抵抗の理論値は36Ωと書いてあります．したがって，損失抵抗は65－36＝29Ωなので，ηは36/（36＋29）＝36/65≒55％となることがわかります．もしこれが正しければ，10W送信しようとしても5.5Wしか放射していないということなので，4.5Wは地面を温めているわけです（hi）．

1本のラジアル線をコンクリートの床から10cmほど浮かせたモデルでシミュレーションしたところ，ηはなんと91％に向上しました．この結果から判断すれば，ラジアル線は大地やコンクリート面に直接這わせてはいけないというのが結論でしょう．

ラジアル線を1本しか張れないベランダでも，がっかりすることはありません．ATUを使う場合，GP動作ではATU付近に電流の腹がくるので，**写真5-4**のように，コンクリートの縁からせり出すとFBでしょう．

ラジアルの張り方の工夫

ラジアル線はコンクリート床から離したほうがηの向上につながることはわかりました．しかしベランダのスペースには限りがあるので，コの字形に張ったり，ローバンドでは先端を折り曲げる必要もあります．

ベランダの両縁には，隣接する世帯をさえぎるボードがあるので，**写真5-5**のようにとぐろを巻いたラジアル線ではどうか，シミュレーションしてみました．**図5-8**はシミュレーション・モデルで，7MHz用のラジアル線では，残念ながらηが55％と大幅に低下してしまいました．

とぐろを巻いたラジアル線は，きちんと共振していてもηは低いので，**図5-9**のようにベランダの縁

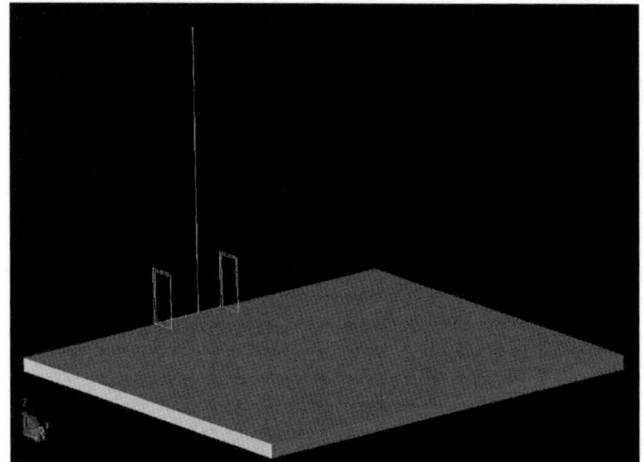

図5-8　ベランダのボードにとぐろを巻いたラジアル線
左右に全長10.6mを2本．7MHz用でηは55％に低下

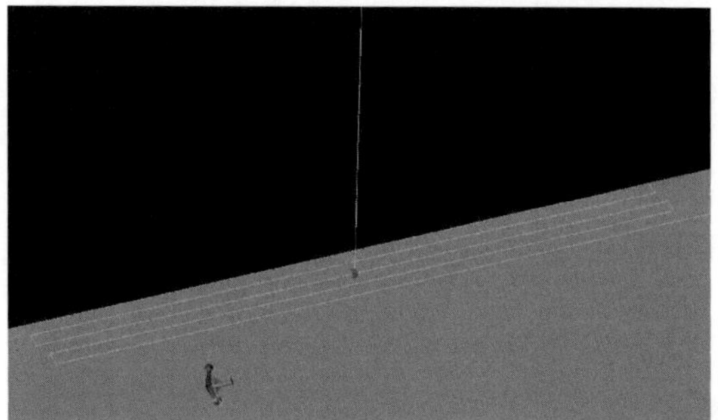

図5-9　メアンダ状のラジアル線
左右に全長10.2mを2本．7MHz用でηは86％に向上

Chapter 5

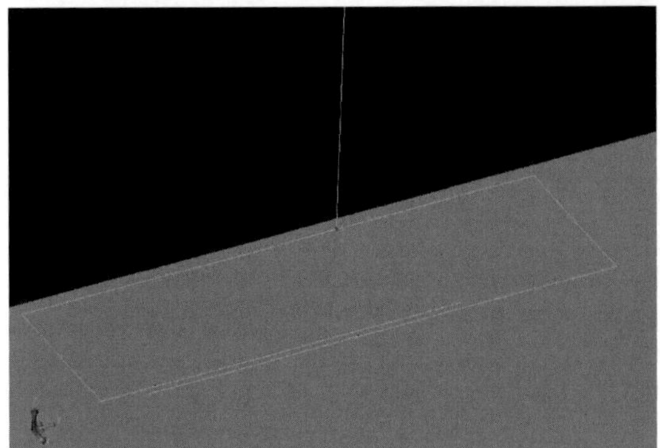

図5-10　ラジアル線をコの字形に配置したモデル
7MHz用でηは82%

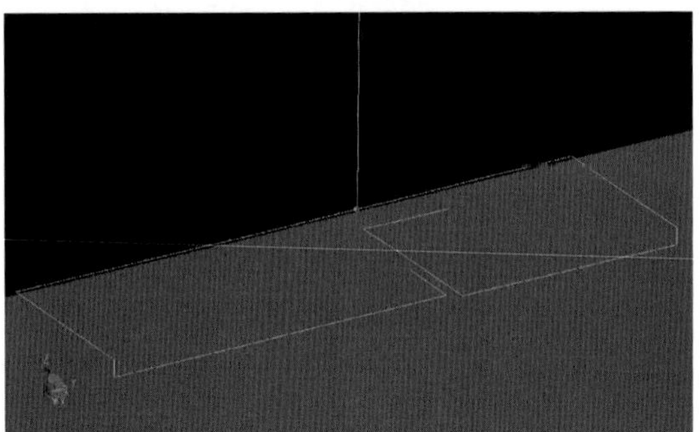

図5-11　さらに折り曲げたラジアル線を配置して床から20cm浮かせたモデル
7MHz用でηは98%だった

でジグザク（メアンダ状）に配置してみたところ，床の上に置いた状態でηは86%に向上しました．平行する線の間隔は10cmですが，この方法は，十分期待できそうです．

図5-10は，ラジアル線をコの字に張ったモデルで，ηは82%でした．**図5-9**のηと同じくらいですが，こちらのほうが広くコンクリートの損失の影響を受けやすいぶん，ηは低下しているようです．ラジアル線はコンクリートの縁に集中させたほうが，誘電体の損失が若干低下するかもしれません．

図5-11は，途中でさらに折り曲げたモデルです．給電点から約5mまでの線は，コンクリート面から20cm浮かせてみました．その結果，ηは98%になったので驚きましたが，これは不整合による損失は含まない最良値です．しかし，ラジアルを折り曲げても，床から浮かせばηは向上することがわかったのは朗報です．また，コンクリートの波長短縮効果がほとんどなくなるので，¼λの線長も決めやすいと思います．

放射エレメントの工夫

ラジアルの強化法が確定したので，今度は放射エレメントを検討してみました．**写真5-6**は，ATUから垂直に約1.5m立ち上げて，直径23cm，10回巻き（全長約7m）のコイルに接続した短縮GPアンテナです．先端には1mのロッド（金属棒）を付けています．

写真5-6　直径23cm，10回巻きコイルによるエレメント
Field_ant社（**http://www.purple.dti.ne.jp/fieldant/**）の試作品

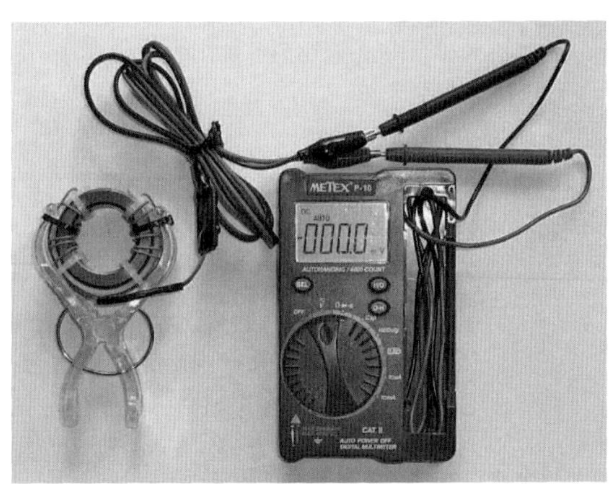

写真5-7　デジタルRF電流計
完成品は大進無線（**http://www.ddd-daishin.co.jp**）から通販されている

デジタルRF電流計（**写真5-7**）*2で測ると，同軸ケーブル外導体の外側に流れるコモンモード電流はわずかです．これは大型のコイルを使っていますが，集中定数素子による*LC*共振器ではありません（hi）．

7m長の垂直ロング・ワイヤ＋ATUと比較しましたが，18MHz以上ではSメータの値が1～2程度の差です．また，7MHz以下のバンドでは，さすがに垂直ロング・ワイヤのほうが優っています．しかし，

*2 JF1DMQ 山村OMによって開発されたデジタルRF電流計は，デジタル・マルチメータを利用して，同軸ケーブルや電源線に回り込んでいる高周波のコモンモード電流量を測定することができる．

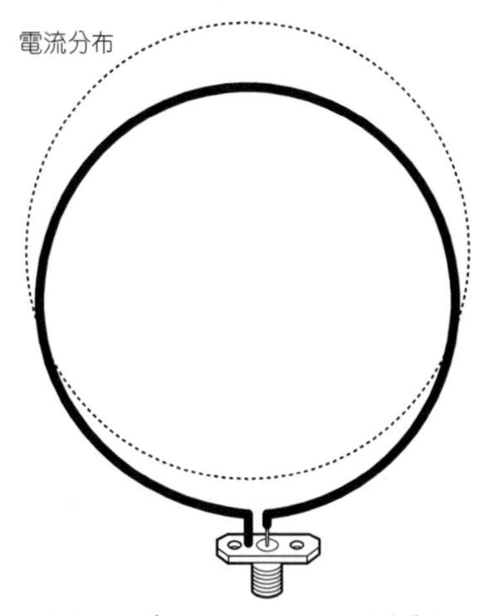

(a) ループ長1λのアンテナの電流分布

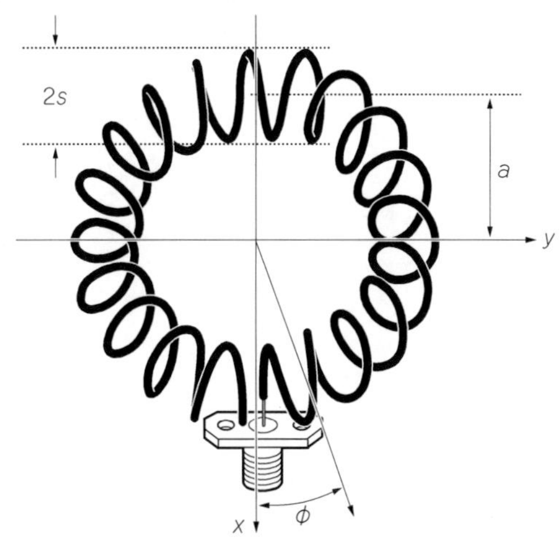

(b) スパイラル・リング・アンテナ

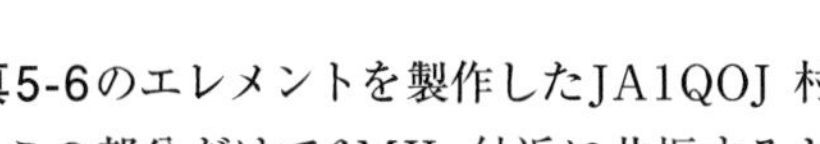

図5-12　1λのループ・アンテナ

写真5-6のエレメントを製作したJA1QOJ 村吉OMは，この部分だけで6MHz付近に共振するように巻き数を増やしたときに，ひじょうに良い結果を得たと報告されています．

しかし，このまま例えば14MHzでチューニングをとると，電流の腹がコイル部にあるので不利でしょう．「過ぎたるは及ばざるがごとし」なので，高いバンドでは，コイルの一部をジャンパ線でショートして調整する必要があります．

また，エレメント長によってはATU内のコイルが複数動作してしまい，損失が増える場合がありますが，コイルやコンデンサが極力使われないように動作すれば，ηは向上します．しかし，組み合わせを決めるマイコンのアルゴリズムは，機種によって賢(かしこ)さが異なるので，同じエレメントでもηに大きな差が出ることがあります．

筆者らのベランダでは比較アンテナが近すぎるので，誘導されて導波器または反射器のように働いてしまうことも考慮しないといけないので，これは大まかな使用感です．

スパイラル・リング・アンテナ

図5-12(a)は，ループ長が1波長（λ）のアンテナの電流分布を表しています．正方形の場合はクワッド・アンテナと呼ばれていますが，いずれもループ面に垂直な方向へ指向性があります．

次に**図5-12(b)**は，1λのループ・アンテナの8の字指向性を維持したまま小型化を図ったアンテナで，スパイラル・リング・アンテナと呼ばれています．このアンテナは，JE1BQE 根日屋OM（Dr. Eng.）の学位論文にも取り上げられており，CQ ham radio誌（1999年3月号）でも発表されました（**写真5-8**）．

写真5-8　CQ ham radio誌の表紙を飾るスパイラル・リング・アンテナ

W8YINアンテナは，½λダイポール・アンテナのエレメント全長をコイル状に巻いたものです．スパイラル・リング・アンテナは，1λループ・エレメント全長をコイル状に巻いていると考えられます．根日屋OMは，多くの学会論文でも詳しい解析を発表されており，435MHz用の試作アンテナを測定した結果，½λダイポール・アンテナとほぼ同じ利得を得たそうです．

その後，多くのハムが自作していますが，例えばJA3UHW 池村OMは，ベランダに50MHz用を設置して試されています(**http://www004.upp.so-net.ne.jp/hikemura/sub2.htm**). また, **写真5-9**は, ミュンヘンのドイツ博物館で撮ったヘルツの展示コーナーです. 彼も100年以上前にそっくりなアンテナを自作していたようで, 驚きました.

写真5-9　ヘルツが自作したスパイラル・リング・アンテナ(ミュンヘンのドイツ博物館で発見)
ただしピッチが狭く巻き数が多い

5-2 Σ(シグマ)ビーム・アンテナ

写真5-10は, 筆者が1978年ごろに, 独身寮の屋上で運用したΣビーム・アンテナです. V字形のダイポール・アンテナは, 直線のものより若干省スペースですが, これはVの字をΣの字に折り曲げて小型化を図るアイデアです. ARRL発行のQST誌1987年3月号(**図5-13**)に載った記念すべきアンテナで, 今ではMビームと呼ばれ, 世界中のハムに試されています.

V形ダイポール・アンテナ

V形ダイポール・アンテナは, 直線状のダイポール・アンテナをVの字に配置して, 長手方向の占有スペースを節約しています.

図5-14は電磁界シミュレーションの結果で, (**a**)電界強度分布と(**b**)磁界強度を表示した画面です(21MHz用). 電界強度の分布は, 直線状のダイポール・アンテナと同じように, エレメント先端に集まる電荷のようすがイメージできます.

また, 磁界強度分布は, 位相角が電界とは90°ずれているときにピークがあり, 共振していることがわかるでしょう. 指向性利得は1.8dBiで, 直線状のダイポール・アンテナの2.15dBiよりやや低い値になりました.

Σ形ダイポール・アンテナ

図5-15は, Σ形ダイポール・アンテナの電磁界シミュレーションの結果で, (**a**)電界強度分布と(**b**)磁界強度を表示した画面です(21MHz用). **図5-16**は放射パターンの結果で, 直線状のダイポール・アンテナと同じように, 太ったドーナツのようです.

指向性利得は1.9dBiと, V形ダイポール・アンテナの1.8dBiよりわずかに高い値になりました.

Σビーム・アンテナ

Σビーム・アンテナは, Σ形ダイポール・アンテナを2本使って, 2エレメントの八木・宇田アンテナの

写真5-10　1978年ごろ製作し, 1980年2月号のCQ誌に載ったΣビーム
これは, その後QST誌(1987年3月号)にも掲載された

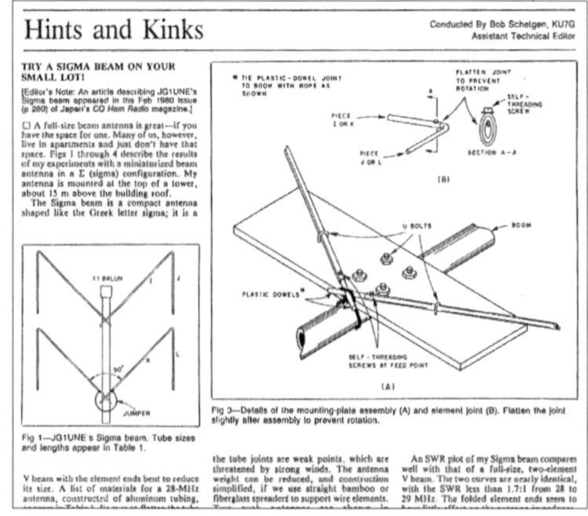

Hints and Kinks

Conducted By Bob Schetgen, KU7G
Assistant Technical Editor

TRY A SIGMA BEAM ON YOUR SMALL LOT!

[Editor's Note: An article describing JG1UNE's Sigma beam appeared in the Feb 1980 issue (p 280) of Japan's *CQ Ham Radio* magazine.]

☐ A full-size beam antenna is great—if you have the space for one. Many of us, however, live in apartments and just don't have that space. Figs 1 through 4 describe the results of my experiments with a miniaturized beam antenna in a Σ (sigma) configuration. My antenna is mounted at the top of a tower, about 15 m above the building roof.

The Sigma beam is a compact antenna shaped like the Greek letter sigma; it is a

Fig 1—JG1UNE's Sigma beam. Tube sizes and lengths appear in Table 1.

Fig 3—Details of the mounting-plate assembly (A) and element joint (B). Flatten the joint slightly after assembly to prevent rotation.

V beam with the element ends bent to reduce its size. A list of materials for a 28-MHz antenna, constructed of aluminum tubing,

the tube joints are weak points, which are threatened by strong winds. The antenna weight can be reduced, and construction simplified, if we use straight bamboo or fiberglass spreaders to support wire elements.

An SWR plot of my Sigma beam compares well with that of a full-size, two-element V beam. The two curves are nearly identical, with the SWR less than 1.7:1 from 28 to 29 MHz. The folded element ends seem to

図5-13　QST誌のΣビームの記事(一部)

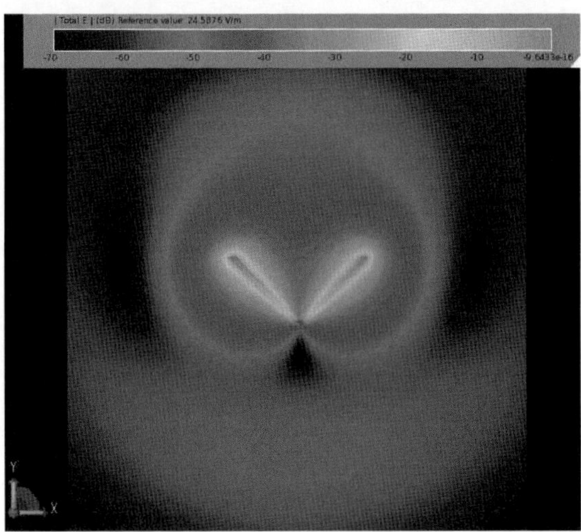

(a) 電界強度分布（位相角：0°）

(b) 磁界強度分布（位相角：90°）

図5-14　V形ダイポール・アンテナの強度分布

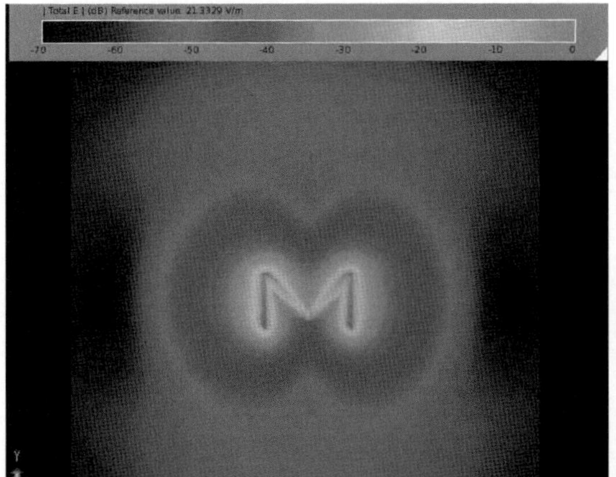

(a) 電界強度分布（位相角：0°）

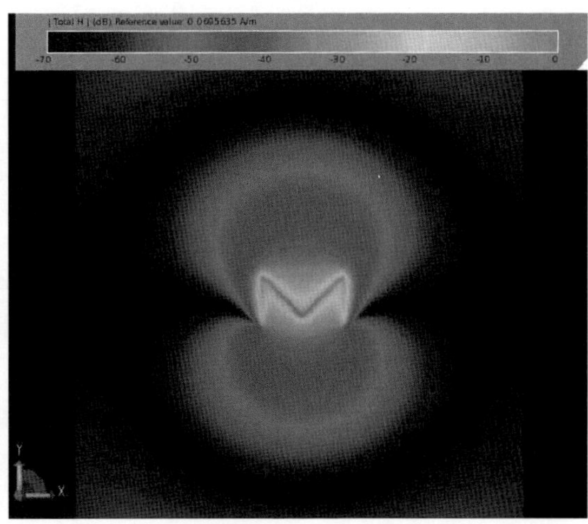

(b) 磁界強度分布（位相角：90°）

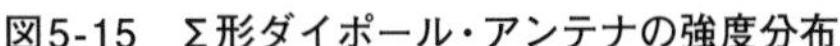

図5-15　Σ形ダイポール・アンテナの強度分布

ように指向性を得る設計で，筆者がQST誌1987年3月号の“Hints and Kinks”コーナーに投稿したものです．

その後，この記事を読んだ世界中のハムが評価してくれ，G3LDO Peter Doddからは，解析の結果，種々の折り曲げエレメント・アンテナのうちで最も良い成績との評価を得ました*3．

写真5-11（p.86）は，DGØKW Klaus Warsowが6mバンド用に自作したもので，彼は「Doppel M Beam（ダブルMビーム）」と呼んでいます（**http://www.dl0hst.de/technik/DG0KW_Doppel-M-Beam.pdf**）．彼が参考にした資料は，DL9JFT Peter Schmidtによる，ワイヤで軽量化したバージョ

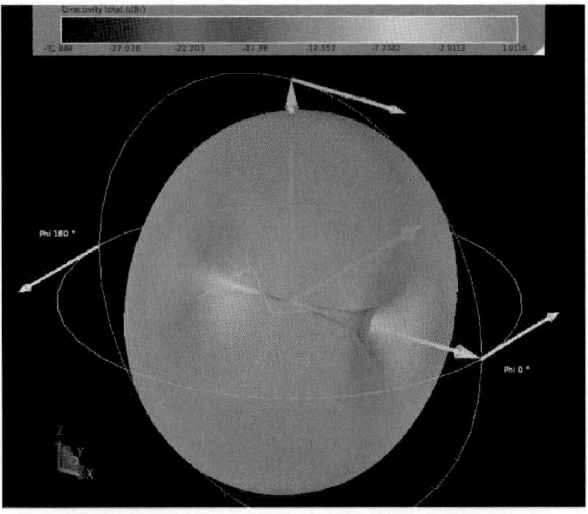

図5-16　Σ形ダイポール・アンテナの放射パターン

*3 “Wire Beam Antenna and the Evolution of the Double-D”, Peter Dodd G3LDO, QST, Oct. 1984.『14MHz“ダブル-D”アンテナ』, CQ ham radio, 1997年4月号, p.118-122, CQ出版社.

写真5-11　DGØKW Klaus Warsowが6mバンド用に自作したΣビーム

ンで，いずれも筆者のQST誌1987年の記事が引用されています．

図5-17は，Klausによる6mバンド用Σビームの寸法図です．彼はまた，各部の寸法を波長（λ）で表現しているので，ほかのバンド用にスケール変換できます（**図5-18**）．

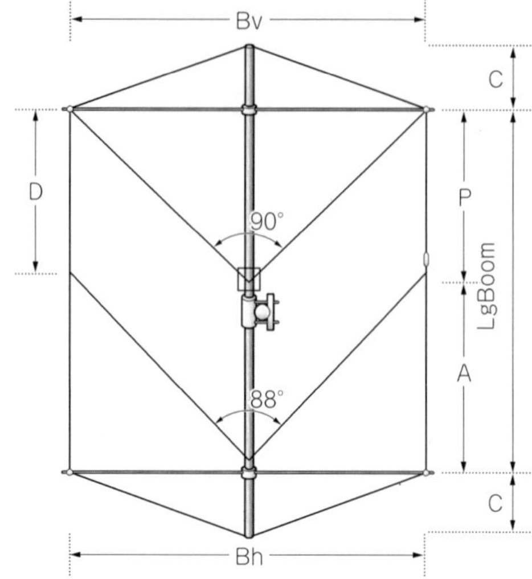

f=50.2MHz, λ=5.976m, ID=3.247m, IR=3.383m
A=0.747m, Bv=1.494m, Bh=1.524m, D=0.699m
LgBoom=1.494m, C=0.25m, gesLgBoom=1.996m

図5-17　Klausによる6mバンド用Σビームの寸法図

HEX-BEAMアンテナ

HEX-BEAMアンテナは，N1HXA Mike TraffieのTraffie Technologyが設計・販売しているアンテナで，**図5-19**に示すように，二つのΣビーム（Mビーム）を向かい合わせた構造の2エレメント・ビームです．

$$lD[\mathrm{m}]=\frac{163{,}00}{\mathrm{f}[\mathrm{MHz}]}\qquad lR[\mathrm{m}]=\frac{169{,}85}{\mathrm{f}[\mathrm{MHz}]}$$

$$A[\mathrm{m}]=0{,}125\lambda\qquad Bv[\mathrm{m}]=0{,}25\lambda\qquad Bh[\mathrm{m}]=0{,}255\lambda$$

$$LgBoom[\mathrm{m}]=0{,}25\lambda\qquad C[\mathrm{m}]=0{,}042\lambda\qquad D[\mathrm{m}]=0{,}1169\lambda$$

$$gesLGBoom[\mathrm{m}]=0{,}25\lambda+(2*C)=0{,}334\lambda$$

図5-18　Klausによる6mバンド用Σビームの寸法
波長（λ）換算で，数字の「,」（カンマ）は，ドイツでは小数点を表す

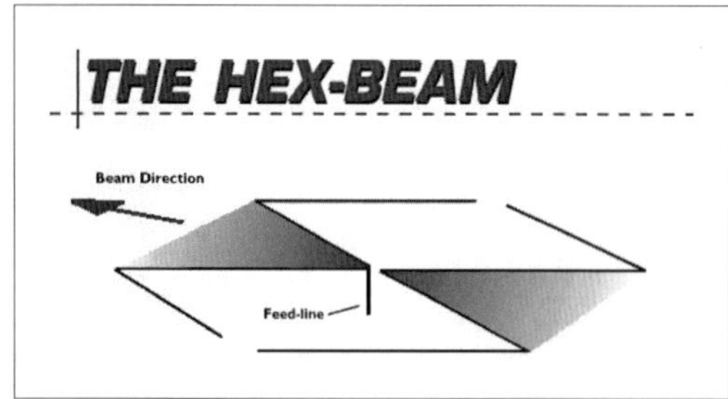

図5-19　HEX-BEAMアンテナ
Traffie TechnologyのWebサイト（**http://www.hexbeam.com/index.shtml**）より引用

このほかに，DX Engineering，KIO Technology，G3TXQ Broadband Hexbeamsなどから同じような製品が販売されていますが，グラス・ファイバのブームを支える金具に違いがあります．いずれにしても，HF帯マルチバンドの製品は，かなりトップヘビーになるので，強風時にはマストに強い力が加わることになるでしょう．

エレメントの形状からは，Wビーム（？）と呼んだほうがふさわしいかもしれませんが，いずれも2エレメント八木・宇田アンテナの動作原理がもとになっています．また**写真5-12**は，5バンド用の製品です．

写真5-12　5バンドHEX-BEAM
W2FBS Richard J VuillequezのQRZ.comより引用

5-3 HENTENNA（ヘンテナ）

ヘンテナは，1972年7月，JARL相模クラブ（当時）のミーティングで，JE1DEU 染谷OMが発表された図5-20のアンテナがベースになっており，その後さまざまなバリエーションが実験されています．

図5-20(a)は，全長1λのクワッド・アンテナを上下につなげたと考えられますね．また図5-20(b)は，これを二つ使ってHB9CV[*4]式に位相差給電すれば，利得が高くF/Bの良いアンテナができるのではないかというアイデアです．

このアンテナは，実験してみるとSWRは下がらず，1エレメントでガンマ・マッチまで試してもうまくいかなかったそうです．最終的には，同軸ケーブルを直付けしたとき，なんとか$SWR = 2.2$まで下げられたそうで，詳しい経緯は，JH1FCZ 大久保OMが発行されていたミニコミ誌「The Fancy Crazy Zippy」（FCZ誌）のNo.2（1975年2月号）に掲載されています．

FCZ誌の説明によれば，「図5-21のようなたて長のループを銅線等で作り，その適当な位置に同軸フィーダで給電すると3エレメントの八木アンテナと同じ位の性能を持つ水平偏波のアンテナになります」とあります．

図5-22は測定のようすと使用した装置，また図5-23は測定結果の放射パターンです．これは430MHz帯の測定で，地上高が1m前後なので，大地の反射を含んだフィールドでの結果です．表5-1（p.88）に各アンテナの特性をまとめています．

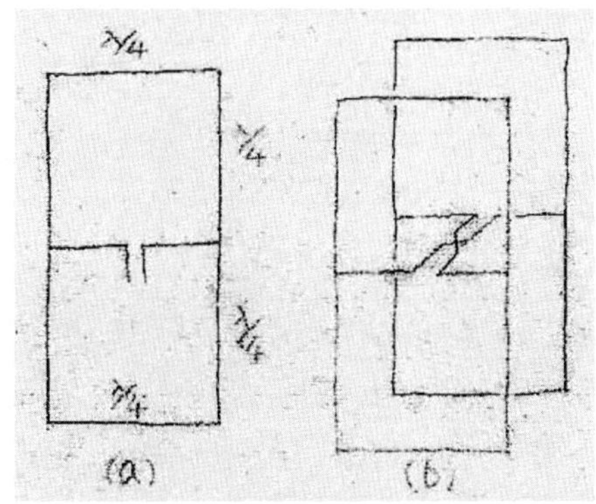

図5-20
JE1DEU 染谷OM発案のアンテナ
OMのWebサイトに「ヘンテナ開発の歴史」が掲載されている（http://www.asahi-net.or.jp/~TY3K-SMY/hentenna.html）

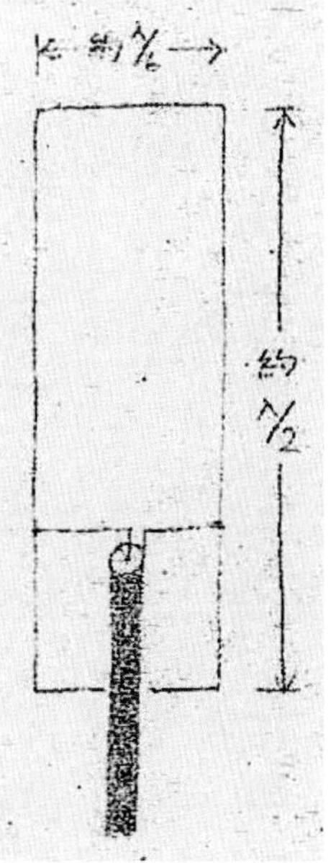

図5-21
ヘンテナの原型
（FCZ誌 No.2より）

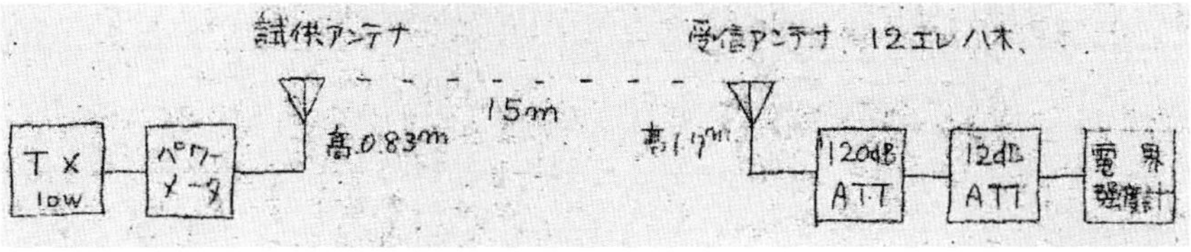

図5-22　測定のようすと使用した装置

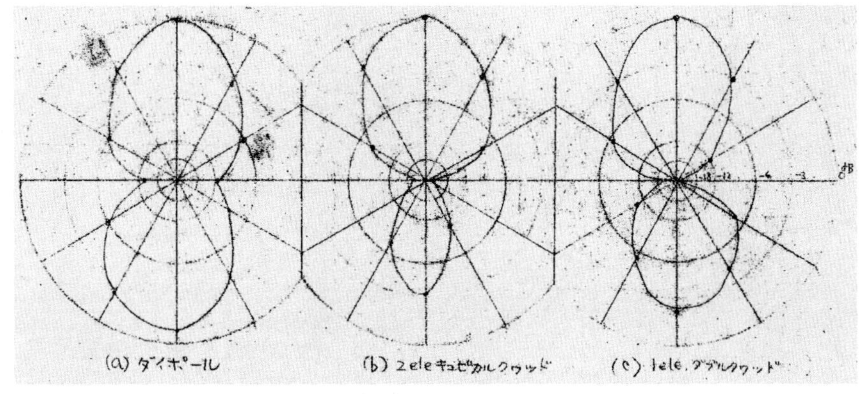

図5-23
各アンテナの放射パターン

＊4 HB9CVは½λ長のダイポール・エレメント2本を⅛λ間隔で平行に配置し，位相差135°で給電して指向性を得るアンテナ．

表5-1　各アンテナの特性値

試供アンテナ	ゲイン	動半値角	FB比	FS比
ダイポール	0dB	65°	(1dB)	13dB
キュビカルクワッド*	10dB	68°	(3dB)	24dB
leleダブルクワッド	9dB	60	(2dB)	32dB.

*キュビカルクワッド FB比は未調整である。

ダブル・クワッドのシミュレーション

ヘンテナを調べる前に，**図5-19(a)**のダブル・クワッドをシミュレーションしてみました．

図5-24は430MHzの波長70cmをもとにしたモデルで，**図5-25**に示すように，457MHzでX（リアクタンス）がゼロになりました．R（レジスタンス：抵抗）は155Ωなので，50Ω線路で給電すると，反射係数（リターン・ロス）は**図5-25**のようになり，広帯域のアンテナになっていることがわかります．

図5-26のリターン・ロスは，457MHzでは－5.8

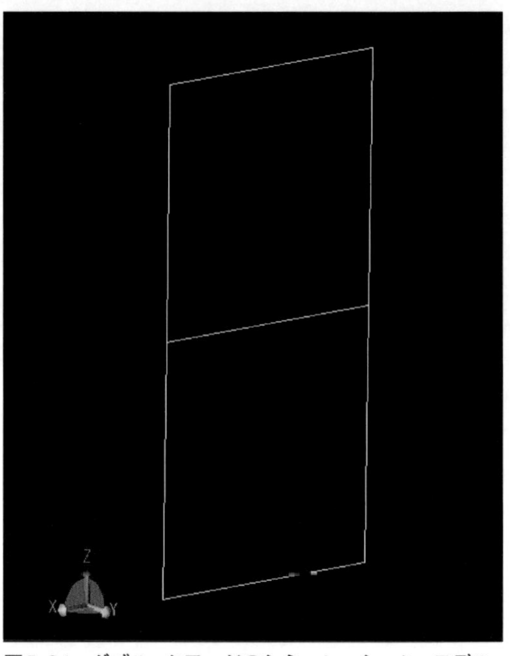

図5-24　ダブル・クワッドのシミュレーション・モデル

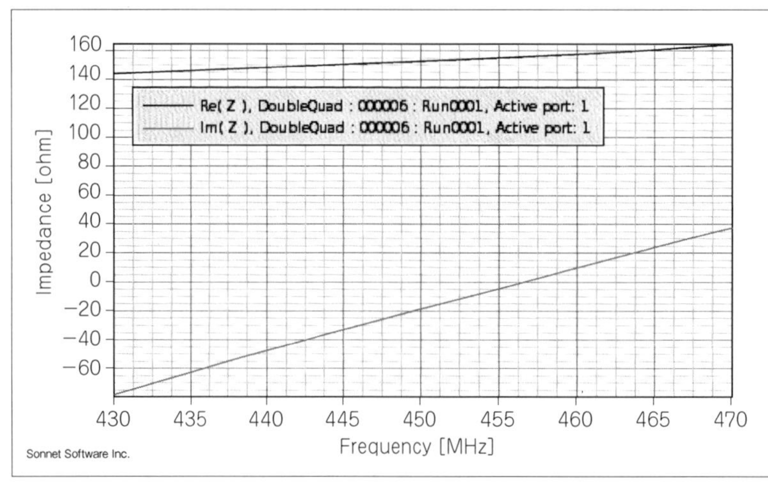

図5-25
ダブル・クワッドの入力インピーダンス

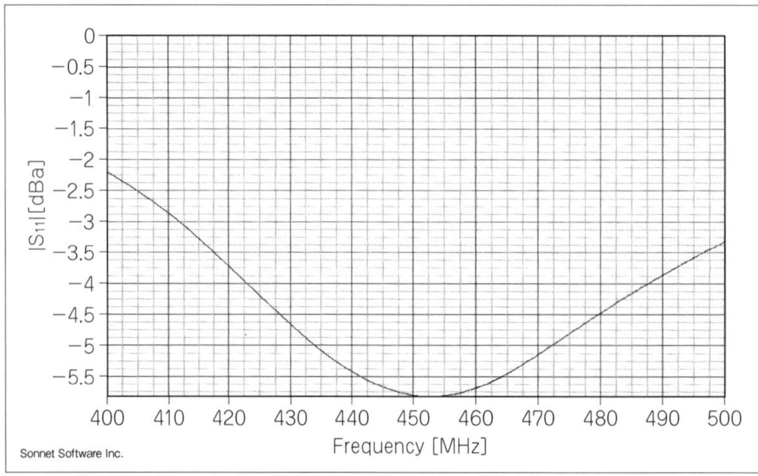

図5-26
ダブル・クワッドの反射係数（リターン・ロス）

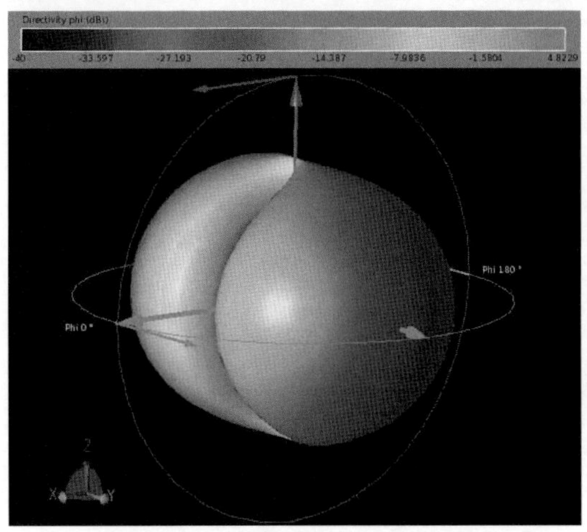

(a) φ成分の表示（指向性利得は4.8dBi）

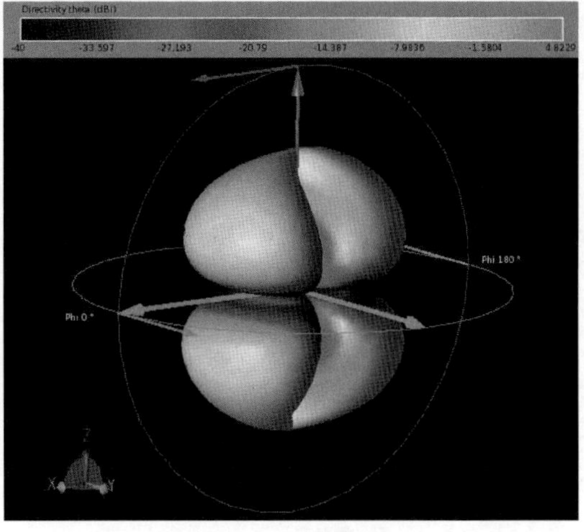

(b) θ成分は弱い

図5-27　ダブル・クワッドの放射パターン

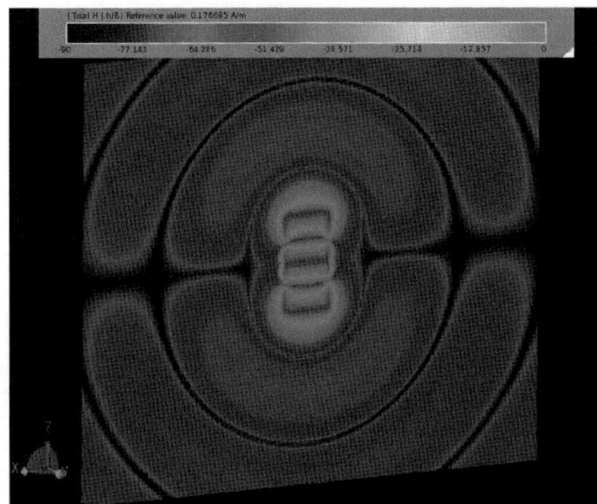

図5-28　ダブル・クワッドの垂直面磁界強度分布（位相角：90°）
最小スケールを－90dBとして，見やすく調整している

dB（＝0.51）で，これを50Ω線路で給電するとSWRは3.1になります．また，図5-27(a)の放射パターンは，原点を含む水平面で見ると，図5-23(c)のやや細い8の字に近くなっています．

指向性利得は4.8dBiですが，これは自由空間での値です．表5-1は大地による反射を含んでいるので，これよりも高い値であることに注意してください．

このアンテナの形状は縦長なのに，水平偏波が支配的というのは，図5-28の磁界強度分布からイメージできます．クワッドのループ長は約1λなので，コの字形の折り曲げダイポールを上下に配置して，さらにそれらを2段にしたアンテナとも考えられます．

また，図5-29は電界強度分布です．水平方向へ強い電界（電気力線）のループが広がっているようにイメージできます．

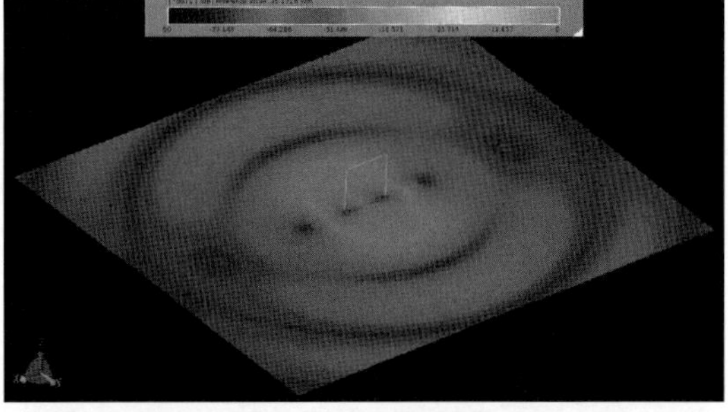

図5-29　ダブル・クワッドの水平面磁界強度分布（位相角：0°）

スロット・アンテナによる動作説明

ダブル・クワッドは給電点のインピーダンスが高いので，その後いろいろな給電方法が試されました．最終的には，真ん中のエレメントを移動してインピーダンスを調整するという，JH1FCZ 大久保OMの

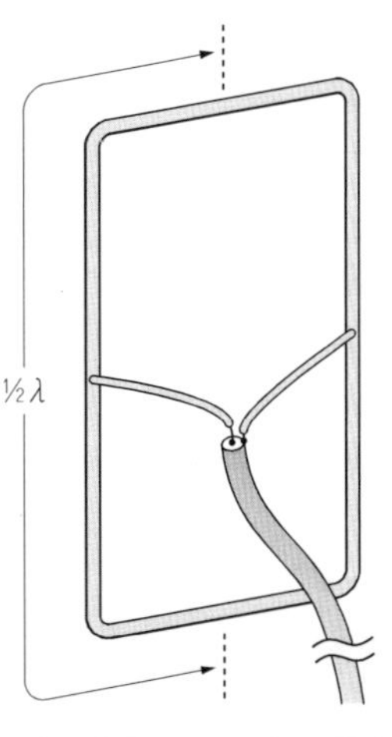

図5-30　スケルトン・スロット・アンテナ

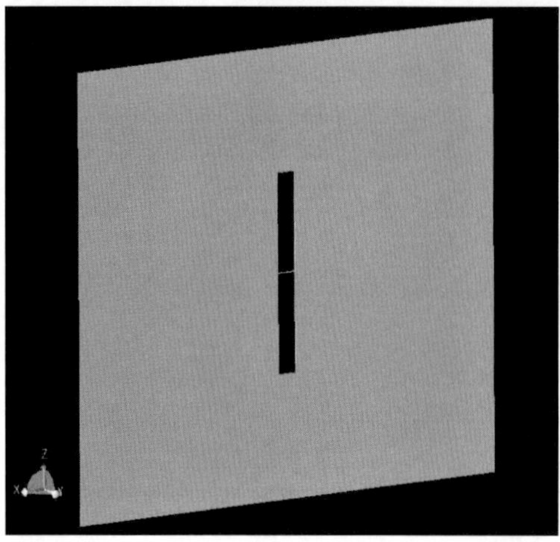

図5-31　スロット・アンテナのシミュレーション・モデル
溝は3cm×32cm

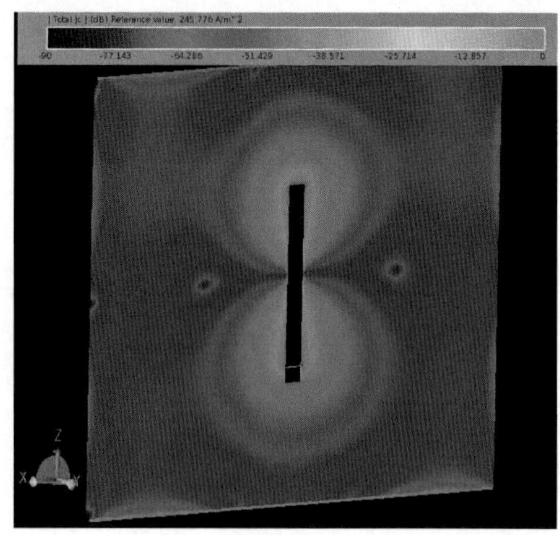

図5-33　オフセット給電スロット・アンテナの表面電流分布縁に沿った長さは1λ

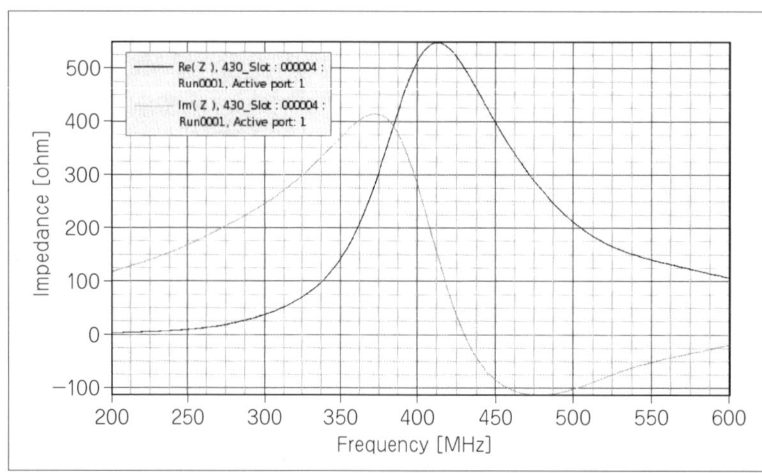

図5-32
中央給電スロット・アンテナの入力インピーダンス
430MHzにおけるRは548Ω

方式が採用されてから，**図5-21**に示すヘンテナの原型に落ち着いたといわれています．

ヘンテナは，**図5-30**のスケルトン（骸骨(がいこつ)）・スロット・アンテナの動作だという説明もあります．確かに構造はよく似ていますが，違いはエレメントの全長が1λという点です．

図5-30は，原型が**図5-31**のようなスロット・アンテナで，金属板にあけたスロット（溝）の縁に沿って流れる強い電流の代わりに，金属パイプを使った「換骨奪胎(かんこつだったい)（hi）」と考えられます．

アンテナの教科書では，**図5-31**のように中央で給電していますが，**図5-32**のシミュレーション結果でわかるように入力インピーダンスが高く，50Ω同軸ケーブルは接続できません．

ヘンテナの整合法

図5-33は，給電点の位置を縁に寄せたモデルで，入力インピーダンスが50Ωに近づきました．

この方法は，よく知られている「オフセット給電」です．給電点から見込んだ電圧と電流の比は，位置を選ぶことで調整できます．スロットの縁に流れる電流は中央付近が節なので高インピーダンスになります．しかし，端へ向かうと徐々に電流が小さくなり，どこかに電圧と電流の比が50Ωの場所があるはずです．

したがって，**図5-21**のヘンテナは，この方法で入力インピーダンスが50Ωまたは75Ωになる位置を捜して給電しているということになるでしょう．

スロット・アンテナの偏波

スロット・アンテナは，スロットが縦長の配置で水平偏波ですが，それはスロットのすき間に分布する水平方向の電気力線（強い電界）をイメージすれば納得できます．

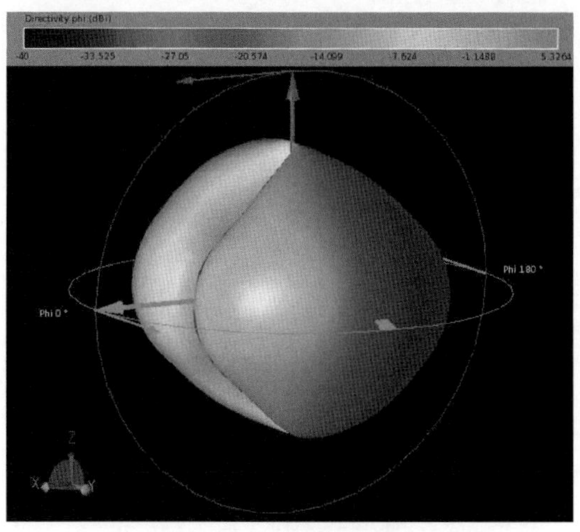

(a) ϕ成分の表示（指向性利得は5.3dBi）

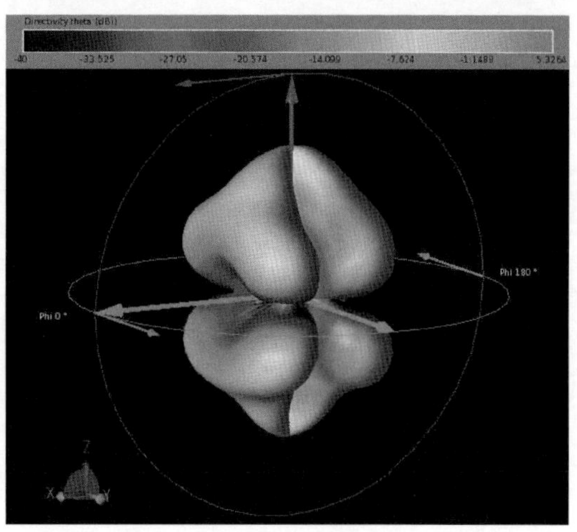

(b) θ成分は弱い

図5-34　スロット・アンテナの放射パターン

図5-34(a)は放射パターンのϕ成分，**図5-34(b)**はθ成分で，縦長の配置は水平偏波であることがわかるでしょう．

スケルトン・スロット・アンテナ

図5-35は，スロットの縁に沿った強い電流路を縦長の銅線で作り，下端から1cmの位置にオフセット給電したスケルトン・スロット・アンテナです．共振周波数は**図5-31**のスロット・アンテナよりやや高く，453MHzになりました．

図5-35　縦長スケルトン・スロット・アンテナのシミュレーション・モデル
(3cm×32cmの長方形ループ)

電界ベクトルは金属表面から垂直に出入りするので，ループを含む面の表示（**図5-36**）によれば，水平偏波の成分が強いことがよくわかります．

図5-37（p.92）の磁界強度分布を見ると，中央がゼロで，そこを境に電流の向きが逆転するので，**図5-36**の強い電界ベクトルの向きは，スロット全体にわたって揃っています．したがってp.92の**図5-38(a)**に示すように，水平偏波で高利得が実現できると考えられるでしょう．

ノッチ・アンテナとフォーク・ヘンテナ

ところで，スロット・アンテナは，**図5-39**（p.92）のように，半分にしたノッチ・アンテナで小型化できることがよく知られています．

同じように考えると，スケルトン・スロット・アンテナも半分にでき，フォーク・ヘンテナのアイデアと

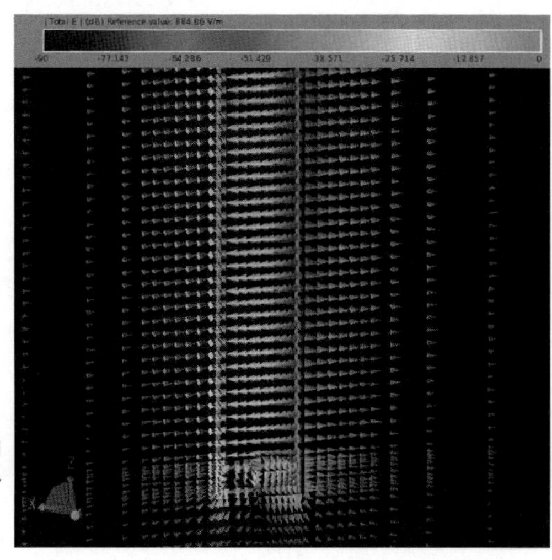

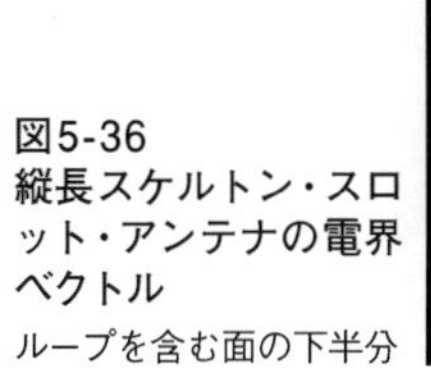

図5-36　縦長スケルトン・スロット・アンテナの電界ベクトル
ループを含む面の下半分

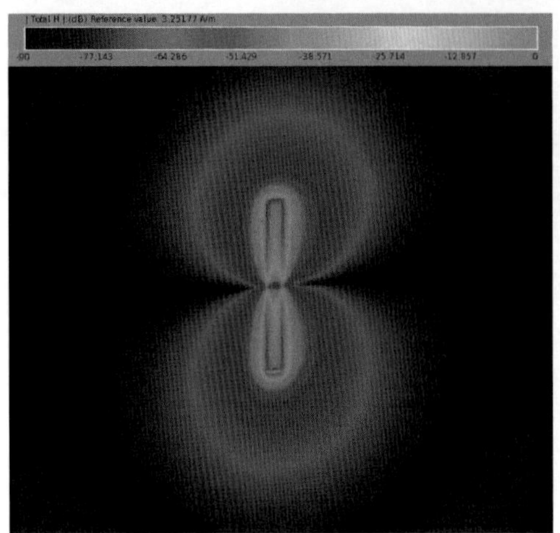

図5-37　縦長スケルトン・スロット・アンテナの磁界強度分布

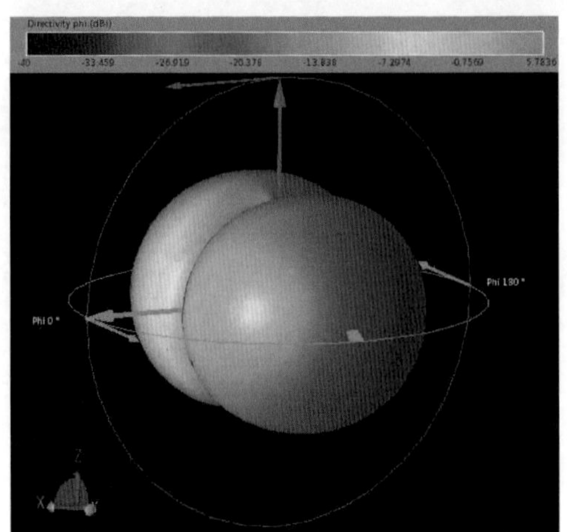

（a）ϕ成分の表示（指向性利得は5.8dBi）

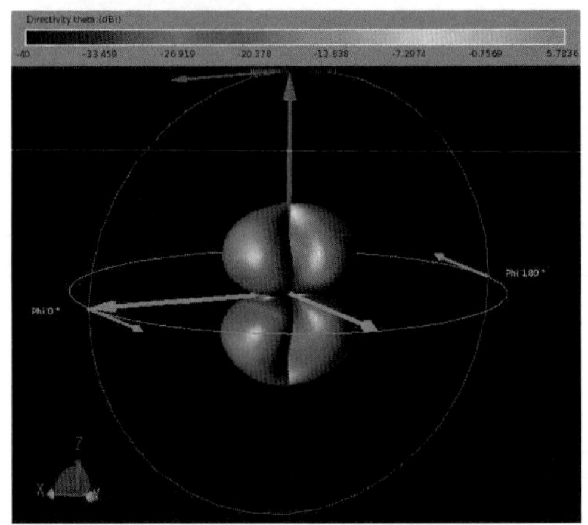

（b）θ成分は弱い

図5-38　縦長スケルトン・スロット・アンテナの放射パターン

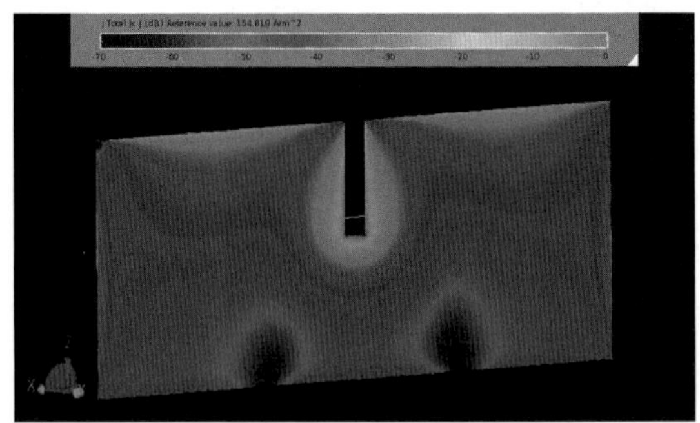

図5-39　ノッチ・アンテナの表面電流分布
ノッチの縁に沿った長さは½ λ

同じです．半分に小型化できるのでHF帯用に向いていますが，VHFやUHFは針金で工作できるので，スケール・モデルとして実験するのに向いています．

図5-40（**a**）は，**図5-35**を半分にした430MHz用モデルの磁界強度で，**図5-37**の下半分に近い分布になっています．また，**図5-40**（**b**）は電界強度分布です．

図5-41の放射パターンは，ϕ成分をZ軸で90°回転するとθ成分に近く，互いのレベル差はわずかです．先端開放で共振するとθ成分が強くなるというのは興味深いですが，指向性利得は1.0dBiなので，残念ながらヘンテナ特有の高利得は失われてしまいます．しかし，ローバンド用では小型化のメリットが十分あるので，このアンテナで偏波を使い分けるとFBかもしれません．

ヘンテナのどこが変？

「FCZ LAB.」のWebサイト（**http://www.fcz-lab.com/**）には，ヘンテナ命名の由来である「変な動作」がいくつか指摘されています．

その1　縦長だが水平偏波（解説済）
その2　長さが少しぐらいいい加減でもよく働く
その3　幅も適当でなんとかなる
その4　*SWR*の調整は給電点を上下に動かすだけ
その5　4エレ八木・宇田アンテナに匹敵する利得
その6　半分に切り離しても動作する（解説済）

その2とその3は，コの字形に折り曲げたダイポール・アンテナの組み合わせと考えれば，縦横比に自由度があると解釈できます．

その4は，その2やその3にも関連していますが，給電点の電圧と電流を適度に調整することで，インピーダンスが50Ωまたは75Ωの場所が見つかることを意味しています．

またその5は，コの字形ダイポール・アンテナの2段スタックと考えれば納得できます．その6のフォーク・ヘンテナは，コの字形に小型化して全方向に

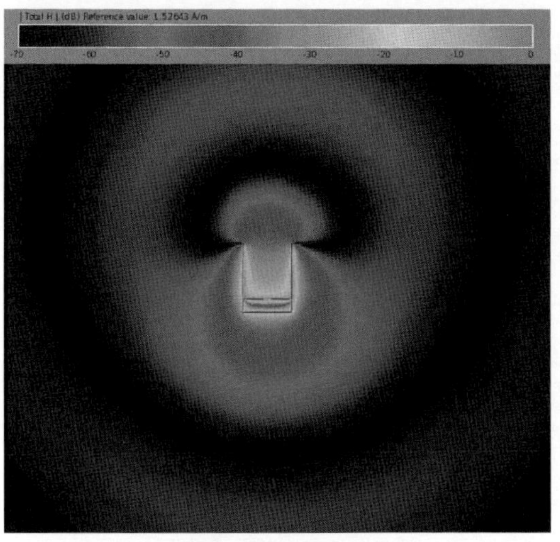

（a）磁界強度分布（位相角：90°）

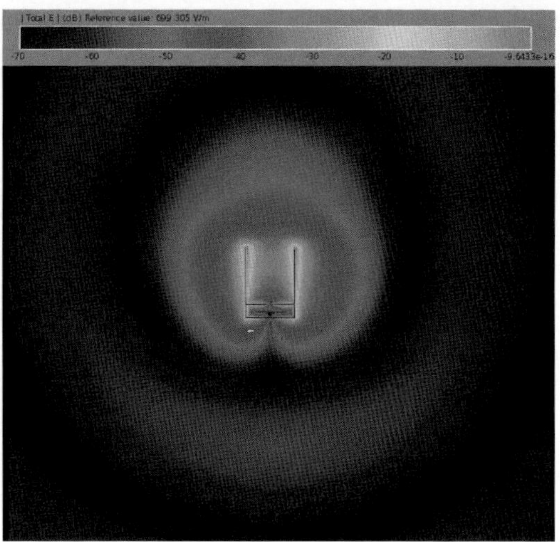

（b）電界強度分布（位相角：0°）

図5-40　フォーク・ヘンテナの強度分布

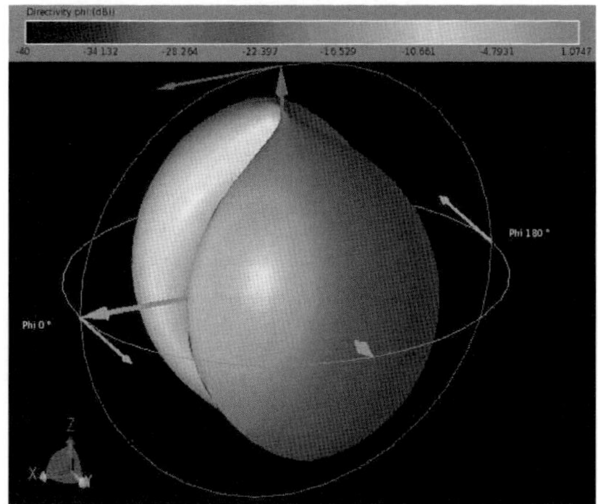

（a）ϕ成分の表示（指向性利得は1.0dBi）

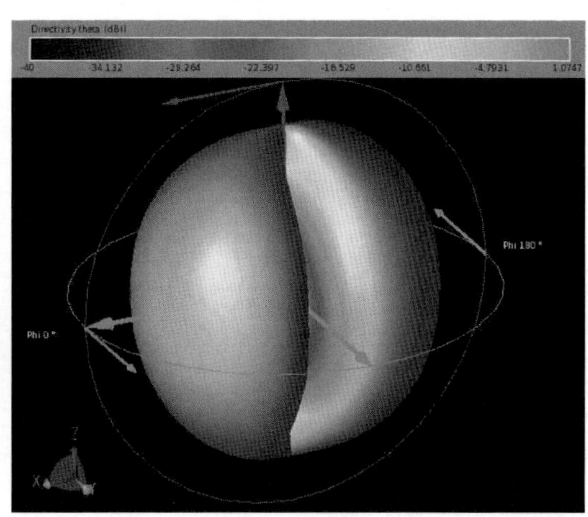

（b）θ成分の表示

図5-41　フォーク・ヘンテナの放射パターン

放射するようになったぶん，フルサイズのダイポール・アンテナより指向性利得が低くなりました．

ヘンテナは，**図5-42**以外にもバリエーションが数多くあります．しかし，エレメントの電流路をたどれば，「線状アンテナの理論からはずれているものではなく，特に変なアンテナではない[*5]」ことがわかるでしょう．やはり，共振型アンテナの「原点」はダイポール・アンテナということになるようです．

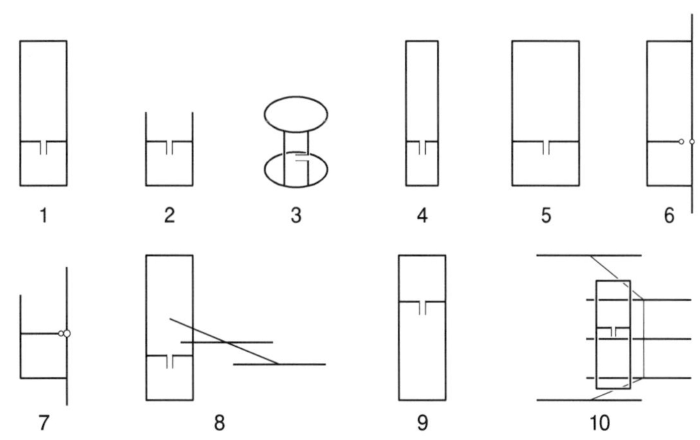

図5-42　ヘンテナのバリエーション（一部を抜粋）
JH1FCZ 大久保 忠；保存版ヘンテナ・スタイルブック，別冊CQ ham radio QEX Japan No.3，2012年6月，CQ出版社．

＊5　アンテナ工学ハンドブック，第1版，1980年，オーム社．

5-4 スローパー・アンテナ

1.9MHz帯は中波に属し，波長が160mほどあるので，アパマン・ハムのQRVには無縁かもしれません．また長波の135kHz帯は，波長が約2200mとさらに小型化が要求されますが，こちらはモノポールにコイルを装荷した超小型アンテナが主流です．

スローパー・アンテナの原型

1.9MHz帯で送信もできるアンテナとしては，タワーを利用した簡単な構造でQRVできる，スローパー・アンテナが人気です．

オリジナルのデザインは図5-43のような構造で，給電点は金属マストの先端にあり，同軸ケーブルの外導体はマストに接続されています．金属マストや金属タワーは接地されているので，電流は図5-44のように流れます．大地に流れる電流をイメージ・アンテナと考えれば，全長1λのデルタ・ループがイメージできます．

イメージ（影像）は大地の電流を意味していますが，図5-44の点線はいかにも教科書的な表現です．実際の電流はこのようには流れず，地表近くに強く分布する[*6]ことに注意してください．

これはデルタ・ループというより，折り曲げタイプの接地型アンテナと考えられ，タワーの放射効果が加わるので，最大放射は図5-43に示した右方向になると考えられます．

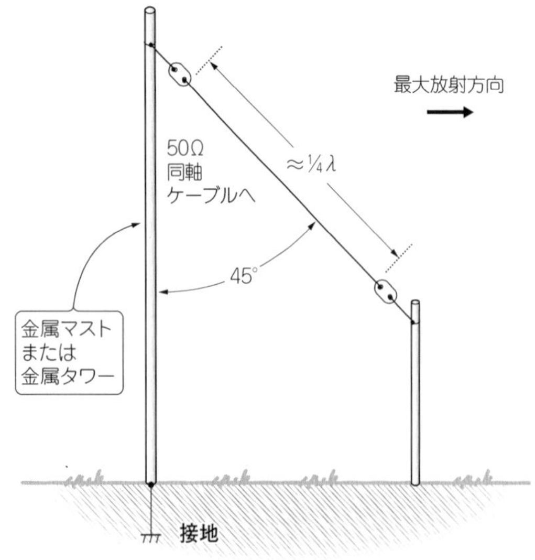

図5-43　ハーフ・スローパー・アンテナ（オリジナル）の構造

オリジナルの特性

図5-45は，図5-43のシミュレーション結果で，磁界強度[*7]を表しています．傾斜エレメントと金属マストは20.3m長で，理想導体に接地しています．

図5-46は放射パターンです．指向性利得は5.5dBiで，最大放射方向は図5-43と同じでした．また，図5-47はグラウンド表面の電流分布です．しかし，シミュレーションの結果，上部の給電点インピーダンスのRは約2kΩという大きな値だったので，このまま直接50Ω同軸ケーブルで給電すると，$VSWR$が極

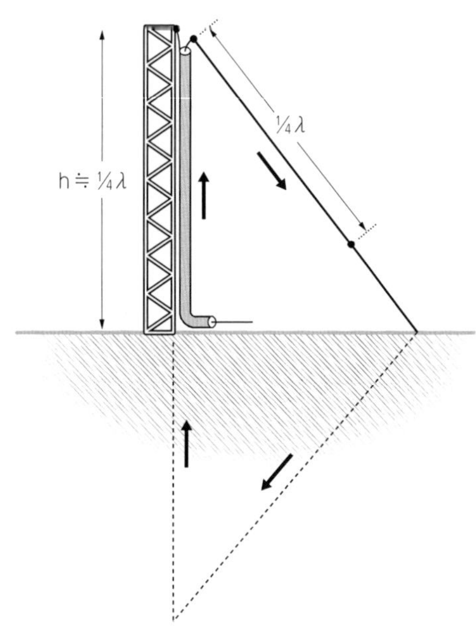

図5-44　スローパーのイメージ・アンテナ（点線）

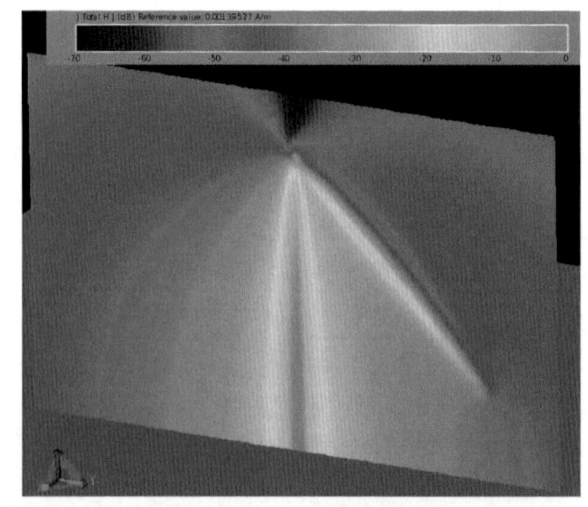

図5-45　スローパーの周りの磁界強度分布（3.5MHz）

*6　金属に流れる高周波電流は表皮効果により表面近くに分布する．大地は金属ではないが良好な接地で電流が流れ，磁界ベクトル（磁力線）は地面に平行に分布する．

*7　磁界ベクトルの向きは，右回りのネジを電流の方向にとって，ネジの回転する方向である（アンペアの右ネジの法則）．

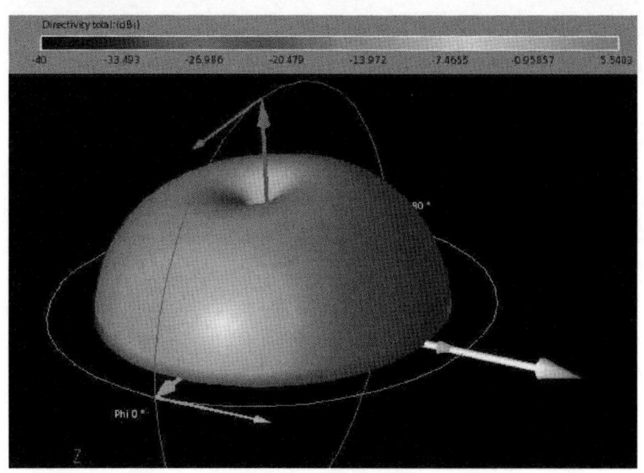

図5-46　スローパーの放射パターン（3.5MHz）

めて高くなるでしょう．

金属マストの周りの磁界強度は，そこに流れる電流の大きさを表します．**図5-45**によれば根元が最大なので，これはまるでGPアンテナのような分布です．

上部の給電点は電流の節に近いので，入力インピーダンス（＝電圧／電流）は高くなります．このシミュレーション・モデルは，理想導体をグラウンドとしています．また，金属マストの接地状態が良好なほど根元の電流は大きくなります．

一方，金属マストを接地せずに20cm浮かせたモデルの給電点インピーダンスは20Ω程度なので，マストが¼λ長の場合は，大きい接地抵抗のほうがFBかもしれません．

同軸ケーブルの外導体が活躍する

同軸ケーブル（¼λ長）を**図5-44**に忠実にモデリングして下端で給電すると，**図5-48**のような磁界分布が得られました．ここで気づくのは，同軸外導体の外側に沿って強い磁界が分布している点です．

これは外導体外側の表面に流れるコモンモード電流によって発生する磁界で，**図5-48**では，**図5-45**の根元付近の強い電流がなくなって，上部に電流の腹ができています．電流は金属マストにも流れ，同軸ケーブル外導体の外側も強そうです．

共振周波数における同軸ケーブル下端の入力インピーダンス（R）は49Ωで，これなら外導体の先端をタワーに接続してもよさそうです．$VSWR$は，並列共振のRのピークから少しはずれた周波数で最も低いので，これは同軸ケーブル・アンテナ（5-5節）の動作にそっくりです．

傾斜エレメントの役割を「共振器」と考えれば，これは集中定数素子の共振器を備えた同軸ケーブル・アンテナをイメージできます．この手のアンテナ

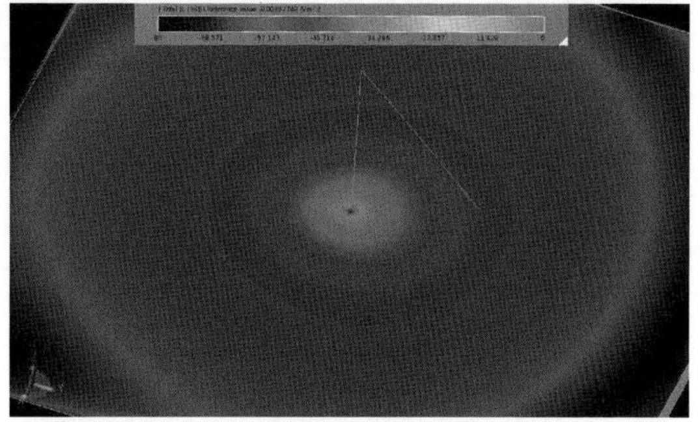

図5-47　グラウンド（理想導体板）**の表面電流分布**

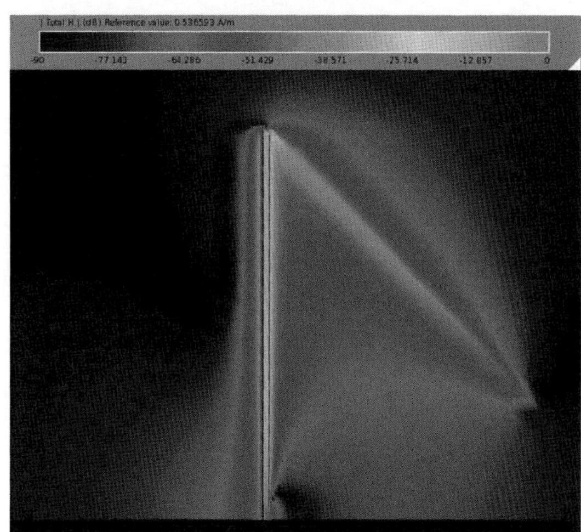

図5-48　同軸ケーブルを含むモデルの磁界強度分布

は「安定な動作のためにアースが欠かせない」という主張がありますが，タワーに接地したスローパー・アンテナが同軸ケーブル・アンテナの動作に近いとは意外です．

スローパーのバリエーション

高いタワーの頂上でエレメント長を微調整するのは危険です．そこで上部の給電点にATUを付けたいところですが，上部は高インピーダンスなので，チューニングがとれないかもしれません．また，タワーの先端からシャックまで長い同軸ケーブルも必要なので，何かよいアイデアはないでしょうか？

p.96の**図5-49**（**a**）は**図5-43**と同じですが，**図5-49**（**b**）は**図5-49**（**a**）の給電点をグラウンドに近い位置に換えています．これはスローピング・バーチカル（Sloping Vertical）と呼ばれており，**図5-49**（**a**）と同じようにタワーの効果が得られます．給電点が低いので，調整で，同軸ケーブルも節約できるでしょう．

図5-49（**c**）は，**図5-49**（**b**）のエレメントをフォールデット・ダイポールの片側（Folded Unipole）にし

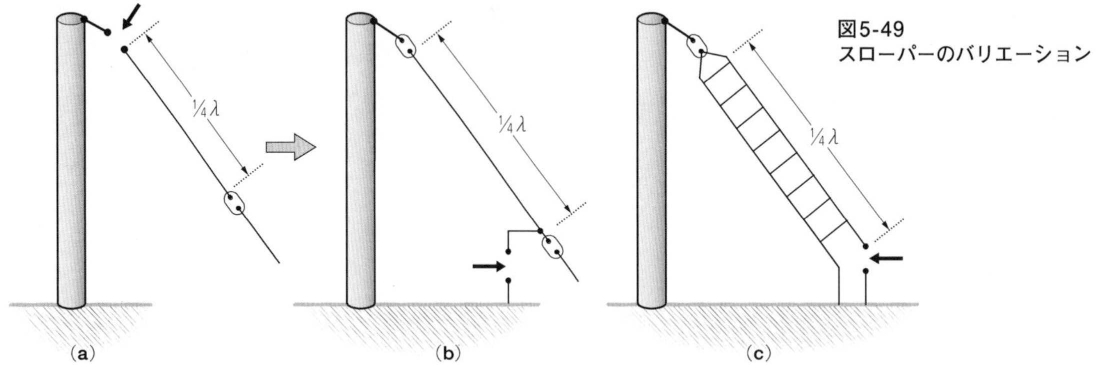

図5-49
スローパーのバリエーション

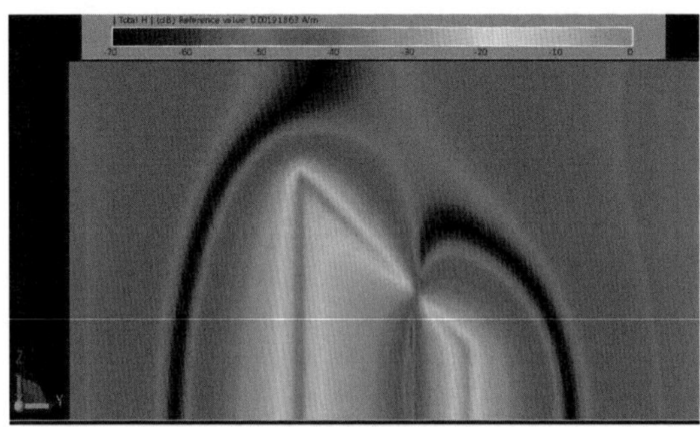

図5-50　下部給電モデルの磁界強度分布

たタイプで，3.5MHz帯と3.8MHz帯で兼用できる広帯域化を狙っています．**図5-49(b)**をシミュレーションしてみたところ，給電点からグラウンドまで約6mのアース線が追加されたので，共振周波数が少し低くなりました．

図5-50は磁界分布です．**図5-45**や**図5-48**とは明らかに異なっています．

下部給電のスローパー

図5-49(b)の指向性利得は5.5dBiで，**図5-46**と同じでした．しかし，調整のしやすさや長い同軸ケーブルの節約だけでも，下部給電方式に軍配が上がるでしょう．

図5-50の磁界強度分布は，電流強度分布に対応するので，上部の中央付近に電流の節があります．そこで，**図5-44**のように影像アンテナを考えると，全長1波長のデルタ・ループをイメージできるでしょう．

図5-51は，このアンテナの水平偏波成分の放射パターンで，水平面上では8の字に近くなっています．また垂直偏波成分は，**図5-51**をZ軸まわりに90°回転したパターンです．両者を合成すると指向性はそれほど強くないので，電離層で反射すれば全方向とQSOできそうです．

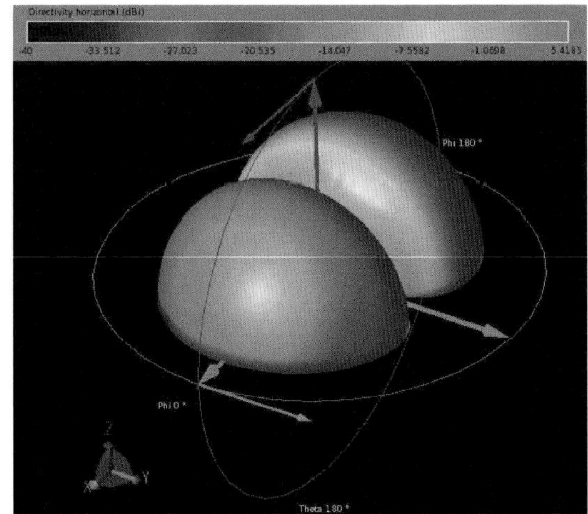

図5-51　下部給電モデルの放射（水平方向成分のみ）

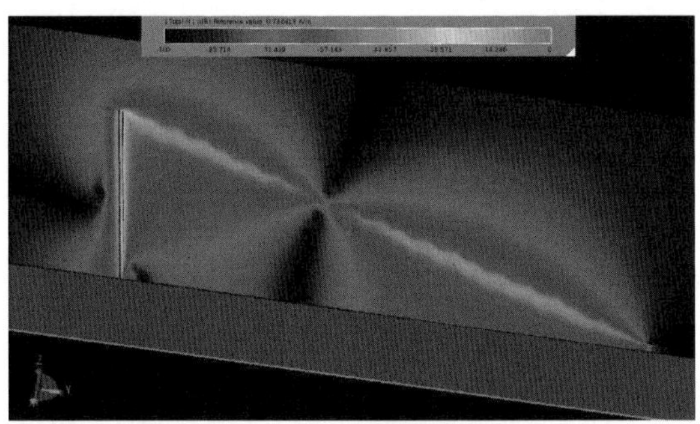

図5-52　¾λスローパーの磁界強度分布
細波状の表示は計算上の問題で，粗い離散化が原因

¾λスローパー

ローバンド用では，傾斜エレメントを¾λやそれ以上の長さにしたバリエーションが試されているようですが，80mバンド用を直線で張れば，約60m長の用地が必要です．

図5-52はそのモデルのシミュレーション結果で，½λの波が二つ乗っているのがわかります．指向性利得は7.6Biに増え，X軸方向の水平偏波成分が強

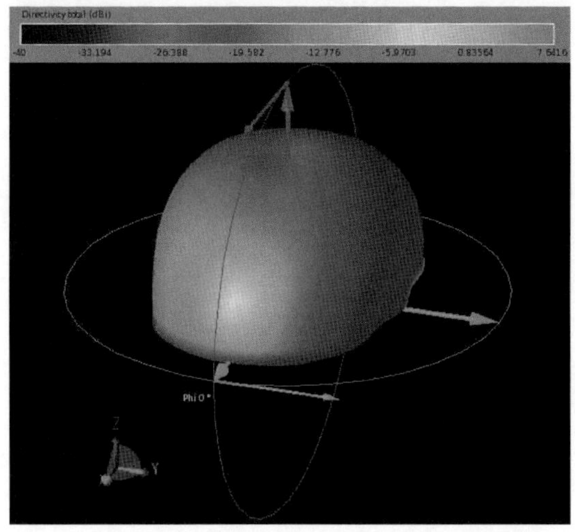

図5-53　¾λスローパーの放射パターン

くなりました(**図5-53**). この長さで進行波成分を期待する向きもありますが, 先端がオープンなので, 残念ながら進行波と反射波が合成される定在波型の動作になってしまいます.

また, 狭い土地ではエレメントがとぐろを巻くしかないので, 長いワイヤで得られるメリットは薄れるでしょう.

160mバンド用のスローパー

図5-54は, JA1BYL 小坂OMの160mバンド用ベント・スローパー*8です. これだけ折り曲げてしまうと, 指向性は弱まります.

市街地で160mバンドにQRVするには, タワーをドライブする方法もありますが, 小坂OMは13m高の位置まで同軸ケーブルを引いて, 外導体をタワーに接続しています. 最初は6m高でしたが, 引き上げたことで, 聞こえなかったW(米国)が多数ワッチできるようになったそうです.

「受信感度＝飛び具合とはいかないまでも, SLOPERは良好なアンテナであり, 一度は試みてみる価値はある」と語られています.

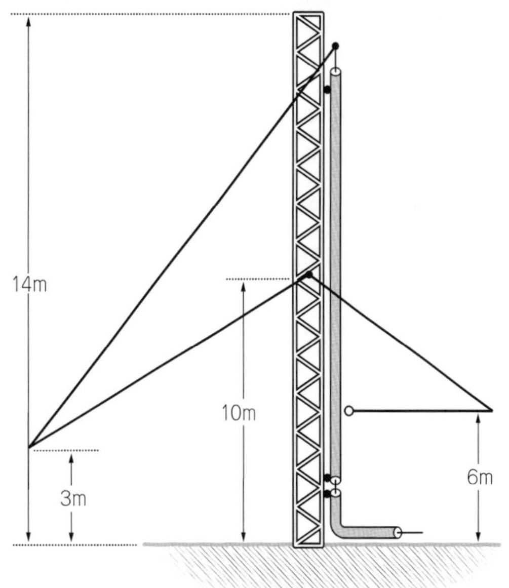

図5-54　160mバンド用ベント・スローパー

5-5 同軸ケーブル・アンテナ

同軸ケーブルはアンテナに給電するための線路ですが, アンテナとのミスマッチ(不整合)により, 外導体の外側にコモンモード電流が流れて, その大きさによっては積極的に電磁波を放射する「同軸ケーブル・アンテナ」と化してしまいます.

一般に「同軸ケーブル・アンテナ」は, ダブル・バズーカのように同軸ケーブルをワイヤ・エレメントの一部に使う事例を指しますが, 本節では主に, 同軸ケーブルが意図しないアンテナになっているケースを考えます.

奇妙な形状に魅せられて

アイソトロン・アンテナは, WDØEJA Ralph Bilalが考案して販売しているアンテナです. 筆者は1981年の73MAGAZINE誌に載っていた広告を見て個人輸入しました. 当時, 航空便で問い合わせしたところ, 手作りのパンフレットと動作を解説した手紙がすぐ届きました.

図5-55(p.98)は, ARRLの発行するQST誌に載っている現在の広告です. 同誌への投稿記事は内容が査読されるので, 1987年に掲載されたΣアンテナの原稿も, 事前にいくつか指摘されました. また広告についても, 怪しげな商品は厳しくチェックされるそうなので, QST誌に広告が載っていれば安心して購入できるというわけです.

*8 JA1BYL 小坂雅夫;"私は1.8MHz帯のベントSLOPERを", HAM Journal No.22, p.64, 1980年, CQ出版社.

図5-55
QST誌に載っているアイソトロンの広告

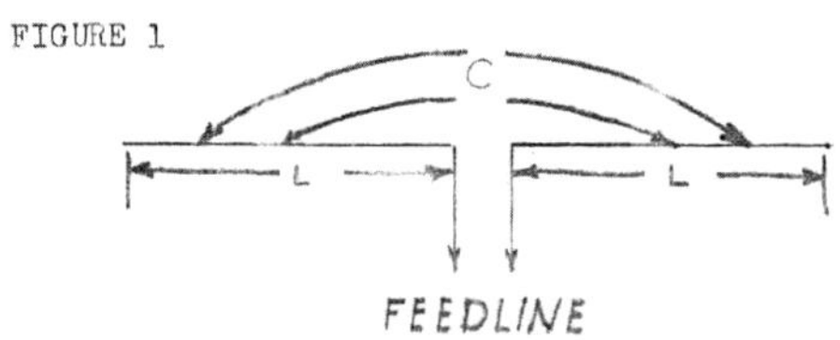

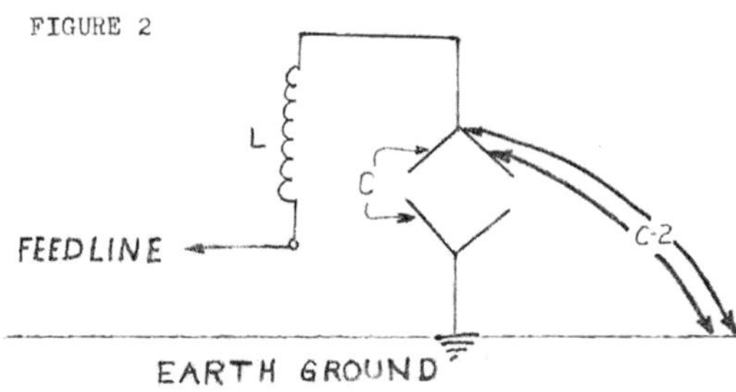

図5-56　アイソトロンの動作原理を示す説明図（Ralphの手書きによる）

Ralphが明らかにした動作原理とは

図5-56は，1982年にRalphが送ってくれた手書きによる説明図です．正確を期するために，少し長いですが彼の手紙を抄訳します．

「Isotronアンテナは1975年に研究を開始し，1977年から実運用していますが，当初のねらいは共振型アンテナをどこまで小型化できるか試してみることでした．

FIGURE 1に示すダイポール・アンテナは，エレメントの全長がインダクタンスLです．またエレメント間にはキャパシタンスCを生じてLC共振し，このときリアクタンスXはほぼゼロ（純抵抗）です．

FIGURE 2はIsotronの等価回路ですが，Lはコイル，Cはアルミの板で実現し，ダイポール・アンテナと同じ直列共振回路を構成しています．

両アンテナは電磁気的には等価ですが，違いは放射パターンです．ダイポール・アンテナの電流は，中央が強く端に行くほど弱くなりますが，Isotronのキャパシタンス（アルミ板）の間の電流（筆者注：原文ママ．変位電流のことか？）は一様です．したがってIsotronの放射パターンは，アイソトロピック（等方性）アンテナのようになります」

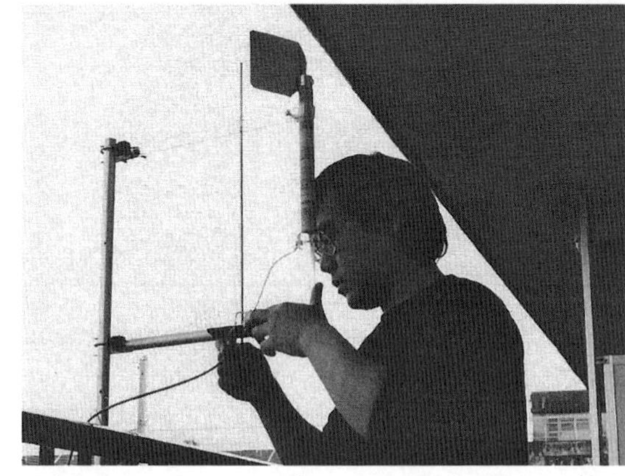

写真5-13　3階のベランダでアイソトロンを調整中の筆者（1982年）

周囲の影響についてのコメント

手紙の最後には，設置環境についての説明がさらっと書いてあります．

「Isotronは周囲の環境と電磁的に結合すると（a）同軸ケーブルの外導体や周囲の金属からも放射され，（b）本来のインピーダンスや共振周波数が変動します」

当時は3階のベランダに設置しましたが，周囲には金属のフェンスやエアコン，物干しなど，（a）の指摘に該当するものだらけの環境でした（**写真5-13**）．

購入したアイソトロンの寸法図

図5-57は，筆者が1982年に購入したアイソトロン・アンテナの構造図です．14MHz用は**写真5-14**のような構造に改良されています（**http://**

写真5-14　現在の14MHz用アイソトロン

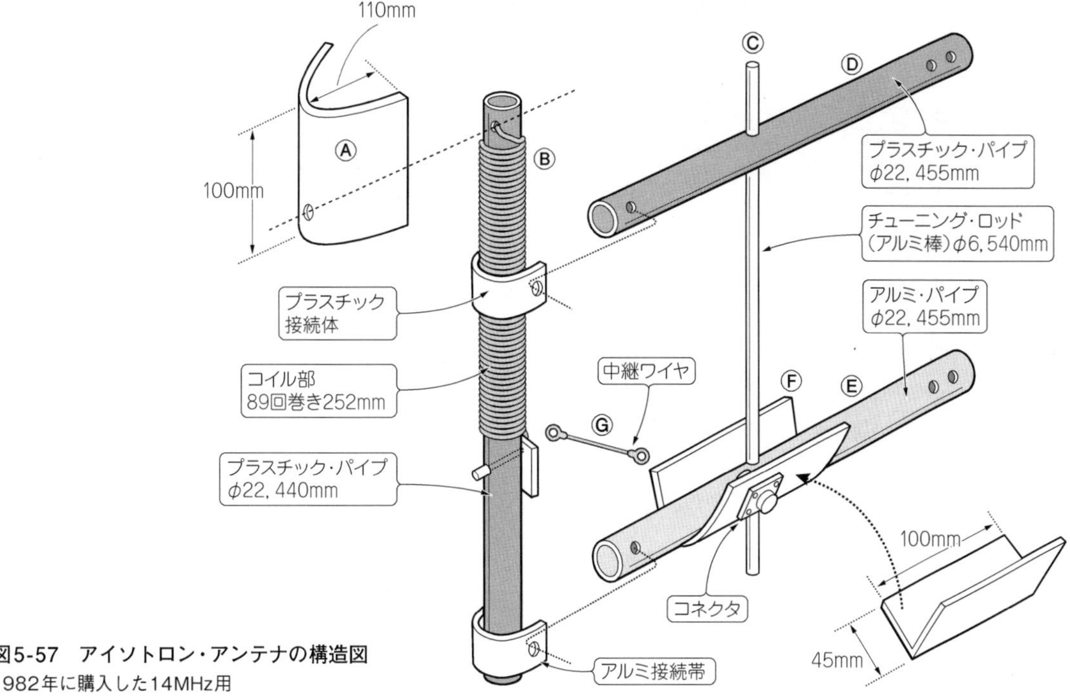

図5-57　アイソトロン・アンテナの構造図
1982年に購入した14MHz用

写真5-15
チューニング・ロッド付近

写真5-16
ヘルツ100周年に上梓した拙著「コンパクト・アンテナ ブック」
1988年発行，CQ出版社

isotronantennas.com/).

図5-57のキャパシタンスCは，ⒶとⒸ，Ⓔ，Ⓕ間で実現しています．また，キャパシタンスC_2はⒶとグラウンド間で実現されると考えられます．さらに**図5-57**のインダクタンスLは，Ⓑのコイルに対応しています．

写真5-15には，Ⓒのチューニング・ロッドを支える水平のパイプが写っています．製品では透明のプラスチック・パイプが使われていますが，自作では塩ビ・パイプがFBでしょう．

笑われたIsotron

1988年は，ヘルツがダイポール・アンテナの実験に成功してから100周年にあたりますが，その年に，生まれて初めてアンテナの本を出版できたのは幸運でした(**写真5-16**).

図5-58 XFdtdによるアイソトロン・アンテナのモデル

はりきりすぎて，あらゆるコンパクト・アンテナを載せたので，中には怪しげな記述も紛れています．うれしくなって恩師のJA1BLV 関根教授に謹呈したところ，即座に「集中定数素子のLC共振器からは放射されないだろう」と笑われてしまいました．

このとき卒業して10年以上経っていましたが，先生の一喝(hi)に目が覚めました．若気の至りと恥じ入りましたが，「世間には笑われておぼえることが山ほどある(山本夏彦)」ので，愛の鞭(むち)(hi)は感謝に堪えません．

これが同軸ケーブル・アンテナとわかったのはかなり後でしたが，先生があえてその場で"タネアカシ"をされなかったのは，自力解決への期待だったのだと深く感じています．

電磁界シミュレータのおかげ

電気の世界では，一見常識に反するような現象に出会うことがよくあります．しかし無線技士たるもの，だまされないよう深呼吸してから，じっくり考察する必要があります．

高周波では注意深い測定が求められますが，そもそも測定では得られない情報もあります．電波は見えないので，電磁界シミュレータで可視化することで初めて気づく現象が見つかるかもしれません．

図5-58は，電磁界シミュレータXFdtdの3次元CADで描いたアイソトロン・アンテナです．電磁界シミュレータは，マクスウェルの方程式をパソコンで解くことで，アンテナだけでなく，マイクロ波回路や高周波回路全般の問題にも活用できるという優れものです．

アイソトロンの周りの電磁界

図5-59は，図5-58のシミュレーション結果で，アイソトロンの周りの磁界強度の分布を示しています．XFdtdは給電点にパルス波を与え，その時間変化を計算しています．図5-59は，順に給電直後，0.01μ秒，0.03μ秒，0.07μ秒，0.25μ秒，0.43μ秒のスナップ画像です．

時間の間隔に特別な意味はありませんが，コイルに流れる電流によって，その周りの磁界が強くなっていくようすがわかります(最も暗い表示色の尺度は-100dB$=0.00001$)．磁界が強い領域は，コイルの周辺近くの狭い範囲に限られていることに注意してください．

また図5-60は，同じタイミングの電界強度の表示です．電界はアルミ板とチューニング・ロッドの間が強く，磁界と同様，アンテナの周りに限られています．

アイソトロン本体の性能

図5-61(p.102)は直列共振の14.1MHzにおけるGain(利得)で，-32dBiと極めて低い値になりました．また放射効率ηはわずか0.5%でした．

これらの結果から，アイソトロン本体は集中定数素子として働き，残念ながら電波の放射はほとんどないと考えられます．しかし実運用ではよく飛んでいるので，いったいどこから電波が出ているのでしょうか？

放射には広い電磁界分布が必要

図5-62は同軸ケーブルで給電したモデルの磁界強度分布(90°)，図5-63は電界強度分布(0°)です．図5-62から，5m長のシールド線の外側に強い電流が流れていることがわかります．これは放射の元となるコモンモード電流(同一方向へ流れる電流成分)です．

図5-64は放射パターンです．上下方向の放射が少ないので，これは垂直ダイポール・アンテナの放射パターンにそっくりです．放射効率ηも62%となり，この状態であれば飛びや耳がよいのは納得できます．

アイソトロン・アンテナで最も重要なのは，図5-

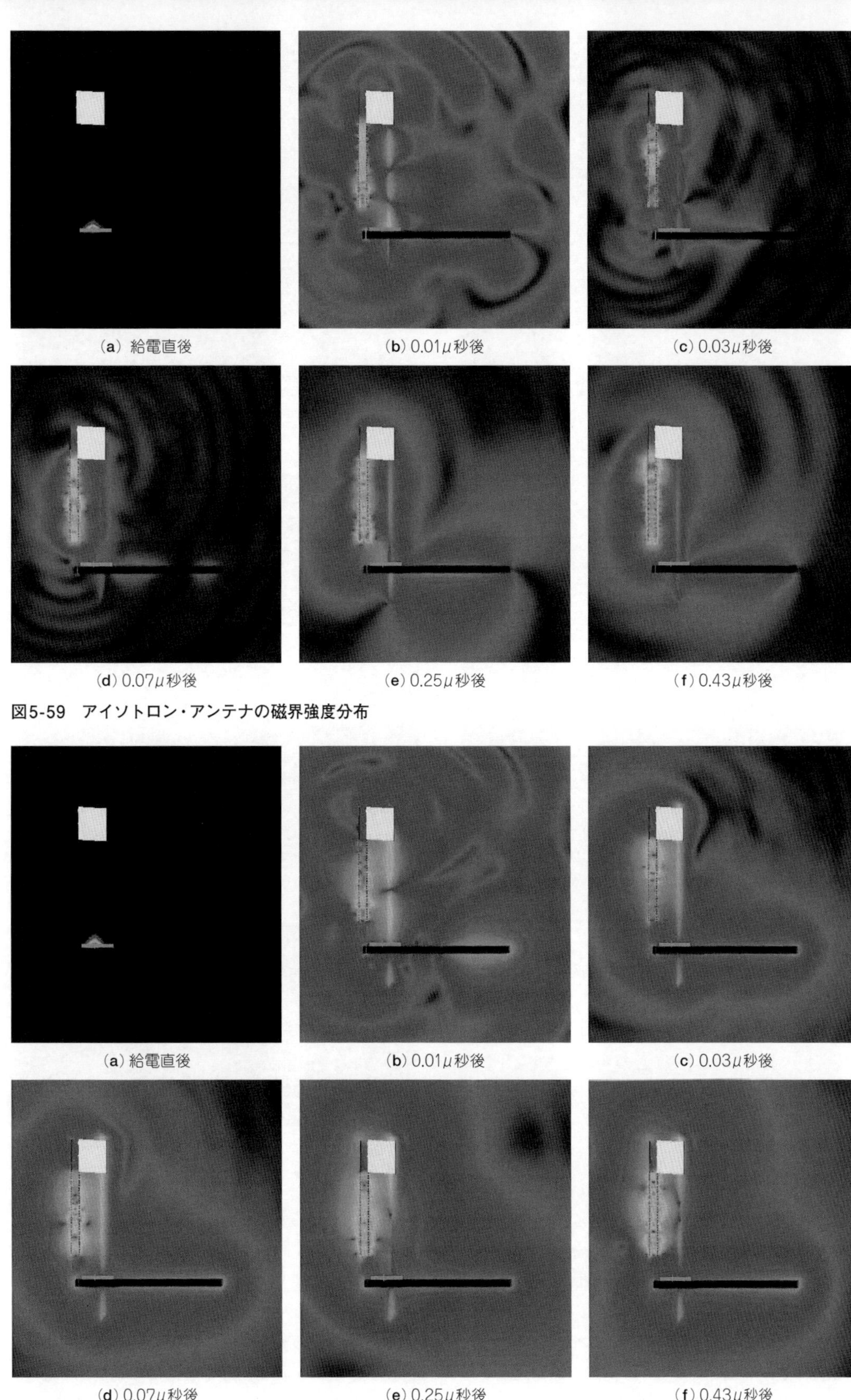

(a) 給電直後　(b) 0.01μ秒後　(c) 0.03μ秒後

(d) 0.07μ秒後　(e) 0.25μ秒後　(f) 0.43μ秒後

図5-59　アイソトロン・アンテナの磁界強度分布

(a) 給電直後　(b) 0.01μ秒後　(c) 0.03μ秒後

(d) 0.07μ秒後　(e) 0.25μ秒後　(f) 0.43μ秒後

図5-60　アイソトロン・アンテナの電界強度分布

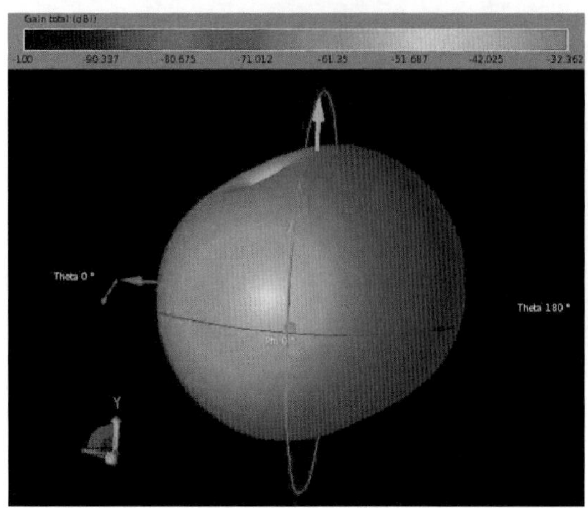

図5-61　アイソトロンの放射パターン（Gain：－32dB）

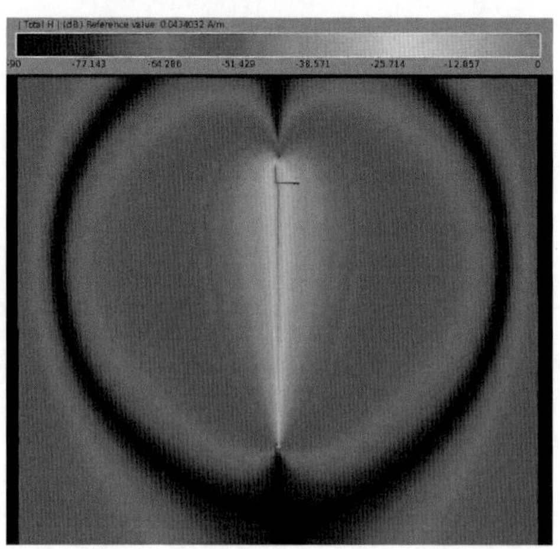

図5-62　同軸ケーブルで給電したモデルの磁界強度分布（位相角：90°）

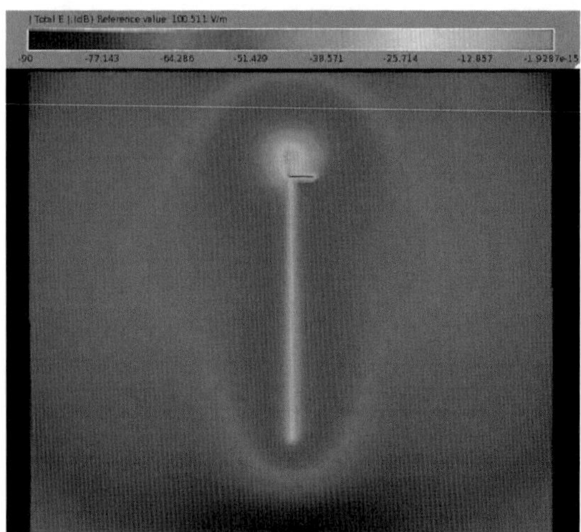

図5-63　同軸ケーブルで給電したモデルの電界強度分布（位相角：0°）

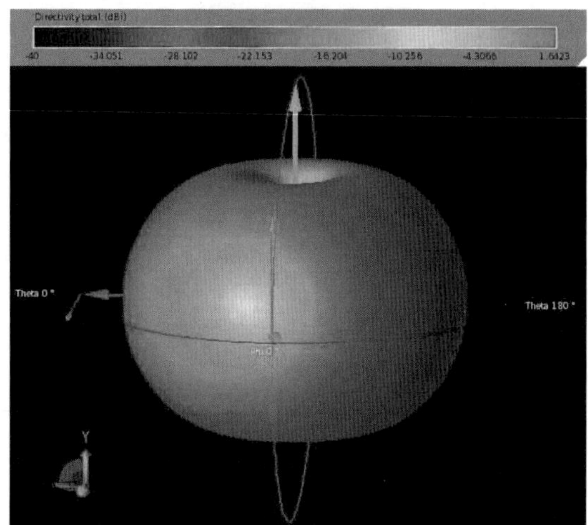

図5-64　同軸ケーブルで給電したモデルの放射パターン

56でRalphが主張している，C_2が形成されるためのグラウンドなのでしょう．

図5-56では地面を想定していますが，むしろ同軸ケーブルの外導体（GND）との間にできるC_2を考えるほうが自然なのではないでしょうか．つまり，同軸ケーブル外導体の外側に流れる強いコモンモード電流が放射に寄与しており，このようなしくみを「同軸ケーブル・アンテナ」と呼ぶ人もいるくらいなのです．

同軸ケーブルからの不要放射

図5-65は，同軸ケーブルの内導体を¼λ分むき出しにしたモデルをシミュレーションした，電流分布の結果です．同軸ケーブルの外導体に強いコモンモード電流が流れているのが確認で，これにより強

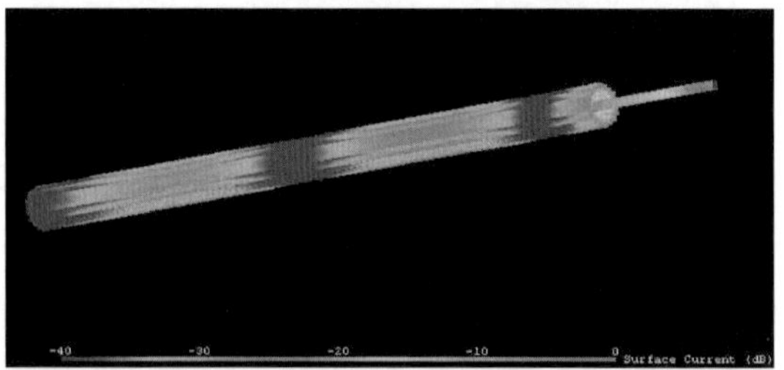

図5-65　同軸ケーブルの内導体を¼λ分むき出しにしたモデルの電流分布

い電波が放射されることがあります．

このモデルは同軸ケーブルの左端に給電しており，右端を開放しているので，ケーブルを伝わる電磁波は全反射して戻ってくるはずです．しかし，実際にいろいろな周波数で給電すると，いくつかの特定周波数では反射が極めて小さくなることがあります．

このとき，同軸ケーブルに供給された電磁エネル

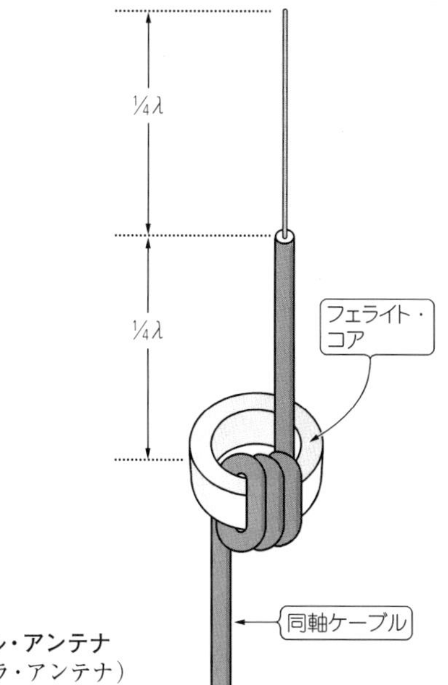

図5-66
同軸ケーブル・アンテナ
(俗称：コブラ・アンテナ)

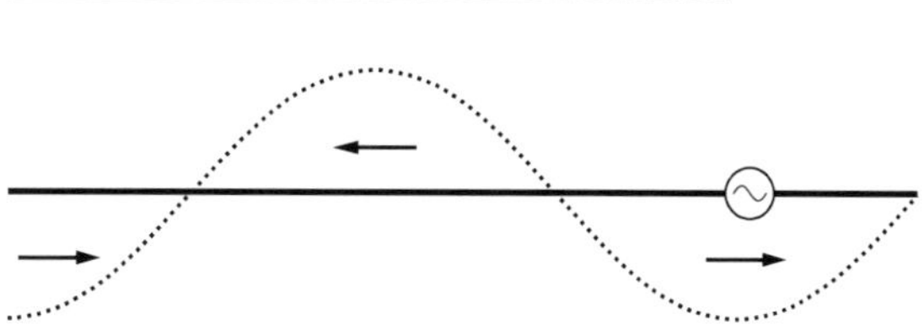

図5-67　同軸ケーブル・アンテナの電流分布

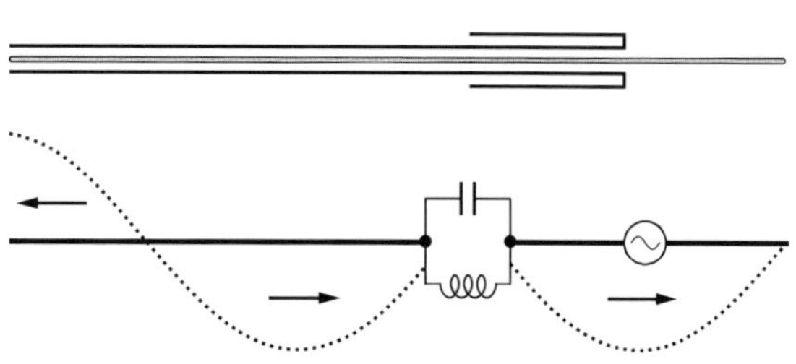

図5-68　阻止管を応用した同軸ケーブル・アンテナの電流分布

ギーの多くは空間に放射されるので，結果として反射が小さくなっていると考えられ，同軸ケーブルから不要放射（輻射）が発生している最悪のケースといえます．

外導体の外側に流れる電流

図5-66は，同軸ケーブルの先端から約¼λ分の内導体をむき出しにして，その下にやはり¼λ離れたところにフェライト・コア（ドーナツ状のトロイダル・コア）を置いて同軸ケーブルを3～4回巻き付けたアンテナです．

同軸ケーブルを巻いた部分は，コモンモード電流に対して高周波チョーク・コイルになるので，全長½λの波が乗って、垂直ダイポール・アンテナとして動作してくれます．

図5-66の同軸ケーブル・アンテナで使ったトロイダル・コアは，コモンモード・チョークとも呼ばれています．同軸ケーブルの先端に露出した内導体線路は，外導体をグラウンドと考えれば，あたかも¼λのモノポール・アンテナ素子のように考えられます．

図5-67は，このときの電流分布を示しています．同軸ケーブルの外導体が切れる右端の場所を励振源（給電点）にしたアンテナのようにも見えます．

図5-68は，阻止管（シュペルトップ）を応用した例とも考えられますが，等価回路的には図のように並列LC共振回路によるトラップ[*9]を挿入した効果が得られます．トラップより先の½λと，トラップ以降の½λの電流の向きは同じなので，合成された電磁波の放射は強まります．

同軸ケーブルはシールド構造に特長がありますが，強いコモンモード電流が発生していると，外導体から意図しない放射が起きることがあり得ます．モービル・ハムの運用では，アンテナとの接続状態によっては，同軸ケーブルの外導体を伝わる電磁エネルギーがワイヤ・ハーネスに電磁誘導される心配があります．電波法に定められた出力電力を大幅に超える違法のオーバーパワー運用は，たいへん危険です．

同軸ケーブルを終端するさまざまな回路

図5-69（p.104）は，特性インピーダンス50Ωの同軸ケーブルの先端にさまざまな集中定数回路を付けています．

まず**図5-69(a)**は，先端に50Ωの高周波用抵抗器を付けた例で，送り込んだ電力のほとんどは抵抗器で熱になって失われます．電磁波は同軸ケーブルの先端では無反射なので，外導体外側のコモンモード電流も流れず，放射されません．そこで，この抵抗器は送信機測定時のアンテナの代わりに使われ，ダミーロード（擬似負荷または擬似空中線）とも呼ばれています．

次に，**図5-69(b)**には直列LC共振回路が付いています．素子の持つ抵抗分は小さく，この回路の入力インピーダンスも極めて小さくなるので，インピーダンス変換回路を付けなければ，共振周波数における電磁波はほとんど反射してしまいます．

また，**図5-69(c)**は並列LC共振回路が付いてお

*9 トラップは，LとCを並列接続した並列共振(反共振)回路で，共振周波数で高インピーダンスになる．

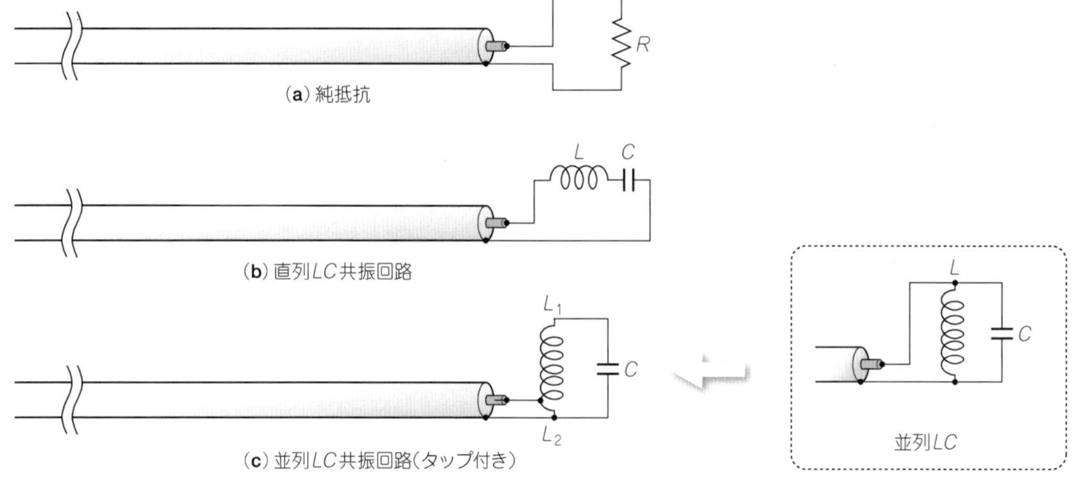

図5-69　同軸ケーブル先端のさまざまな集中定数回路

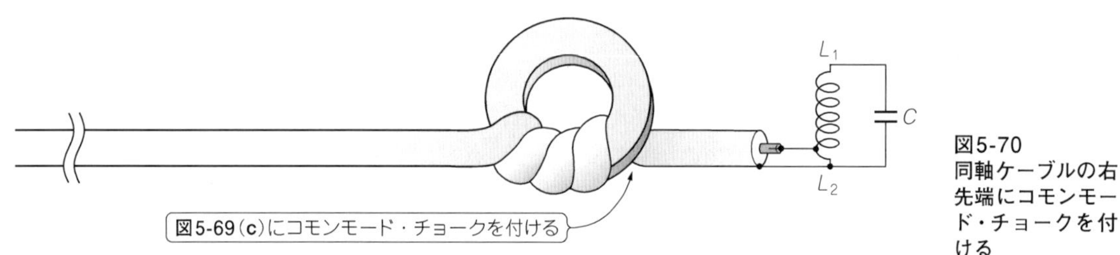

図5-70 同軸ケーブルの右先端にコモンモード・チョークを付ける

り，素子の持つ抵抗分はやはり小さく，コイルのタップによって回路の入力インピーダンスが50Ωになっていれば，ここでの反射はありません．

しかし図5-69(a)との大きな違いは，この回路では損失抵抗がほとんどないということで，回路が保持する共振による電磁エネルギーは，容易に近くの金属（ここでは同軸ケーブルの外導体外側など）に電磁結合し，強い誘導電流を発生させるでしょう．

図5-69(b)や図5-69(c)のLC共振回路のエネルギーは熱に変換されない無効電力なので，Reactiveダミーロードともいわれています．一方，図5-69(a)は，無反射の電磁エネルギーが熱として消費されるResistiveダミーロードで，送信機の調整などで使います．

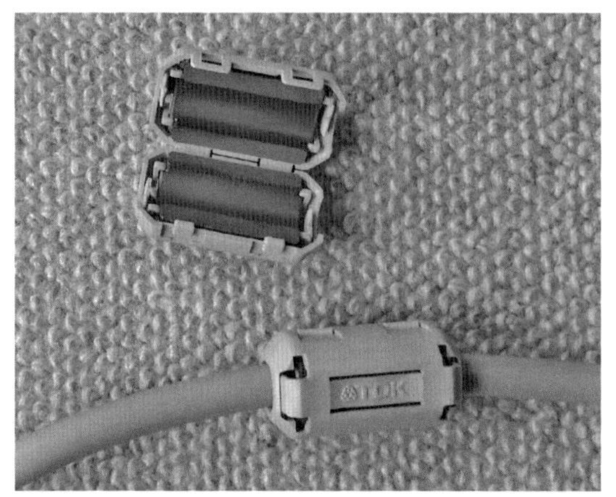

写真5-17　分割フェライト・コアの例（TDK製）

電圧と電流の位相がずれてくると，無効電力分が増えて電力を伝えるという仕事をしなくなります．いくら高い振幅で自己主張しても，位相がずれているようでは，「仕事」をしていない人間（hi）と判断されるわけです．

コモンモード・チョークの効果は？

図5-70では，同軸ケーブルの右先端に図5-66で使ったトロイダル・コアによるコモンモード・チョークを付けています．この方法でコモンモード電流はなくなるのでしょうか？

フェライトは強い磁性を示す強磁性材で，コモンモード電流が流れているケーブルに取り付けると，電流の周りに発生する磁界によりフェライトが磁化され，ケーブルのインピーダンスが増加してコモンモード電流を伝えにくくします．また，フェライト・コアが磁化されることで，電気磁気エネルギーの一部を熱に変換して吸収することができます(**写真5-17**).

しかし，配線に1対のノーマル・モード電流が流れていれば，対になっている線のそれぞれから発生する磁界は互いに逆向きでキャンセルされるので，フェライトを磁化することはなく，配線路に与える影響はほとんどありません．同軸ケーブルは，内導体に流れる電流と外導体の内側に流れる電流が対で，本来は外導体のシールド効果により，フェライト・コアを使う必要はありません．

以上の観点から，**図5-70**を見直してみると，コモンモード電流に関しては，次のような点に注意が必要です．

(1) コモンモード電流による磁界でフェライトが磁化され，高インピーダンスになりコモンモード電流を伝えにくくする．

(2) コモンモード・チョーク(フェライト)が磁化されることで，電磁磁気エネルギーの一部を熱に変換できるが，吸収量には限りがある．

(3) コモンモード・チョークは磁界に対して働くが，電界に対しては無力である．

(4) 意図しない(少ない量の)コモンモード電流の対策には有効である．

最近，同軸ケーブルの先端に集中定数素子のLC共振器を付けた構造の「1/100λサイズの超小型アンテナ」が話題になりました．LC共振部をアンテナと考えれば，その寸法は波長の1/100以下だという主張です．

しかし，それらは**図5-69(b)**や**図5-69(c)**の構造なので，そこから放射はほとんどありません．それでも何とか通信できるのは，同軸ケーブルの外導体外側や近くにある波長程度の導体，大地などにも誘導電流が流れてアンテナとして働いているからだと考えられます．

一方，このしくみに抗して，**図5-70**のようにコモンモード・チョークを付ければ同軸ケーブルからの放射はあり得ないという主張もあると聞きます．しかし，コモンモード・チョークが吸血鬼のように根こそぎコモンモード電流を吸い取ると考えるのは早計で，熱変換できなかったぶんの電磁エネルギーは放射に寄与していると考えたほうが無難でしょう．

コモンモード電流を測ろう

給電のための同軸ケーブルは含まず，放射に寄与している部分だけがアンテナの資格があるならば(これが一般的な定義ですが)，残念ながら「1/100λ超小型アンテナ」はアンテナではありません．つまり同軸ケーブルをエレメントの一部にしないと，強い電波は放射されそうにないのです．これを確かめるのは簡単で，波長に比べて極めて短いケーブルで電池駆動して測定すればよいのです(N1GX Adam MacDonaldは，大草原でこの測定に成功している[*10])．

写真5-18　JE1SPY 芦川OM製作の1/100λアンテナ
(7MHz用の試作品)

写真5-18は，JE1SPY 芦川栄晃OM製作のアンテナで，ペットボトルにアルミホイルを巻き付けた容量Cと，その下部にコイルLがあってLC共振する集中定数回路です．7MHz用の試作品をいただいたので，筆者もベランダで測定してみました．

JF1DMQ 山村英穂OM設計のRF電流計(**写真5-7**)を使って，12.5m長の同軸ケーブルの外導体外側に流れるコモンモード電流を測定してみます．

CW(100W)で送信したときに，トランシーバのコネクタ付近では0.19A，またアンテナの先端から約7mの位置では0.3Aが観測されました．これらの値から，本体付近では，おそらく0.5A以上の電流が観測されると思われます．

½λダイポール・アンテナのエレメントは，給電点付近が1A以上になる計算ですが，放射効率を考慮すると，0.3Aというコモンモード電流は，同軸ケーブルが放射エレメントとして働いていると判断するのに十分な値といえそうです．

このようなアンテナ・システムに1kW(!)も給電するのは危険を伴うので，ベランダ設置では，電波防護指針の重要性が増してくるでしょう．

「同軸ケーブル・アンテナ君」の言いぶん

「同軸ケーブル・アンテナ」といえば，一般にはダブ

Chapter 5

*10　Adam MacDonald, N1GX:TEST REPORT INVESTIGATION OF THE FAR-FIELD RADIATION GAINPATTERN OF THE 20-METER BACKPACKER EH ANTENNA, 23 March 2003. TEST REPORTCONTINUED INVESTIGATION OF THE FAR-FIELD RADIATION GAIN PATTERN OF THE 20-METER BACKPACKER EH ANTENNA, 30 March 2003.

ル・バズーカ・アンテナ*11のように，同軸ケーブルをワイヤ・エレメントの一部として使うタイプです．

しかし本節では，同軸ケーブルの外導体外側に流れるコモンモード電流により，意図しないアンテナができてしまうというケースを調べてきました．ここで，その張本人の同軸ケーブル・アンテナ君の声(hi)に耳を傾けてみましょう．

「ぼくらを仲間はずれにする前に，一度あなたの給電線をチェックしてみたら？」

「八木アンテナの給電線だって，外導体外側に少しはコモンモード電流が流れているよ」

「バランやCMC(コモンモード・チョーク)を使っていないの？」

……「なんだ，結局ぼくらの仲間じゃないか！」云々(うんぬん)．

彼らの言うことには一理あります．つまり給電線のコモンモード電流を意図的にアンテナにする彼らの裏ワザ(？)より，そのしくみに気づかずコモンモード電流を流しているほうがよほど罪深い(hi)と言いたげなのです．

給電線は含まず，放射に寄与している部分だけアンテナの資格があるわけですが，ハムのアンテナは結果オーライだという主張も傾聴に値します．しかし，コモンモード電流の役目を知ってしまったからには，それをいかにうまく操るかに，ハムの腕前が問われているとも言えそうです．

5-6 コンパクト・アンテナの広帯域化

第4章で述べたボウタイ(蝶ネクタイ)・アンテナは，進行波アンテナのバイコニカル・アンテナが起源なので，その広帯域の性質を引きずっています．しかし，最小の寸法では「幅広エレメント」のダイポール・アンテナ動作なので，これは共振現象を利用するやや狭帯域のアンテナです．

一般的に，小型化すると狭帯域になる傾向が見られますが，それをカバーするよいアイデアはないものでしょうか？

太径エレメントによる広帯域化

ダイポール・アンテナのエレメントは，径を太くすると広帯域になります．一方，エレメントが髪の毛のように細ければ，表面に流れる電流路は唯一その長さだけで共振するので，狭帯域になると考えられます．

また，径が異なれば電流路の長さもわずかに異なるので，共振周波数は計算値から多少ずれることになり，微調整が必要です．

図5-71のように，エレメントをかごのような構造にして太径と同じ効果を期待したケージ・ダイポール・アンテナがあります．かご状のエレメントは何本かのワイヤで構成されていますが，すべての接続点は導通しており，電流路が最短から最長まで何通りもあるので，広い帯域で共振できます．

また，**写真5-19**は，920MHz帯のRFIDタグの小型アンテナです．こちらもケージ・ダイポールのエレメントを押しつぶして2次元(平面)にした構造です．

これらのアンテナは，エレメントの途中でワイヤが何か所かショートされていますが，どのような効果があるのでしょうか？

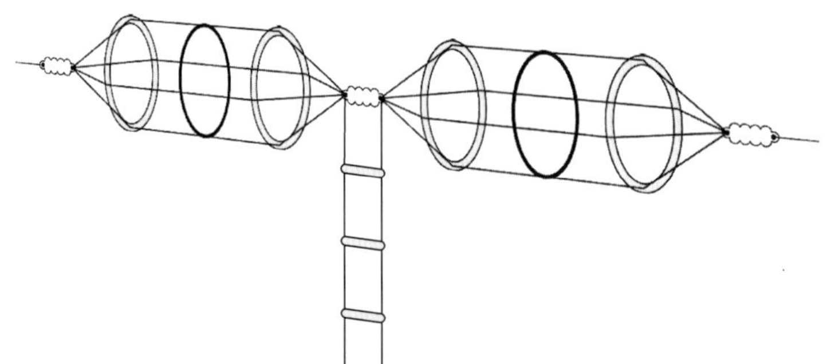

図5-71
かご状のエレメントを持つケージ・ダイポール・アンテナ
途中で各ワイヤがショートされている

*11　ダブル・バズーカ・アンテナは，¼波長の同軸スタブが2本直列になっているダイポール・アンテナとして説明される．ここでスタブとは，インピーダンス整合のために付ける短い線路で，オープン(開放)スタブとショート(短絡)スタブがある．ダブルバズーカは，後者の先端にヒゲを付けた構造として製作される(小暮裕明，小暮芳江：小型アンテナの設計と運用，第4章，2009年，誠文堂新光社)．

写真5-19
920MHz帯のRFIDタグの小型アンテナ
(旧MATRICS社製)

写真5-20　広帯域の特性を狙った地デジ受信用ダイポール・アンテナ

それは，ショートされない場合，給電点を含まないループ状の電流路ができてしまい，結果として給電点の電流が極めて弱くなる周波数が現れるからです．このとき給電点のインピーダンス(電圧/電流)はひじょうに高くなり，これは並列共振(反共振)のモードで，50Ωの同軸ケーブルに対して整合が取れなくなります．

写真5-20は，筆者らが作った地デジの受信アンテナです．ネットワーク・アナライザで測定した結果，地デジの470～770MHzをほぼカバーしていることがわかりました．短いエレメントの両端に餅焼き網を付けたVHF/UHF帯のアンテナを自作したというOMの報告もありますが，これなども**写真5-20**と同じように「あみだくじ(hi)」のような多くの電流路ができるので，広帯域の特性が期待できます．

受信専用の広帯域アンテナMini-Whip

写真5-21のMini-Whip(PAØRDT開発)は，受信専用ですがユニークなアンテナです．

内部には，**図5-72**に示すようなプリント基板にパターンを描いたアンテナ(プローブ)があり，この寸法で135kHz帯(波長約2200m)が受信できるのであれば，1/100λアンテナどころの騒ぎではありません．いったい，どうなっているのでしょうか？

図5-73(p.108)は，**図5-72**のプローブをSonnetで電磁界シミュレーションした結果で，136kHzの入力インピーダンスのグラフです．

電磁界シミュレーションの結果は解析空間の大きさによってわずかに異なりますが，136kHzにおけるインピーダンスはひじょうに高くなりました．リアクタンスは$-jX=-362\text{k}\Omega$で，これは136kHzでは，$1/(2\pi\times136\times10^3\times362\times10^3)=3.2\text{pF}$ですから，動作状態では**図5-74**(p.108)に示すような容量として考えられます．

写真5-21の右側の箱にはプリアンプの回路が入っています．これはプローブに接続される高入力インピーダンスのプリアンプで，**図5-74**に示すように，Mini-Whipはプローブと大地の間に分布する電界(電位の勾配)を検出しています．

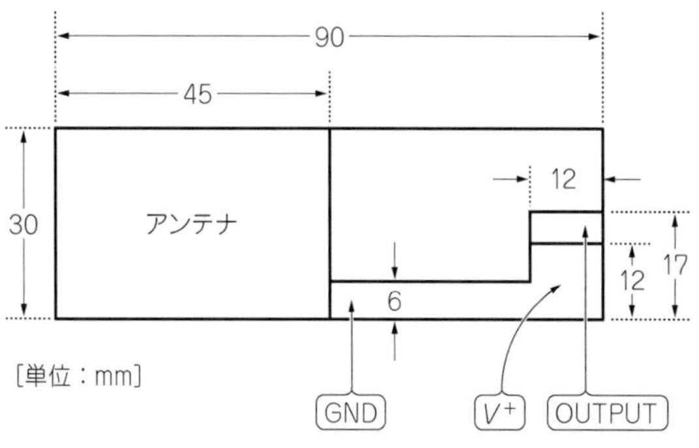

図5-72　プリント基板にパターンを描いたアンテナ(プローブ)の寸法
http://www.radiopassioni.it/pdf/pa0rdt-Mini-Whip.PDF

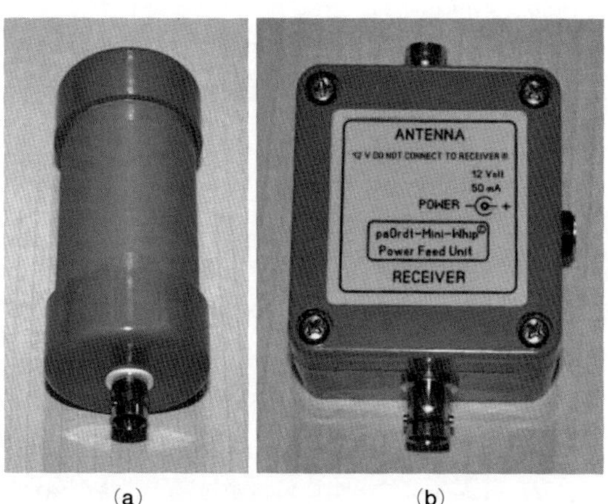

写真5-21　PAØRDT開発のMini-Whip
http://icas.to/lineup/mini-whip.htm

Chapter 5

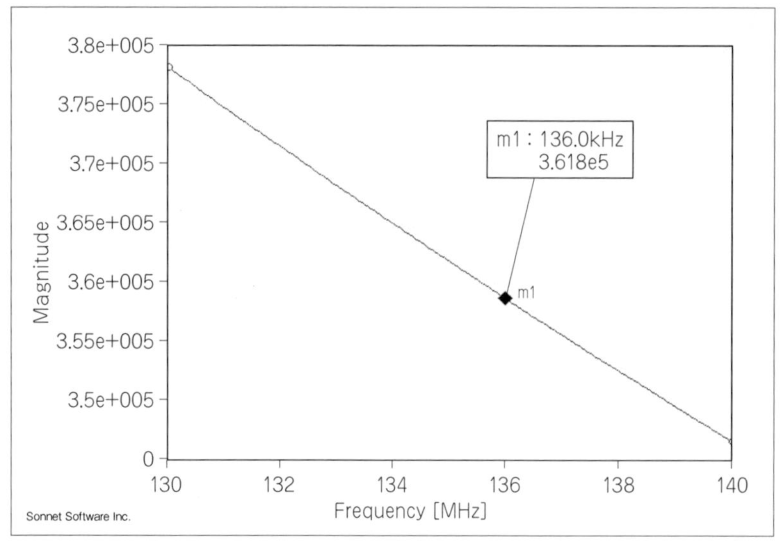

図5-73
Mini-Whipのプリント基板アンテナのインピーダンス
(Sonnetを使用)

同軸ケーブルの外導体は，地面付近で接地されていますが，動作のしくみから考えると，Mini-Whipは良好なアースがポイントのようです．**写真5-19**の製品を販売しているアイキャスエンタープライズ社でも，アースの重要性を強調されています(**http://www.icas.to/**)．

このアンテナは，プリアンプを用いたアクティブ・アンテナです．プローブが共振しているわけではないので広帯域の特性ですが，もちろん送信には使えません．同軸ケーブルの外導体は，ここでも十分役に立っているわけですが，これを同軸ケーブル・アンテナの仲間に入れることには，異論があるかもしれません．

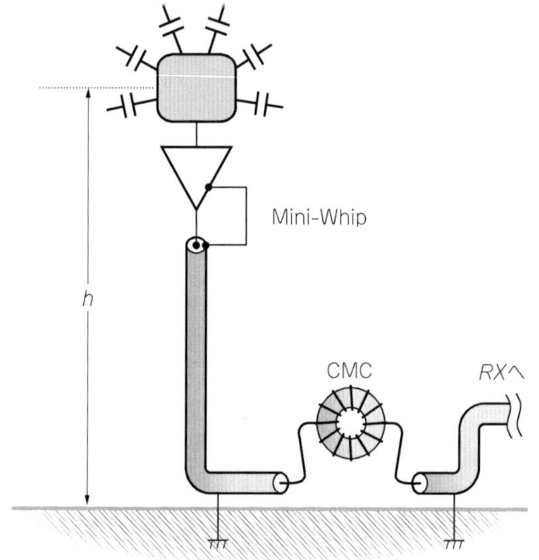

図5-74　Mini-Whipの動作概要と接続
JF1DMQ 山村英穂；136kHzアンテナの考察 連載17，pp.113～121，CQ ham radio2012年11月号より引用

抵抗入り広帯域アンテナや送信もできるBBアンテナ

特性インピーダンス50Ωの同軸ケーブル先端に付ける50Ωの純抵抗は，ダミーロードと呼ばれています(前節)．もちろんこのままではアンテナとして機能しませんが，その先に短い導線を付けると広帯域で受信が可能になり，ピッグテール(豚のしっぽ)・アンテナとも呼ばれています．

これはMini-Whipのしくみとは異なりますが，例えば簡単な電界強度計の受信アンテナは，広帯域で測定するために，51Ωの抵抗で終端した先に短いロッド・アンテナを付けているようです．確かに広帯域に渡って$SWR=1$ですが，これで送信すれば抵抗を温めるだけで，ほとんど放射はありません．

一方，市販品には，垂直に設置するBroadband HF Verticalや水平設置のBBアンテナなどがあり，しくみは異なります．これらはマグネチック・ロング・ワイヤ・バラン(MLB)の技術を応用したもので，抵抗器は使われていません．

短波の受信用アンテナ端子に使われているインピーダンス変換トランスとしてのMLBに短いエレメントを付けて，送信もできるようにした製品ですが，リグへ戻る反射波は少ないものの，バランでのロスはやや大きく，*SWR*は良好でも放射量は限られます．

市販品のしくみは複雑なようで，JJ1GRK 高木誠利OMによる解剖(hi)と，OMオリジナルの意欲的な実験結果も発表されています(ブロードバンド・アンテナを作ろう，実用アンテナ製作スタイルブック HF編，pp.106～127，2012年，CQ出版社)．

同軸ケーブルの基本

同軸ケーブルの損失

同軸ケーブル内の電界と磁界の分布(**図5-75**)は，芯線(内導体)の直径や外皮(外導体)の径，互いの間隔，誘電体材料などによって変化します．50Ω同軸ケーブルは，細いものから太いものまでありますが，どれも電界と磁界の比が50Ωになるように，寸法が調整されているというわけですね．

そのとおり．同軸ケーブルには，これら以外に100Ωの製品などもある．また，内導体を支える絶縁体(誘電体)も，ポリエチレンや発泡ポリエチレンなど，材料の違いによって波長短縮率が異なる．

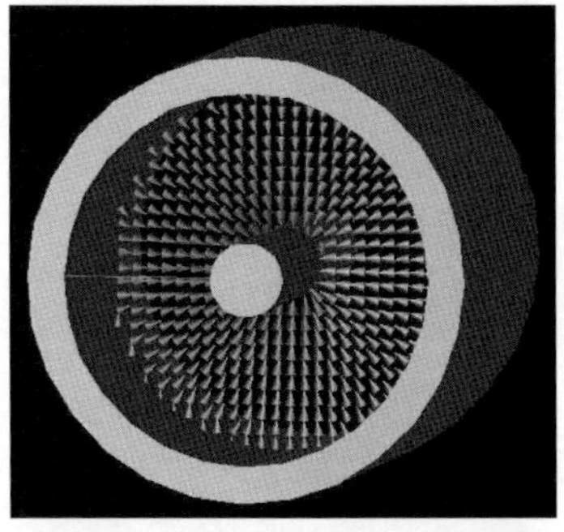
(a)電界ベクトル

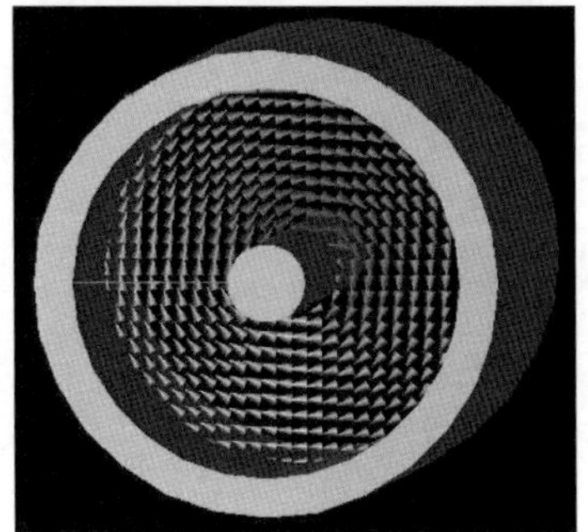
(b)磁界ベクトル

図5-75　同軸ケーブル内断面

私は，シャックからアンテナまで約30m長の5D-2Vケーブルで給電していますが，損失の大きさが気になります．

メーカーは損失のデータを公表している．**表5-2**は，kmあたりの減衰量標準値をdBで表している．

このデータによれば，周波数が高いほど損失が大きいです．

例えばマイクロストリップ線路の導体損失は，$\sqrt{f}$（周波数の平方根）に比例して大きくなるといわれている．また，ポリエチレンなどの誘電体損失も，周波数が高くなるに連れて大きくなる性質がある．**表5-2**によれば，例えば5D-2Vの30MHzの減衰量標準値は46dB/kmだから，30m(＝0.03km)では1.38dB減衰する．

これは，電力では$10^{(-1.38/10)}$≒0.73倍だから，10Wで送信するとアンテナには7.3Wしか届かないということですね．しかし10D-2Vを使えば24dB/kmだから，30m長では－0.72dB≒0.85倍で済みます．10MHzでは0.91倍ですから，低い周波数ほど同軸ケーブルの損失は低い．しかし5D-2Vは200MHzでは0.42倍ですから，VHFやUHFでは低損失のケーブルを短く使いたいですね．

表5-2　同軸ケーブル5D-2Vの特性値
オヤイデ電気の資料より抜粋

品　名	標準減衰量[dB/km]※				
	1MHz	10MHz	30MHz	200MHz	4000MHz
5D-2V	7.3	26	46	125	760
8D-2V	4.8	17	30	85	600
10D-2V	3.6	14	24	65	490

同軸ケーブルとノイズの関係

アルミ同軸にすると受信のノイズが減ると聞きましたが，なぜでしょうか．

それは外導体にアルミ箔が巻かれているFBタイプ（表5-3）のことかな？　電気的な特長として，次の点が強調されている．

① 絶縁体に発泡ポリエチレンを使用しているため低損失．
② 広帯域にわたり定在波比が小さい．
③ 外部導体にアルミ箔貼付プラスチックテープ・編組を使用しているため，可撓（かとう）性に優れ，遮蔽（しゃへい）特性が良好．

表5-3　FBタイプ同軸ケーブルの特性値
フジクラの資料より抜粋

品名	標準減衰量［dB/km］※			
	100MHz	200MHz	400MHz	900MHz
5D-FB	62	90	130	200
8D-FB	40	58	86	130
10D-FB	33	48	70	110
12D-FB	28	38	54	93

※ 減衰量の最大値は標準値の115%以下（20℃）

発泡ポリエチレンは，気泡のぶんだけ損失が少ない（①）．誘電率も低くなるので，波長短縮効果も低下します．曲げにも強く（③）周波数特性が安定している（②）ということですね．

外導体が2層構造なので，遮蔽特性が良好（③）であれば，ケーブル単体の性能としては申し分ない．しかし，同軸ケーブルが拾うノイズは，主に外導体外側に誘導されるコモンモード電流が原因だ．ダイポール・アンテナに同軸ケーブルを直付けすると，図5-76に示すように接続点で外導体の外側に回り込む電流I_2が発生する．

なるほど，同軸ケーブルの外導体が周辺のノイズを受信する良好なアンテナになってしまえば，シールド効果は薄れますね．ところで図5-76はI_1とI_2という逆向きの電流が同じ外導体に流れていますが……．

直流ではあり得ないね．電流は周波数が高くなるほど導体表面に集まり，これを表皮効果と呼んでいる．だから内側と外側に逆向きの電流が流れることがあるが，そもそも同軸ケーブルは$I_2=0$で使いたい．

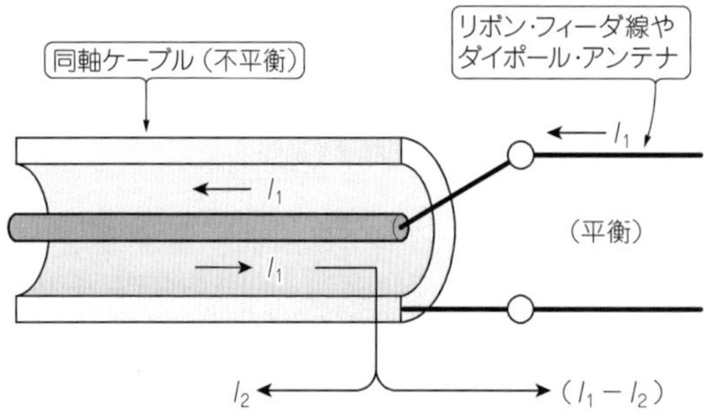

図5-76　同軸ケーブルとリボン・フィーダ線やダイポール・アンテナの直結によって，コモンモード電流I_2が発生する

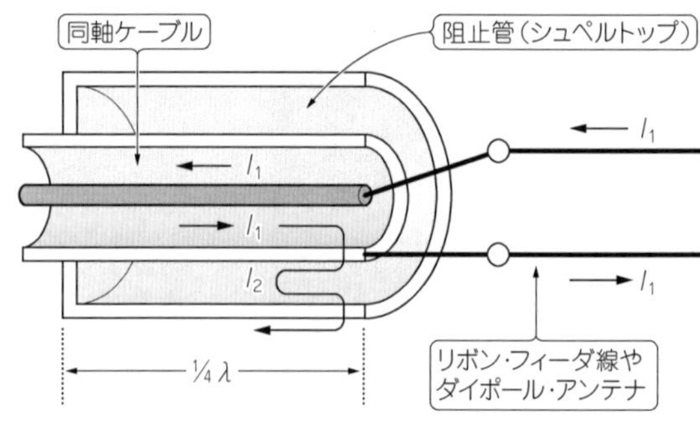

図5-77　シュペルトップ・バランの構造

写真5-22　外導体の網線で阻止管を作る

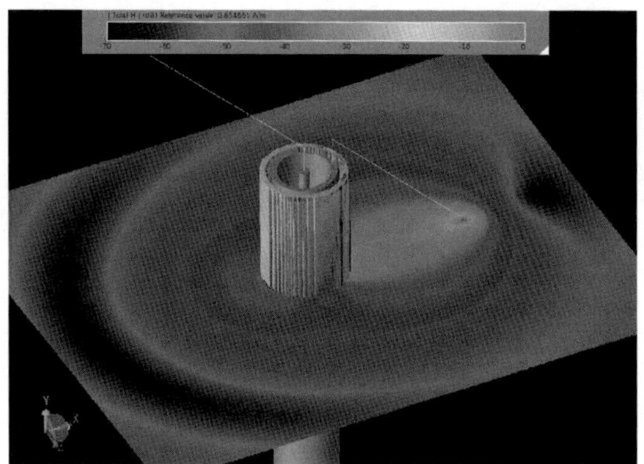
図5-78　アンテナを45°傾けた阻止管の表面電流分布
水平面の表示は阻止管中央の磁界強度分布で，各表示レベルは調整している

シュペルトップ・バランのしくみ

先端を短絡した¼波長線路の入力インピーダンスは，電流の節と電圧の腹なので極めて高くなる．**図5-77**のシュペルトップ・バランまたはスリーブ・バランは，接続点で阻止管と電気的に絶縁したのと同じ状態になり，リボン・フィーダ線やダイポール・アンテナに平衡電流が流れるようになる．

写真5-22のように外導体の網線を覆う場合，同軸ケーブルの短縮率（例えば5D-2Vは約67%）で電気長¼λを決めるのですか？

図5-76のように阻止管がシース（さや）から離れていれば95%程度でよいという報告がある[*12]．しかし密着すればシースが影響して短縮率は変動するだろうね．

シース（PVC：ポリ塩化ビニル）の比誘電率は3くらいなので，波長短縮率は$1/\sqrt{3}$＝0.577≒58%です．

その式は，**図5-75**(**a**)のように，電界が完全に誘電体内にある場合に限って使える．シースの実効的な比誘電率が絶縁体（PE：ポリエチレン）の2.2に近ければ，波長短縮率は$1/\sqrt{2.2}$＝0.674≒67%だが，これは網線の密着度でたやすく変動するから，正確な電気長を得るのは難しい[*13]．また，アンテナの中心に対称にしないと阻止管の外側に電流が流れてしまうだろう（**図5-78**）．

ところで，同軸ケーブルの引き回ししだいでは*VSWR*が下がり，FBだと聞きましたが……．

いや，それは外導体の外側にコモンモード電流が流れている「動かぬ証拠（hi）」だ．

やはりそうですか．残念ですが，ベランダの手すりで確認してみます．

Chapter 5

*12　THE ARRL ANTENNA BOOK, 17th EDITION, pp. 26-9～26-10, 1994, ARRL.
*13　網線と外導体をはんだ付けする前に小さいループ線を付けると，ディップメータで共振周波数を測ることができる．

Chapter 6章

アンテナ・システムの測定法

最近よく見かけるFeliCaなどの非接触ICカードは，13.56MHzで共振する小型のマグネチック・ループ・アンテナが使われています．また，バーコードの代わりに普及している920MHzのRFIDタグは，コンパクト・ダイポール・アンテナが主流です．いずれも高周波ICにアンテナが直付けされているので，給電線路はありません．しかし，一般にアマチュア無線用のアンテナは同軸ケーブルで給電されるので，両者を含むアンテナ・システムとしての測定方法を知る必要があります．給電線路の長さを調整して*VSWR*を下げるというノウハウ(?)をご披露されるOMの報告がありますが，正しい方法なのでしょうか？

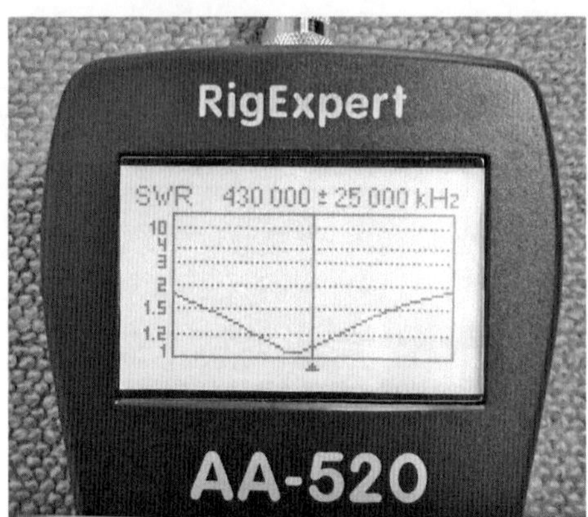

***VSWR*のグラフ表示機能は便利．スミスチャートを表示できる機種もある**
筆者が愛用しているアンテナ・アナライザ，リグエキスパート AA-520（**http://ja1scw.jp/shop/**）

6-1 給電線路の基本

アマチュア無線のアンテナ給電に用いられる線路は，同軸ケーブルが一般的です．筆者が中学生だった1960年代，トリオ（現 JVC KENWOOD）製送信機TX-88Aのアンテナ端子は，平衡回路につながっていたので，平行2線路（はしごフィーダ）を接続していました．当時，ダイポール・アンテナは，はしごフィーダで給電するものだと思い込んでいたのです．

その後，SSB機のFL-50B（八重洲無線 製）が1969年に発売され，アンテナ端子に不平衡用のM型コネクタを採用したため，このころからアンテナには同軸ケーブルを使って給電するようになりました．

さまざまな給電線路

表6-1に，アマチュア無線で使われる給電線路をまとめています．電界（電気力線）は実線，磁界（磁力線）は点線で表しています．また伝搬モードとは，伝送線路の形状によって決まる境界条件[*1]のもとでマクスウェルの方程式を解くことで得られます．

交流理論や数値解析[*2]では正弦波を扱いますが，同軸線路や導波管内では，正弦波で表される複数の独立な伝搬解が得られ，これらをモード番号の添え字を付けて表します．

表6-1のm，nはモード番号で，0から始まる整数です．また，同軸線路と導波管は代表的なモードを示しています．同軸線路は基本のモードであるTEMモード[*3]で使います．

マイクロ波やミリ波で使われる導波管では，モード番号が増えるに連れて電磁界分布のパターンはより複雑になります．電界ベクトルと磁界ベクトルは，空間のどの位置でも直交していることに注意してください．

給電線路の特性インピーダンスとは

平行2線路や同軸線路のようなTEMモードの場合，電磁界シミュレータで得られた電界Eと磁界Hの大きさから，その線路の特性インピーダンスがわかります．

TEM波伝送路では，**図6-1**のような分布定数回

*1 境界条件は，2種類の媒質の境界面において電界と磁界に課する条件．
*2 数値解析とは，数値を直接用いて近似的に解く解析手法のことで，機械系で用いられる有限要素法(FEM)や境界要素法(BEM)は，電磁界シミュレーションの手法としても発展している．
*3 TEM(Transverse Electromagnetic)モードは，電界も磁界もその進行方向と直交する成分しか持たないような振動のモードをいう．

表6-1　アマチュア無線で使われる給電線路

名　称	伝搬モード	電磁界分布（実線：電界，点線：磁界）
平行2線路（レッヘル線）	TEMモード	
マイクロ・ストリップ線路	準TEMモード	
自由空間（平面波）	TEM波	進行方向 ⟶
同軸線路	TEM, TE_{mn}, TM_{mn}	TEM　TE_{11} など
導波管	TE_{mn}, TM_{mn}	TE_{10}　TM_{01} など

路表現により，線間の電圧Vと線路を流れる電流Iから，特性インピーダンスは次の式で表されます．

$$Z_0 = \sqrt{\frac{R + j\omega L}{G + j\omega C}} \quad \cdots\cdots (1)$$

ここでR，L，G，Cは単位長さ（1メートル）あたりの値を示しており，これらは**図6-1**では空間に分離されているような表現ですが，実際には線路に沿って広く分布していると考えられます．

線路に損失がない場合は，RとGをゼロとすれば，式(1)は次のようになります．

$$Z_0 = \sqrt{\frac{j\omega L}{j\omega C}} = \sqrt{\frac{L}{C}} \quad \cdots\cdots (2)$$

式(2)は実数になるので，これを特性抵抗と呼ぶことがあります．

マイクロ・ストリップ線路の特性インピーダンス

TEM波伝送路の特性インピーダンスは，**図6-1**の分布定数回路で得られる電圧Vと電流Iの比で定義されます．**表6-1**のマイクロ・ストリップ線路は，基板の誘電体内に分布する電磁界と空間に分布する

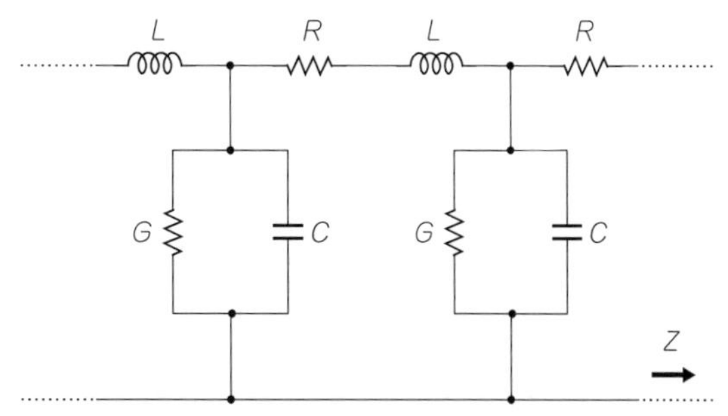

図6-1　TEM波伝送路の分布定数回路表現

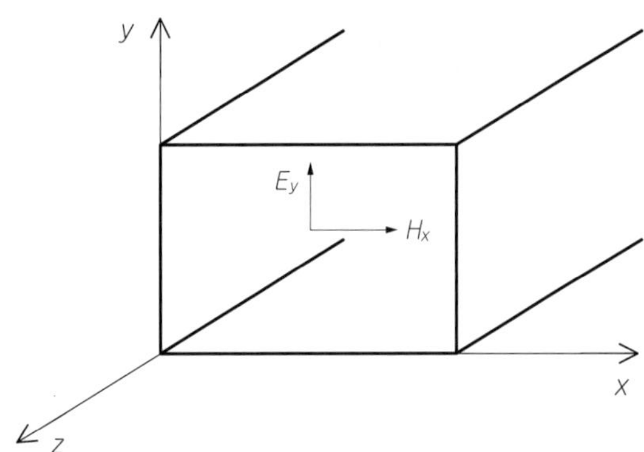

図6-2　導波管内の電磁波の進行方向と直交する面内の電界ベクトルと磁界ベクトル

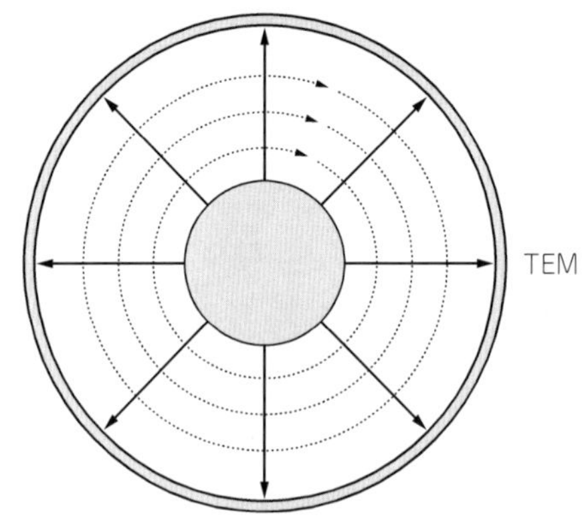

図6-3　同軸ケーブルの断面図
実線は電界ベクトル，点線は磁界ベクトルを表す

電磁界の速度が異なります．

このため，電界と磁界は進行方向に直交しない成分を持つので，厳密にはTEMに準ずるモードです．そこで，特性インピーダンスを求める式は，例えば次のように複雑になります．

$$Z_0=30\,l_n\left[1+\frac{4h}{W_0}\left\{\frac{8h}{W_0}+\sqrt{\left(\frac{8h}{W_0}\right)^2+\pi^2}\right\}\right] \quad \cdots\cdots (3)$$

※ここで，hは誘電体厚，W_0は線幅（線厚ゼロの等価幅）

また，式(3)以外にもいくつか異なる式が提案されていますが，いずれも近似式です．

導波管の特性インピーダンス

導波管は，一体になった中空の金属なので，電圧の定義が困難です．そこで，**図6-2**に示すように，電磁波の進行方向に垂直な面内の電界と磁界の比で定義し，これを波動インピーダンス（特性界インピーダンスともいう）と呼んでいます．

方形導波管のTE_{10}モードの場合は次の式で得られます．式に波長λがあることから，TEMモードとは異なり，周波数に応じて値が異なる周波数依存性があります．

$$Z_0=\frac{120\pi}{\sqrt{1-\left(\frac{\lambda}{2a}\right)^2}} \quad \cdots\cdots (4)$$

同軸ケーブルの特性インピーダンス

図6-3は，同軸線路（同軸ケーブル）の断面図で，実線が電界ベクトル（電気力線），点線が磁界ベクトル（磁力線）を表しています．

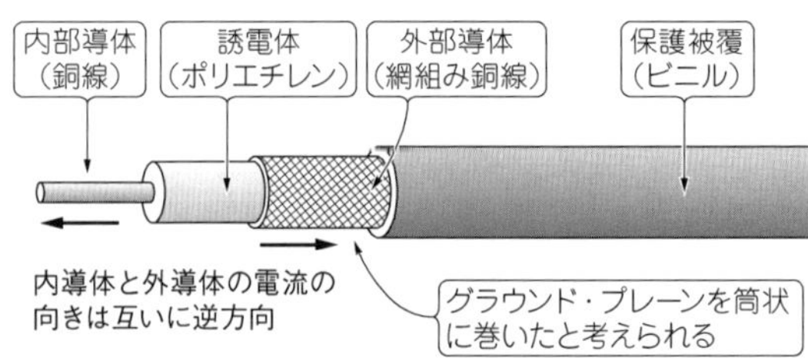

図6-4　一般的な同軸ケーブルの構造図

TEMモードでは，**図6-3**のように，電界ベクトルと磁界ベクトルは進行方向に垂直な断面上にあり，特性インピーダンスを求める式は次のようになります．

$$Z_0=\frac{1}{2\pi}\sqrt{\frac{\mu}{\varepsilon}}\,l_n\left(\frac{b}{a}\right) \quad \cdots\cdots (5)$$

※ここで，aは内導体径，bは外導体径

図6-4は，一般的な同軸ケーブルの構造図で，内導体と外導体を絶縁する誘電体は，ポリエチレンなどが使われています．

内導体径がa，外導体径がbの無損失導体の中空パイプ状の同軸線路を考えると，単位長さあたりのC（キャパシタンス）とL（インダクタンス）は次の式で求められます．

$$C_0=\frac{2\pi\varepsilon_0}{l_n\left(\frac{b}{a}\right)} \quad \cdots\cdots (6)$$

$$L_0=\frac{\mu_0}{2\pi}l_n\left(\frac{b}{a}\right) \quad \cdots\cdots (7)$$

式(6)と式(7)を，無損失線路の特性インピーダンス$Z_0=\sqrt{L/C}$に代入して得られるZ_0は，式(5)のμをμ_0に，εをε_0にしたものになります．

表6-2　代表的な同軸ケーブルの諸元

	[Ω]	内導体径	誘電体径	外　径	波長短縮率	備　考
1.5D-2V	50	7/0.18*	1.6	2.9	0.67	*0.18mm 7本より
3D-2V	50	7/0.32*	3.0	5.7	0.67	*0.32mm 7本より
5D-2V	50	1.4	4.8	7.5	0.67	
5D-FB	50	1.8	5.0	7.6	0.80	誘電体は発泡PE
5C-2V	75	0.8	5.0	7.5	0.67	
RG-58U	53.5	0.81	3.0	5.0	0.67	

［寸法の単位：mm］

同軸ケーブルの波長短縮効果

同軸ケーブルは，電磁波が誘電体内を伝わるため，誘電体による波長短縮の影響を受けます（第5章 Q&Aコーナー）．

アンテナの入力インピーダンスの測定で½波長の同軸ケーブルを使うことがありますが，例えば誘電体のPE（ポリエチレン）の比誘電率が2.2の場合，波長短縮率は$1/\sqrt{2.2}=0.67$なので，自由空間での波長の長さの67%に短く切って使います．

表6-2は，代表的な同軸ケーブルの波長短縮率などを表しています．

6-2　スミスチャート入門

パソコンがない時代，アンテナの整合回路は紙のスミスチャート上で設計しましたが，今ではプログラムがスミスチャートを表示してくれます．それどころか，ハンディなアンテナ・アナライザの画面にスミスチャートが現れる時代になりました．

しかし，スミスチャートの見方くらいは知らないと，せっかくの高性能測定器も，宝の持ち腐れに終わってしまうでしょう．

VSWRとは？

給電線路先端に任意の値の負荷がついている場合は，距離sの変化とともに**図6-5**に示すような定在波が立ち，sが$\frac{1}{2}\lambda$の周期で変化します．定在波の変化は反射係数の変化によるものなので，反射の大きさは定在波の出来方でわかります．

また，反射の大きさはインピーダンスによって決まるので，定在波の出来方がわかればインピーダンスもわかります．

定在波は，定在波測定器で定在波電圧の最大値$|V(s)|_{max}$と最小値$|V(s)|_{min}$で調べられるので，最大値と最小値の比を電圧定在波比（$VSWR$：Voltage Standing Wave Ratio）と呼んでいます．

スミスチャートとは？

スミスチャートは，フィリップ・スミスにより発明され，インピーダンスやアドミタンスの値を反射係数平面に座標変換して，その取り扱いを簡単にする図です．

グラフ用紙のような紙に印刷されたものが市販されていますが，最近はスミスチャートを描くプログラムがWebからダウンロードできます．ですが一度は紙のチャートの上で線を追いかけてみると，給電線路（伝送線路）の理解が深まります．

スミスチャートの目盛

p.116の**図6-6**は，(**a**)抵抗が一定の円群と，(**b**)リアクタンスが一定の円群です．スミスチャートは，両方の円群を一つのΓ平面（反射係数平面）に重ね

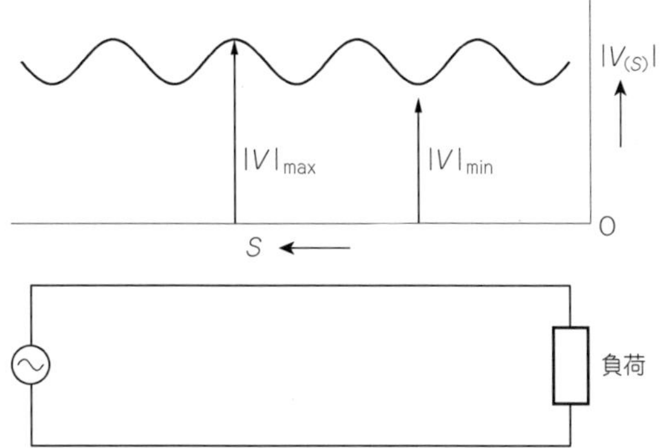

図6-5　電圧定在波の絶対値の変化

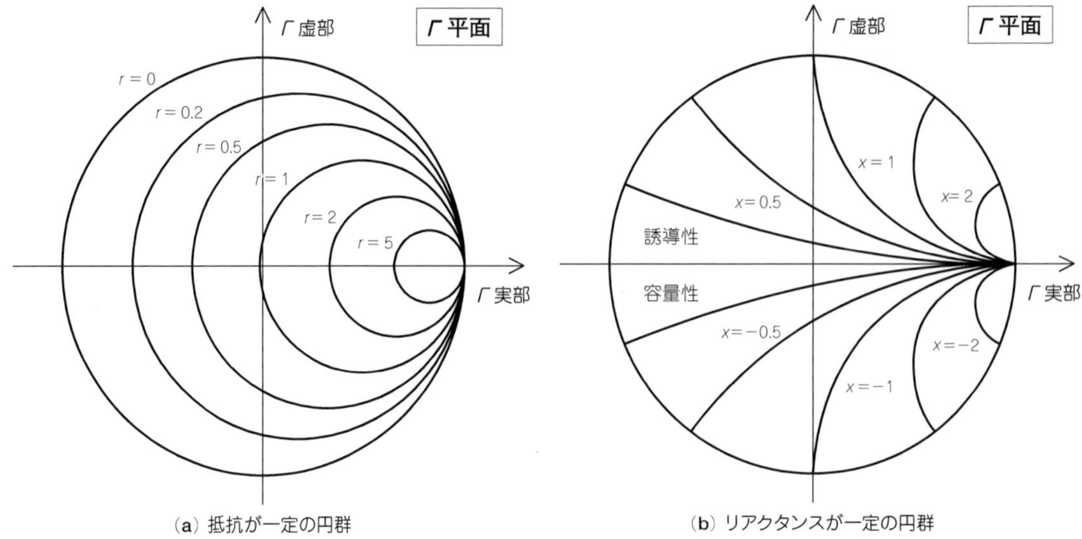

図6-6　スミスチャートの円群

て描いています．図中の目盛にある数字は，正規化抵抗と正規化リアクタンスの数字で，図6-6では代表的な値を示しています．

スミスチャートの横軸上にある数字は正規化抵抗の値，また，リアクタンス曲線の端にある数値は正規化リアクタンスの値です．

例えば，$r = 1$の定抵抗円と$x = 2$の定リアクタンス円の交わる点は，$1 + j2$を示しますが，50 Ωで正規化された値なので，インピーダンスは$50 + j100$ [Ω] ということになります．

スミスチャートの外周には等間隔目盛があり，これは波数を示しており，0から右回りと左回りに1周しています．ここで波数とは，線路上の距離sを波長λで割ったものです．

入力インピーダンスの座標変換

図6-7の左は，インピーダンスを複素数平面上にプロットするインピーダンス平面です．また図6-7の右は，反射係数を複素数平面上にプロットする反射係数平面です．

反射係数ΓとインピーダンスZには次の関係があります．

$$\Gamma = \frac{Z-1}{Z+1} \quad \cdots\cdots (8)$$

そこで，反射係数平面は，式(8)によってインピーダンスのプロットを写像したものと考えられます．

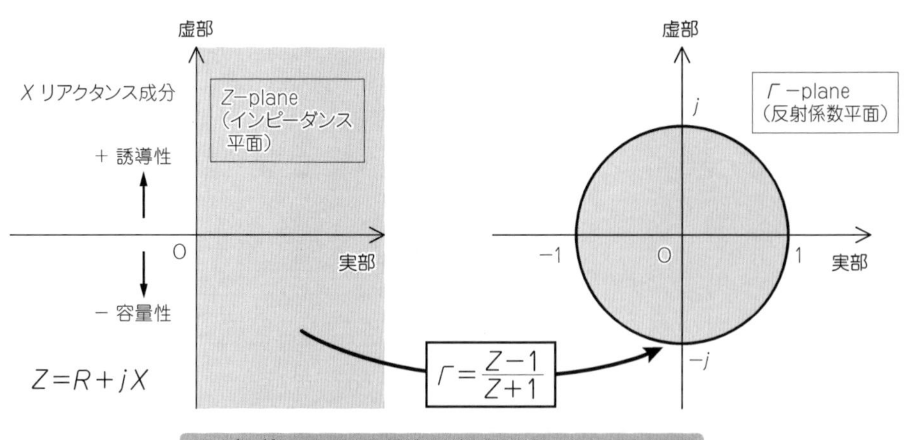

図6-7　インピーダンスのプロットを反射係数平面へ写像する

6-3 インピーダンスの測定

プロ用のアンテナを設計・開発する部署では，高価なネットワーク・アナライザ(次項)という測定器を使います．

一方，アンテナを自作するアマチュア無線家は，個人でも購入できるアンテナ・アナライザやインピーダンス・アナライザという測定器で，さまざまな種類のアンテナ工作を楽しんでいます．

アンテナ・アナライザ

写真6-1～写真6-3は，アンテナ・アナライザやインピーダンス・アナライザの例です．ダイヤルやメータを読むアナログ方式から，最近はプロ用測定器の精度に迫るデジタル表示方式も普及しています．

インピーダンス・アナライザは，基本的にアンテナの入力インピーダンスを測定するもので，アナログ・メータ式やデジタル表示式があります．インピーダンスは，実数部(レジスタンス)と虚数部(リアクタンス)を個別に測れるとFBですが，絶対値だけ得られるタイプもあります．

また，アンテナ・アナライザと称しているものの中には，スミスチャートを表示できる機種もあり，慣れてくると直感的に共振の良し悪しがわかるようになるでしょう．

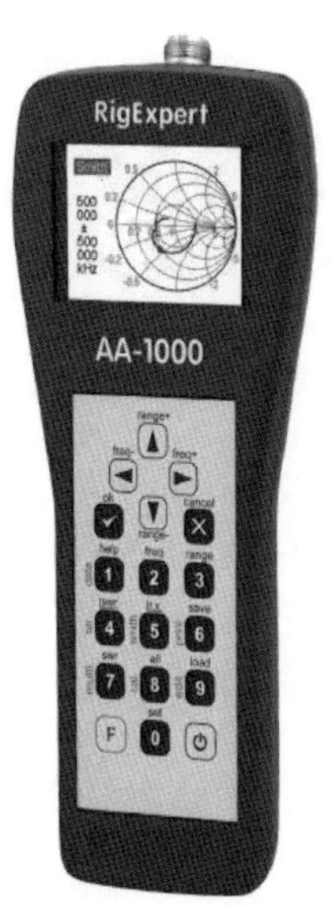

写真6-1　アンテナ・アナライザやインピーダンス・アナライザ
左：Rig Expert AA-1000(**http://ja1scw.jp/shop/**)
右：スタンディング・ウェーブ・アナライザ　コメットCAA-500(**http://www.comet-ant.co.jp/products/power/**)

パーソナルなVNA

写真6-4は，DG8SAQ Tom Baierによって設計された，パーソナルなネットワーク・アナライザ(次項)です．当初は製作キットとして発売されましたが，現在は完成品が販売されています．測定データはUSB経由で取り込み，パソコンの画面にS_{11}，S_{12}，S_{21}，S_{22}[*4]，$VSWR$，スミスチャートを表示させます．

データ・フォーマットは，業界標準のTouchstone

写真6-2　AntennaSmith TZ-900(TIMEWAVE TECHNOLOGY INC.)

写真6-3　RF1 RF ANALYST(Autek Research)

写真6-4　パーソナルなネットワーク・アナライザ VNWA3E
取り扱い：アイキャスエンタープライズ(**http://icas.to/**)

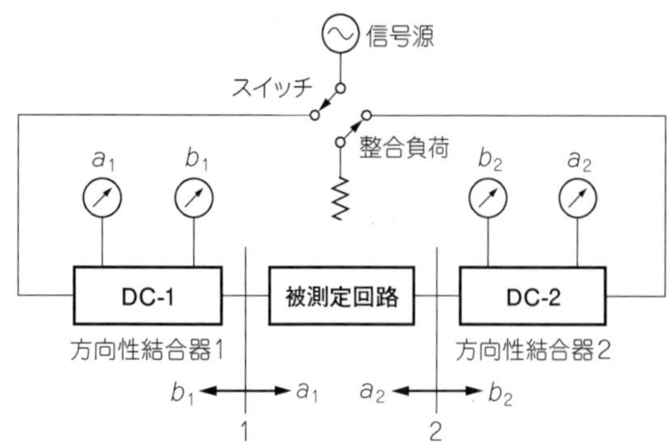

図6-8　VNAの基本構成

フォーマットで，インポートとエクスポートができるので，多くのアプリケーション・ソフトで利用できます．測定のダイナミック・レンジ（最小値と最大値の比）は高価なVNAよりやや劣るものの，一般的な高周波回路（1kHz～1.3GHz）の測定で，気軽に活用できるでしょう．

VNAのしくみ

Sパラメータを高精度で測定できるネットワーク・アナライザは，インピーダンスも実部と虚部の複素数で表示され，ベクトル・ネットワーク・アナライザ（VNA）とも呼ばれています．

図6-8はVNAの基本構成を示しています．左半分と右半分はそれぞれリフレクト・メータで構成されています．リフレクト・メータとは，反射係数を測定するために開発された装置で，伝送線路を伝わる入射波と反射波を方向性結合器で分離し，入射波と反射波の比で反射係数を求めます．

図6-8の方向性結合器は，一方向へ伝わる電力に対応する信号だけを検出する装置です．

測定器の信号源は周波数シンセサイザで，S_{11}（反射係数）とS_{21}（伝達係数）の測定では，スイッチによって方向性結合器1側に接続されます．このとき，方向性結合器2側は整合負荷（一般に50Ω）で終端されます．またS_{11}は，6-2節の反射係数Γと同じです．

被測定回路（DUT：Device Under Testともいう）の左はポート1，右はポート2で，2ポートのSパラメータは次のように測定されます．

$$S_{11}=\frac{b_1}{a_1}，\ S_{21}=\frac{b_2}{a_1} \quad \cdots\cdots(9)$$

ここでa_1はポート1の入射波，b_1はポート1の反射波を表します．

次にS_{12}とS_{22}の測定では，信号源を方向性結合器2側に接続します．

$$S_{12}=\frac{b_1}{a_2}，\ S_{22}=\frac{b_2}{a_2} \quad \cdots\cdots(10)$$

b_1/a_1などの振幅比や位相差の測定は，ヘテロダイン検波[*5]で高周波を低周波に変換して，デジタル信号処理をしています．

重要なキャリブレーション

VNAのリフレクト・メータは，測定値の中に方向性結合器の特性や回路素子による反射などによって決まる定数が含まれます．これらの値が決まらないと，被測定回路の正味の反射係数が正しく得られません．

そこで，被測定回路に代わって，値がわかっている標準器をつなげ，これらの定数を決定します．これをキャリブレーション（calibration）あるいは校正と呼んでいます．実際にVNAで行われるキャリブレーション手法は，「オープン（開放器），ショート（短絡器），ロード（整合負荷：50Ω）」の三つの標準反射器を用いるOSL法が一般的です．

½λケーブルを使う

アンテナ・アナライザやインピーダンス・アナライザは，もちろん直接アンテナに接続するのではなく，装置や人体の影響がない位置まで同軸ケーブルを伸ばして使います．

そもそも，アンテナが50Ωに整合しているかを測定するので，整合していない場合は，任意長のケーブルでは，たまたまその観測点から見込んだ入力インピーダンスがわかるだけです．それでは，アンテナの正味のインピーダンスはわからないのでしょうか？

よく使われる方法として，½λ長あるいはその整数倍の長さの同軸ケーブルを用いて測定します．このときの長さは，使用する同軸ケーブルの波長短縮率を掛けて切断します．同軸ケーブルに限らず，½λ線路の両端の波をイメージすると，必ず同じ波形であることがわかります（＋，－の違いはあるので絶対値が同じ）．

そこで，アンテナの給電点とアンテナ・アナライザまたはインピーダンス・アナライザの観測点の電圧・電流（電界・磁界）は同じになり，アンテナを直接見込んだ値が測れるというわけなのです．

＊4　Sパラメータは，散乱パラメータ（Scattering Parameter）の略で，入力端子（ポート1）と出力端子（ポート2）をそれぞれ線路の特性インピーダンスZ_0で終端し，回路の伝送特性（S_{21}）と反射特性（S_{11}）を測定することで得られる．高周波で電力を伝える線路は，特性インピーダンス50Ωが標準なので，50Ωの抵抗器で終端する．

＊5　ヘテロダイン検波は，信号を中間の周波数に変換して低周波信号を得る方式．

6-4 給電整合

アンテナの入力インピーダンスが測定できれば，50Ωの同軸ケーブルに整合（マッチング）を取るために，スミスチャートを使って整合回路が設計できます．

最近では，パソコンのプログラムで整合回路を設計してくれるので，給電整合が楽になりました．

小型アンテナの入力インピーダンス

図6-9は，エレメントを折り曲げたメアンダ・アンテナの電磁界シミュレーション・モデルです（Sonnet Liteを使用）．携帯電話やスマートフォンの内蔵アンテナは，このようにして小型化を図っていることが多く，アパマン・ハムのアンテナに応用したくなります．

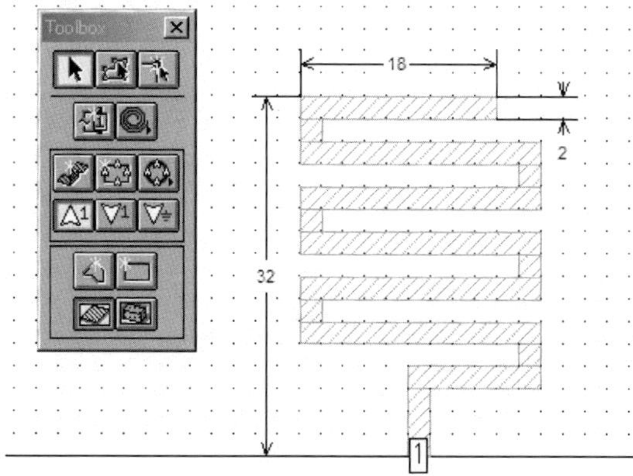

図6-9　エレメントを折り曲げたメアンダ・アンテナの電磁界シミュレーション・モデル（Sonnet Liteを使用）

図6-10に示すように，800MHzの入力インピーダンスは8.4＋j3.0［Ω］で，**図6-11**（p.120）はシミュレータが表示してくれるスミスチャートです．

パソコンによる給電整合

50Ωの同軸線路に整合をとるためには，整合回路が必要になりますが，パソコンで動作する回路設計ツールの中には，任意の負荷インピーダンスに整合をとる回路を自動的に設計するツールが用意されています．

図6-12（p.120）は，MEL社のS-NAP Microwave SuitesのS-NAP/Designの機能を使って出力された整合回路の一つです．アンテナの直前に直列コンデンサ9.2pFと並列コイル4.5nHを追加すれば，50Ωに整合が取れることがわかります．

½λダイポール・アンテナの入力インピーダンス

図6-13（p.120）は，エレメント長が240mmの½波長ダイポール・アンテナの電磁界シミュレーション・モデルです（MEL社 S-NAP/Fieldを使用）．

共振周波数600MHz付近のRは約80Ωなので，**図6-14**（p.120）に示すスミスチャートの原点からやや外れた位置で正の横軸と交わっていることがわかります．½λダイポール・アンテナの入力インピーダンスの計算値は73＋j43Ωなので，シミュレーションの結果はよく合っています．

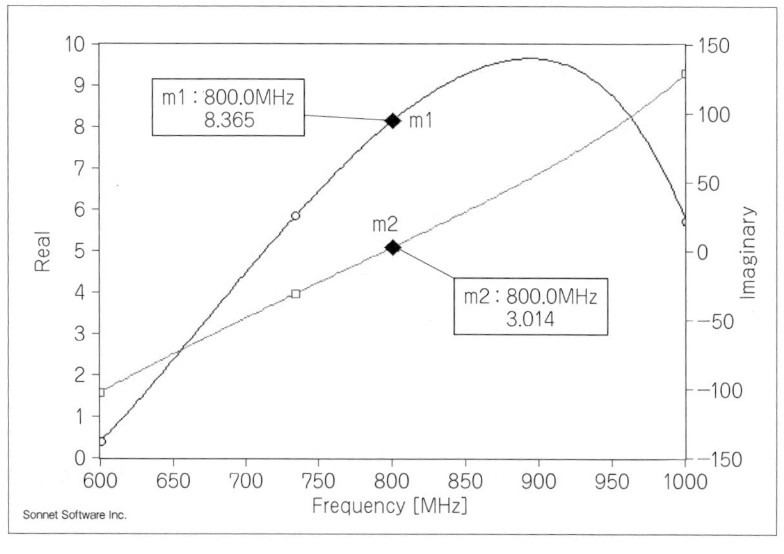

図6-10 入力インピーダンス

Chapter 6

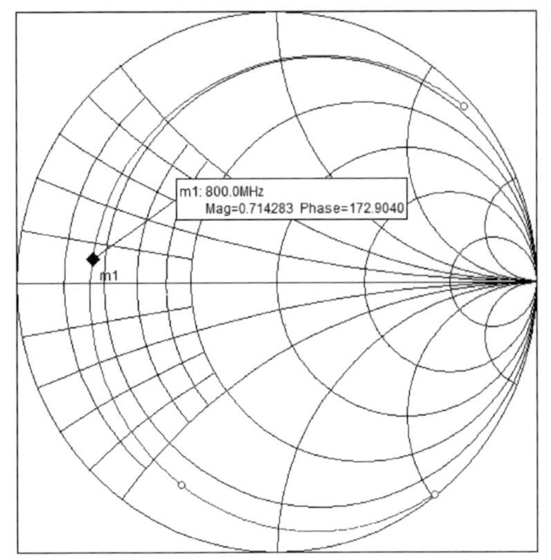

Sonnet Software Inc.

図6-11　Sonnetが表示するスミスチャート

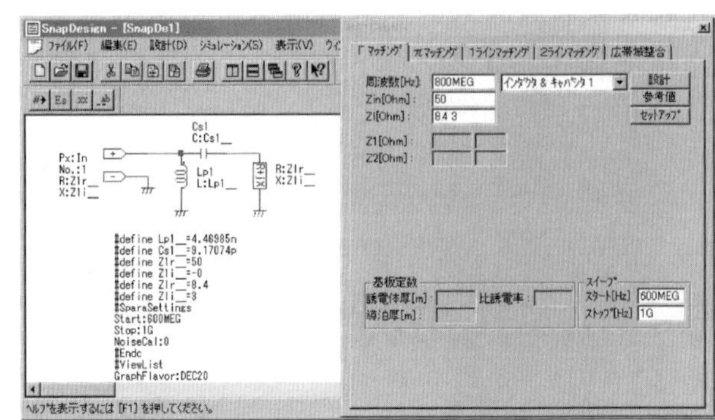

図6-12　MEL社 S-NAP/Designの機能を使って出力した整合回路の例

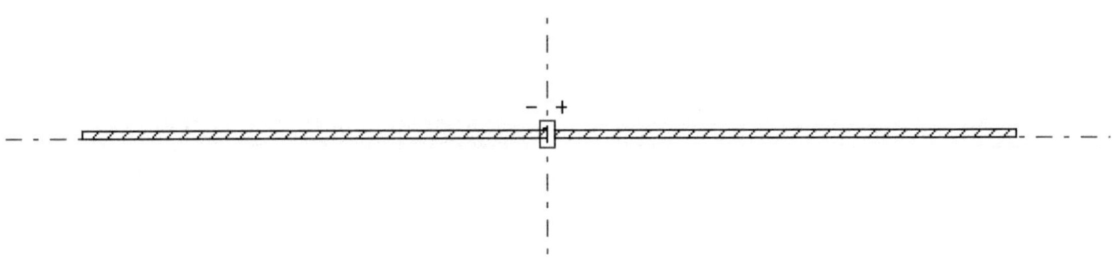

図6-13　エレメント長240mmの½波長ダイポール・アンテナの電磁界シミュレーション・モデル
MEL社 S-NAP/Fieldを使用

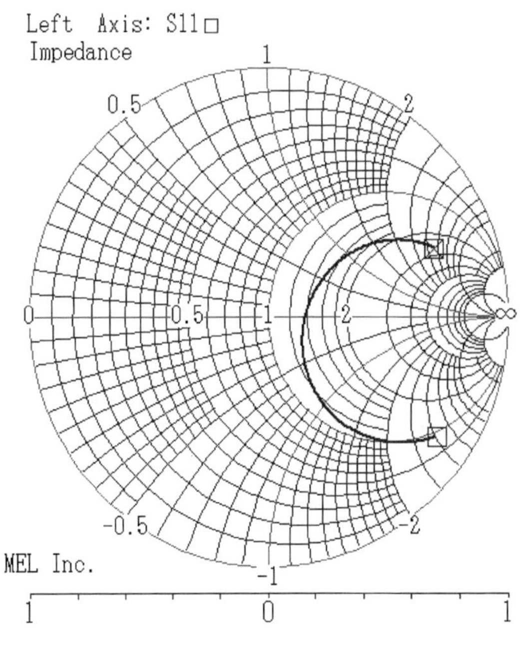

図6-14　S-NAP/Fieldが出力したスミスチャート

入力インピーダンス50Ωのアンテナ

アンテナの入力インピーダンスは，エレメント（素子）の形状・寸法で決まります．

図6-15は，折り曲げたダイポール・アンテナの電磁界シミュレーション・モデルです（Sonnet Liteを使用）．共振周波数950MHz付近のRは45Ωなので，**図6-16**の原点（$R = 50\Omega$）付近を通り，50Ω同軸ケーブルにほぼ整合が取れていることがわかります．

写真6-5は，InnoVAntennas社製の，15/10/6m用3バンドDESpole rotating dipoleです．15/10mバンドのエレメントは，折り曲げダイポール・アンテナにして小型化を狙っていますが，同時にこの形状で入力インピーダンスを50Ωに近づけていることが予想されます．

難しい放射効率の測定

整合の状態が悪いと，一般に放射効率ηも低下し

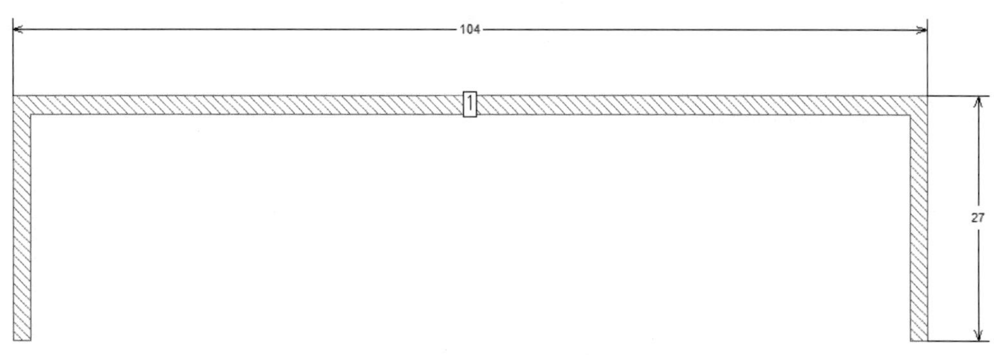

図6-15　折り曲げたダイポール・アンテナの電磁界シミュレーション・モデル
Sonnet Liteを使用

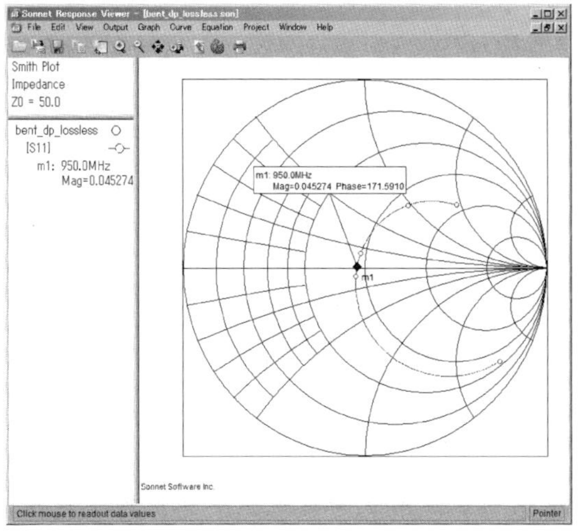

図6-16　Sonnet Liteが出力したスミスチャート

写真6-5　InnoVAntennasの15/10/6m用3バンド DESpole rotating dipole
http://www.innovantennas.com/

ます．ηの定義はシンプルで，アンテナの放射電力と入力電力の比で表されます(第3章 3-4節)．アンテナの入力電力は測定できるので，放射電力がわかればηは容易に求められます．しかし実際には，空間へ放射されているすべての電力をかき集めて測定するのは困難です．

Wheeler法は，ホイラーキャップと呼ばれる空胴の球体内でアンテナを動作させて放射効率を測定します．しかしHF帯のアンテナは大きすぎるので，この方法は使えません．

また，電波暗室でアンテナを回転して，全放射電力を測定する全球面走査法もありますが，HF帯のアンテナは一般の電波暗室には入らないので，この測定方法の適用範囲は高い周波数に限られます．

これらの状況から判断すると，HF帯のアンテナ製品で放射効率が明示されている場合は，測定環境と測定方法を確かめる必要があります．

しかし，電磁界シミュレータを使えば，実測が難しいHF帯用のアンテナでもηが容易に計算できるので，単にηの値が記されているだけであれば，おそらく実測によるものではないでしょう．

また，カタログに明記されている利得(Gain)の値も，同じ理由で実測によらない場合が見受けられるので，過信せずメーカーに算出根拠を確認したほうが無難です．

なぜπが出てくるのか？

空間の特性インピーダンスは電波インピーダンスとも呼ばれていますが，その値は120π（≒377）Ωといわれています．電気の世界になぜπが出てくるのか，とても不思議です．πは円周率ともいうので，電気は円と縁がある（hi）のですか？

「ゆとり教育」では円周率を3と教えたから，それでは電波インピーダンスが360Ωになってしまう（これは困った……）．円周率は円周が円の直径の何倍かを示す数だが，不思議なことに小数を使っても分数を使っても正確に表せない．

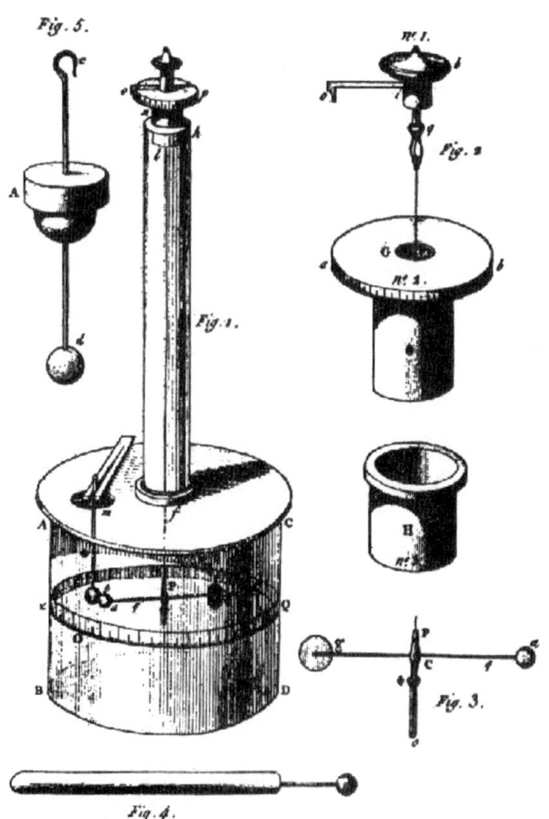

図6-17　クーロンのねじり秤

ところで，電気の量を初めて数字で表したのはフランスのクーロンだそうですね．

彼は**図6-17**のような「ねじり秤（はかり）」を考案して，両方の球を同じ符号で帯電して反発させ，さまざまな間隔でねじりの量，すなわち反発力を測定した．彼は，電気の量と力の関係を数学的な理論式「クーロンの式」にまとめた．

$$F = k\frac{Q_1 Q_2}{r^2} \quad \cdots\cdots (11)$$

※ここで，F：力，Q_1，Q_2：電気量（または電荷），r：二つの帯電体の距離

この式でkは比例定数だから，力と電気量がどのように比例するかを示す．クーロンの式は，電気量が「力」というはっきりした量として測定できることを意味しているが，比例定数kをいくつにするかで，電気量も自動的に決まるね．

次に，**図6-18**は二つの線状電流の間に働く力の計算を示している．ここで，二つの線状電流の間に働く力の計算から，次の式が導かれた．

$$\frac{\mu_0}{2\pi} = 2\times10^{-7} \quad \cdots\cdots (12)$$

メートル［m］，キログラム［kg］，秒［s］を使うMKS単位系では，式（12）から理論的に真空の透磁率$\mu 0$を$4\pi\times10^{-7}$［H/m］というシンプルな値としている．

なるほど，ここでπが登場しているのですね．

一方，真空の誘電率ε_0は，コンデンサの静電容量を正確に測定することで得られ，その値は8.854×10^{-12}［F/m］だ．

空間の特性インピーダンス（電波インピーダンス）は電界と磁界の比で，次の式から得られる．

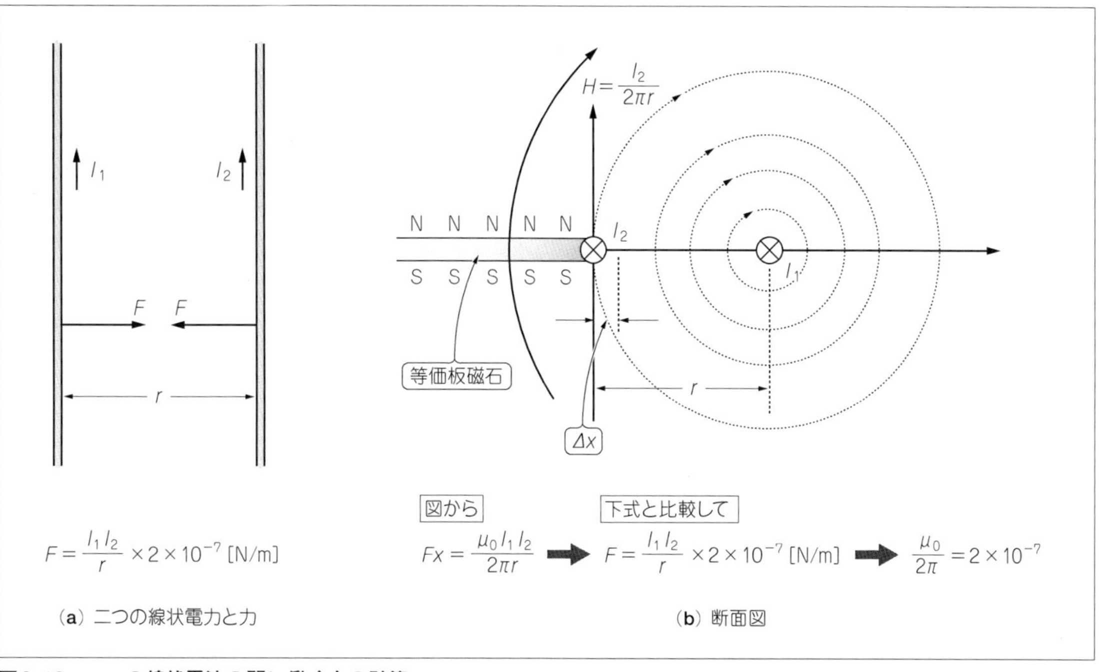

図6-18　二つの線状電流の間に働く力の計算

(b)は(a)の断面を示している．電流Iを等価板磁石に置き換えている．SからNに通る磁力線数をϕとして，I_1がΔx右に動いたとすれば，等価板磁石を通る磁力線の増加は$\Delta\phi=(I_2/2\pi)\Delta x$となる．$I_1$が作る等価板磁石の強さは$I_1$に比例するので，$\mu_0 I_1$として，$Fx=\mu_0 I_1(\Delta\phi/\Delta x)=\mu_0 I_1 I_2/2\pi r$となる

$$Z_0=\frac{E}{H}=\sqrt{\frac{\mu_0}{\varepsilon_0}}=\sqrt{\frac{4\pi\times10^{-7}}{8.854\times10^{-12}}}$$

$$\cong\sqrt{\frac{4\pi\times10^{-7}}{(1/36\pi)\times10^{-9}}}=120\pi\cong377\,[\Omega]$$

…… ⒀

なるほど，ようやく120πにたどり着けましたね．

マクスウェルの方程式から，電磁波の伝搬速度は光の速度cになる（第2章のQ＆Aコーナー）ことがわかるが，cは次の式で与えられる．

$$c=\frac{1}{\sqrt{\mu_0\varepsilon_0}}$$

…… ⒁

※ ここでμ_0：真空の透磁率$4\pi\times10^{-7}$ [H/m]，
　ε_0：真空の誘電率8.854×10^{-12} [F/m]

電卓で式⒁の値を計算すると，確かに光の速度になっています．

実際には，ε_0の8.854×10^{-12} [F/m]という値は，真空中の光の速度に合うように逆算して定めているので，式⒁の値は「当然光速になる（hi）」わけだね．

Chapter 7 章 アンテナのシミュレーション—活用のポイント

電磁界シミュレータは，コンピュータでマクスウェルの方程式を解いているので，アンテナはもちろん，最近問題になっている高周波ノイズの解決や多層基板の設計にも使われています．携帯電話やスマートフォンは小型アンテナを内蔵しているため，世界中のメーカーがさまざまなシミュレータを駆使して，短期間に何種類もの機種を開発するという新手法が，業界の常識になってきました．しかし，ハムがこれを活用することにはアレルギー反応（hi）もあるようで，プロの世界でもいまだに賛否両論があります．

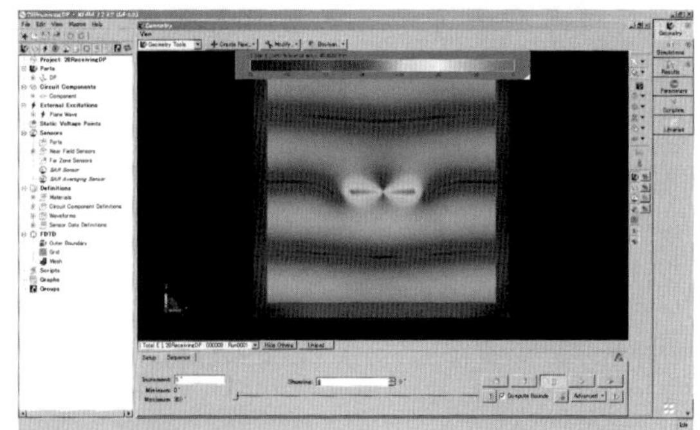

平面波を受信しているダイポール・アンテナの周りの電界強度分布
電磁界シミュレータXFdtdの画面

7-1 シミュレーションは役に立つのか

筆者らの旧友であるAJ3K Dr. Jim Rautioは，1986年にベンチャーとして起業し，電磁界シミュレータSonnetを開発・販売しています．そのご縁で30年ほど活用していますが，友人の環が広がり，他社のプログラマーたちとも交流があります．彼らの多くは優秀な技術者で，ベンチャーとはいえ10人前後の博士号取得者が設計・開発しています．

高価なおもちゃ？

1980年代から電磁界シミュレータを活用していますが，そのおかげで，何年か前にあるベンダーから「電磁界シミュレータのエバンジェリスト」の称号を賜り，おどろきました．エバンジェリスト（エヴァンゲリオンではない，hi）とは伝道師という意味で，電磁界シミュレータの普及に貢献していると認められたわけです．しかし，ここまでの道のりは決して平坦ではなく，説明に出かけた企業で「高価なおもちゃじゃないのか？」と問われる日々が続きました．

1990年代，UNIXワークステーション上で使う電磁界シミュレータは，当時のソフトウェアとしては高額の1,000万円を超えるものが主流でした．

そもそも手計算では解けない？

「パソコンなんかで設計するから，理論もわからない技術者が増えるんだ」と，電気関連の企業でお叱りを受けることがあります．また，「学生にいったん使わせてしまうと，二度と手計算をしなくなる」といった性悪説（？）を唱える教授もいらっしゃいます．

しかし，学校の授業で電磁気学をしっかり学んでも，社会へ出てしばらく経つと「あれは難しかった」という記憶だけが残っているのが現状でしょう．筆者も，方程式の暗記と応用問題の解法に明け暮れた学生時代でしたが，改めて教科書に書かれている多くの式を眺めると，このままアンテナの設計に使えるものは見あたりません．これらの式から，現場の設計に役立つ式が導出できるものなのか……教科書にはできるとも書かれていないし，無謀だからやめよともありません．

アンテナは「電磁気学の究極の問題」なので，マクスウェルの方程式を解く必要があることはわかります．しかし，性悪説を唱える人たちは，これを「手計算で解け！」とでも言いたいのでしょうか．

例えば，直線状のダイポール・アンテナの両端を曲げてコの字形にしてみましょう．このとき，アンテナ周りの複雑な電磁界分布は，手計算だけで求めることができるのでしょうか？　長い時間をかけて仮に解けたとしても，むなしさが残るだけ(hi)かもしれません．

大地の影響

アンテナの入力インピーダンスを知ることは，給電ケーブルとの整合を取る上で重要です．自由空間にあるアンテナの入力インピーダンスは，アンテナの周りに分布する電界と磁界によって決まりますが，実際のアンテナは大地の近くに設置され，地上高の違いや周囲の建物などの影響で入力インピーダンスは変化します．

図7-1は，MMANAで14MHz用2エレメント八木アンテナのサンプル・モデルを使って，地上高を3m，10m，25mに設定した結果です．入力インピーダンスのRは，順に40Ω，28Ω，31Ωと異なりました．

また放射パターンは，地上高の違いで大きく変わっており，これは大地による反射を含むシミュレーション結果です．大地の特性値は，比誘電率を5，導電率を10［mS/m］に設定して，やや湿った一般的な土質を表現しています．

ここで注意が必要なのは，例えば地上高3mのモデルで大地を完全導体に替えても，入力インピーダンスは同じ値になっているという点です．MMANAが内部で使っている解析部分のプログラム（いわゆる解析エンジン）はMININECですが，これには，リアル・グラウンドを指定したときでも，入力インピーダンスの計算には完全導体の大地を仮定するという制約があるからなのです．

実は，大地を厳密に表現（モデリング）できる電磁界シミュレータはほとんどないので，MMANA以外の商用のシミュレータでも，完全導体の大地を想定して入力インピーダンスを求める方法が主流です．

しかし，大地の反射を含む放射パターンには，比誘電率と導電率に基づく反射係数を使っており，**図7-1**に示すように，打ち上げ角の違いを知るために十分役立ちます．

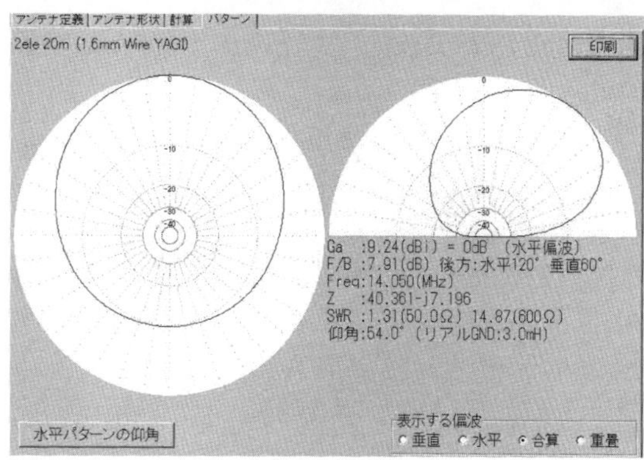

(a) 地上高3m

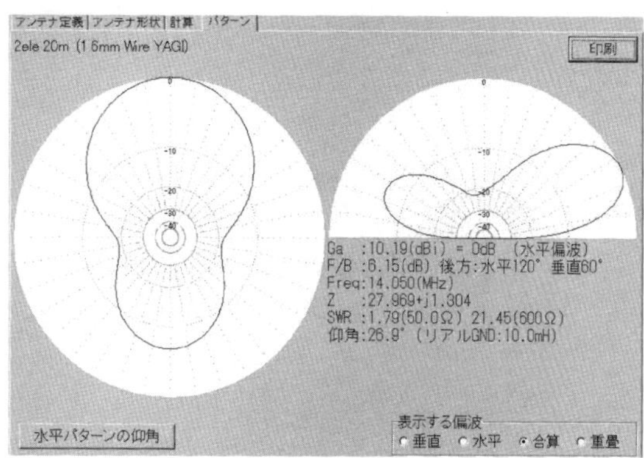

(b) 地上高10m

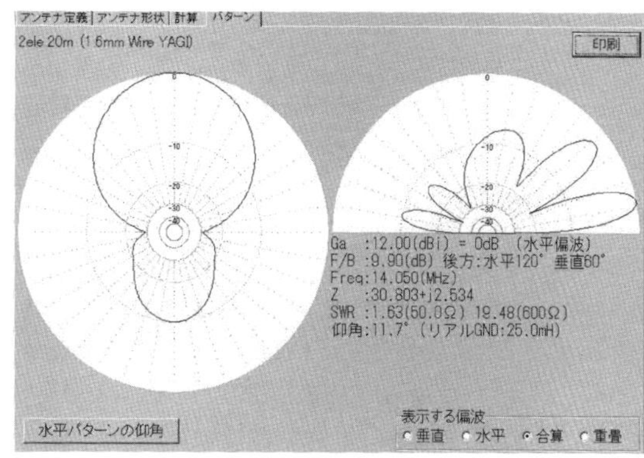

(c) 地上高25m

図7-1　14MHz用2エレメント八木アンテナ

ANNIEによる大地の反射

AJ3K Dr. Jim Rautioは1980年代，当時買ったばかりの8ビットパソコンApple Ⅱを使って，ワイヤ・アンテナのシミュレーション・プログラム「ANNIE（アニー）」を完成させました（当初はアセンブラ言語を使用）．

真っ直ぐなダイポール・アンテナだけでなく，任意に折り曲げたエレメントからの放射パターンをグラフィック表示するので，これならベランダに設置するコンパクト・アンテナがおもしろいように設計できると，夢中になりました．その後筆者らは，彼のIBM PC用[*1]プログラムを，PC98用とMacintosh用に組み直しました（1991年ごろ）．

*1　筆者らのWebサイトから無償ダウンロードできる．　http://www.kcejp.com/J/ham.html

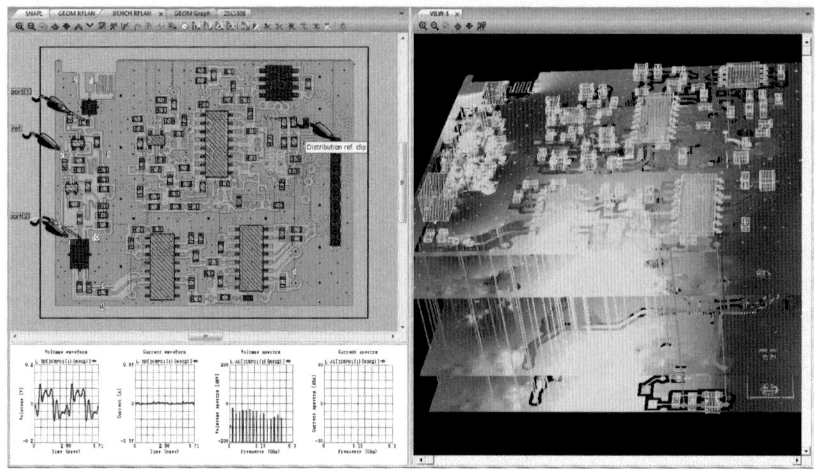

図7-2 JA5KVK/JF2XRF 小川隆博OM(Ph.D.)開発のS-NAP PCB Suiteのシミュレーション画面

ANNIEは，MININECなどのモーメント法(7-2節)ではありませんが，微小ダイポールに分けたエレメントからの放射に，次のような反射係数(R_H：水平偏波，R_V：垂直偏波)を使っています[*2]．

$$R_H = \frac{\sin\phi - \sqrt{(\varepsilon_r - jY) - \cos^2\phi}}{\sin\phi + \sqrt{(\varepsilon_r - jY) - \cos^2\phi}} \quad \cdots\cdots(1)$$

$$R_V = \frac{\sin\phi(\varepsilon_r - jY) - \sqrt{(\varepsilon_r - jY) - \cos^2\phi}}{\sin\phi(\varepsilon_r - jY) + \sqrt{(\varepsilon_r - jY) - \cos^2\phi}} \quad \cdots\cdots(2)$$

※ここで，ϕ：水平に測った反射波の角度，ε_r：大地の比誘電率，σ：大地の導電率[mS/m]，f：周波数[MHz]，$X = \sigma/f$，$Y = 18 \cdot X$

携帯電話やスマホの内蔵アンテナに欠かせない電磁界シミュレータ

ANNIEは古くなってしまいましたが，大地のデータを設定することで，反射係数を精度良く計算できます．今ではMMANAのような洗練されたソフトが多いですが，ローバンドで活躍するスローパー・アンテナなど，特に大地に接近する場合は，ANNIEの反射係数法が適していると思います．

携帯電話やスマホは小型アンテナを内蔵しているので，世界中のメーカーがさまざまなシミュレータを駆使して，短期間に何種類もの機種を開発するという新手法が，業界の常識になってきました．

また，これらは手で握って使うので，人体の波長短縮によって，アンテナの共振周波数は低いほうへシフトします．人体の平均的な比誘電率は，1GHz付近で25もあり，これによる波長短縮効果をあらかじめ評価しないと，初期のiPhoneで発生したように，特定部分を強く握ると通信できなくなるといった不具合が発生してしまいます．そこで，電磁界シミュレータはプロの設計に欠かせないツールになりつつあります．

図7-2は，2GHz帯の受信機の回路基板で，高周波を入力したときの電界分布(基板厚方向の電界)です(MEL社 PCB Suiteのシミュレーション画面)．電界強度をカラー・スケールで表示すると，左端にある高周波アンプによる高周波成分が，その下端にあるIF回路やベース・バンド側の回路にも回り込んでいることがわかります．

このように，電磁界シミュレータは，最近問題になっている高周波ノイズの解決や多層基板の設計にも活用されるようになってきました．

放射問題は手入力の等価回路では解けない

ダイポール・アンテナは，直列RLC回路で等価的に表せます．そこで，アンテナからの放射問題も等価回路で表すことができると考えるかもしれません．

しかし，そもそもここで使われる「等価」とは，観測点から見込んだインピーダンス(つまり電圧と電流の比)が同じであるということなので，一般には，それが放射しているかを直接表現することはできません．

SPICE[*3]は回路をR，L，Cの組み合わせで表現できますが，基板から不要な高周波が放射されるというノイズ問題は，等価回路では解けません．

＊2 "The Effect of Real Ground on Antennas", James C. Rautio, AJ3K, Part 1, pp.15-18, QST, Feb. 1984.

＊3 SPICE(Simulation Program with Integrated Circuit Emphasis)は，パソコンで複雑な回路問題を解く回路シミュレータで，各節点における電圧と電流について解析する．これは節点解析法と呼ばれており，「回路の節点に流れ込む電流の総和はゼロ」というキルヒホッフの法則を基に，各節点における節点方程式を立てる．

それは，有限長のグラウンド板がアンテナになったり，ベタ・グラウンドの切り込みがスリット・アンテナとして動作したりする電磁現象は，等価回路に含まないからです．

あえてそれを手入力で表現しようとすれば，どこからどのように放射しているのかを知り，それを「等価的に」表現するしかありませんが，それでは「ニワトリが先かタマゴが先か」になってしまいます．

複雑な形状のアンテナから放射する問題が，手入力の等価回路で表せるくらいなら，そもそも電磁界シミュレータなどは，まったく無用の長物になってしまうでしょう (hi)．

7-2　建物を含んだシミュレーション

筆者らは長年のアパマン・ハム生活で，なんとかベランダからHF帯でQRVしようと，さまざまなアンテナを作っては壊しの連続で，いまだに満足していません．

ベランダは限られたスペースなので，アンテナは建物のすぐ近くに設置することになります．そこで気になるのが，鉄骨や鉄筋の影響です．電磁界シミュレータで，いくつかのケースを調べてみました．

電界型アンテナのシミュレーション

図7-3は，オフィスやマンションなどで使われている鉄筋の構造図です (提供：構造計画研究所)．

図7-4 (p.128) は，**図7-3**の鉄筋コンクリート構造を参考にしたマンションのモデルです．ベランダに21MHz用のモノポール・アンテナと2本のラジアル線を置き，電界型のアンテナが建物から受ける影響をシミュレーションしてみました．

ところで，このような大規模な問題をパソコンで高速に解けるようになったのは，ひとえにGPU (グラフィックス・プロセッシング・ユニット) のおかげです．GPUは本来画像データ処理を行う集積回路ですが，描画目的ではないシミュレーションなどに利用することを，総称してGPGPU (General Purpose Graphics Processing Unit) と呼んでいます．

筆者らも安価なNVIDIA Quadro FX 3800を使い，数十時間かかっていた問題が数時間で解けるようになりました．

もはや商用の電磁界シミュレータは，GPUによる演算に最適化したエンジン (解析用のプログラム) を備えることが必須になりました．

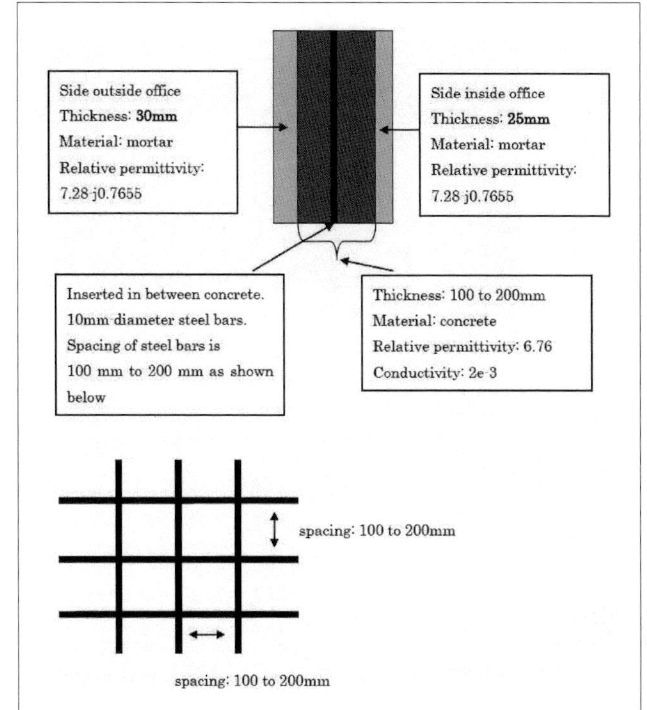

図7-3　オフィスやマンションなどで使われている鉄筋の構造
米国Remcom社の講演資料 "Methods for Indoor Wireless Modeling", Stephen Fast, Ph.D.より引用．説明は英文であるが，データは日本の建築構造を参考にしている．

Chapter 7

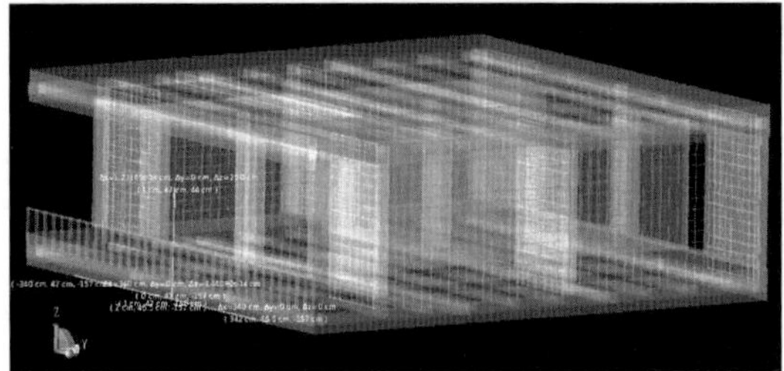

図7-4　マンションのベランダに21MHz用のモノポール・アンテナ（GP）と2本のラジアル線を置いたモデル
フェンスは壁から1.5m離れている

21MHz用モノポール・アンテナの場合

図7-5は，21MHz用のモノポール・アンテナ（GP）をベランダのフェンスからわずか2.5cm離して設置した**図7-4**の放射パターンで，大地による反射は含まない結果です．電力利得（Gain）は－2.7dBiで，放射効率ηは16%と低い値になりました．

なお，放射効率の計算方法は，シミュレータによっては何種類かあり，また解析空間の違いで変動するので，電磁界シミュレータで正確な値を得るのは困難です．そこで，数字が一人歩きしないように，ηの値はあくまで参考として発表します．

このアンテナの垂直エレメントは2mの短縮型で，底部に$L = 1.2\mu$Hを装荷しています．また，アンテナの設置場所を変えると，周囲の金属の影響で共振周波数がずれるので，そのたびにLの値を再調整する必要がありました．

このように電界型のアンテナは，近くにある波長程度の寸法の金属によってインピーダンスが容易に変動することがわかりました．

コイルのQは300と仮定して，損失抵抗を$R = 0.7$Ωとしたとき，自由空間でのηは79%です．しかし，**図7-5**のようにフェンスに近いとηは16%に低下してしまいました．これにはがっかりですが，10cm離すとηは23%，また30cmでは29%に向上しました．しかし，自由空間に比べるとまだまだ低い値なので，原因を追及しなくてはいけません．

そこで，**図7-6**に示すように給電点の位置をフェンス水平部より20cm上げたモデルでシミュレーションしてみましたが，ηの結果は33%となり，わずかな改善に留まりました．

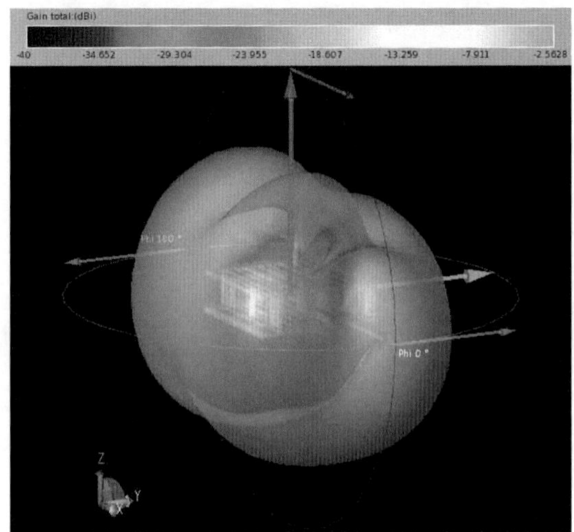

図7-5　21MHz用のGPをベランダのフェンスから2.5cm離して設置したときの放射パターン
電力利得（Gain）－2.7dBi，η＝16%．大地による反射は含まない

図7-6　給電点の位置をフェンス水平部より20cm上げたモデル（η = 33%）

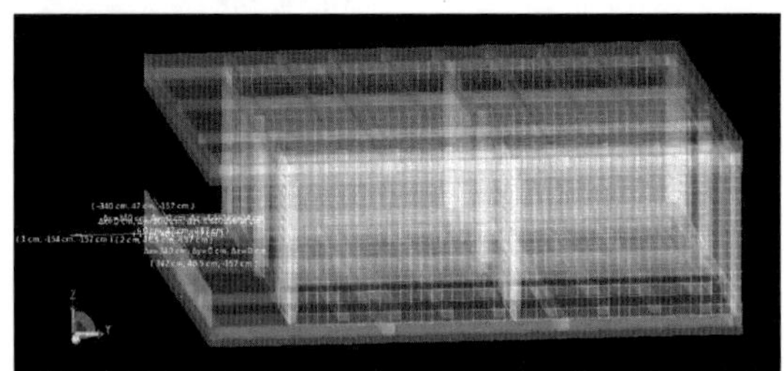

図7-7　モノポール・エレメントをベランダから水平に設置したモデル

推奨される配置

試みに，モノポール・エレメントをベランダから水平に設置してみました（**図7-7**）．近くの金属に誘導されて失われる電力分があるので，自由空間の79%より低くなりますが，ηの結果は60%と一気に向上しました．これなら，短縮アンテナとしては実用的な範囲といえるでしょう．

図7-8は，**図7-7**のモデルの放射パターンです．ほぼすべての方向へ放射していることがわかりました．また，コイル付き水平設置の短縮エレメントを¼λ長のフルサイズに替えてみたら，ηは69%に向上しました．しかし，**図7-6**の垂直設置でフルサイ

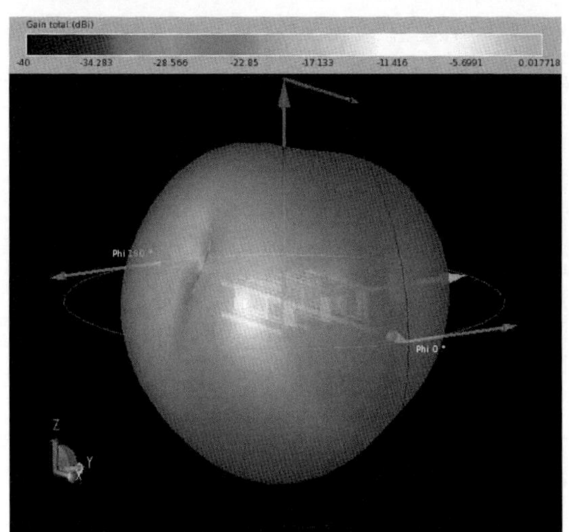

図7-8　モノポール・エレメントをベランダから水平に設置したモデルの放射パターン（Gain = 0dBi，η = 60%）
大地による反射は含まない

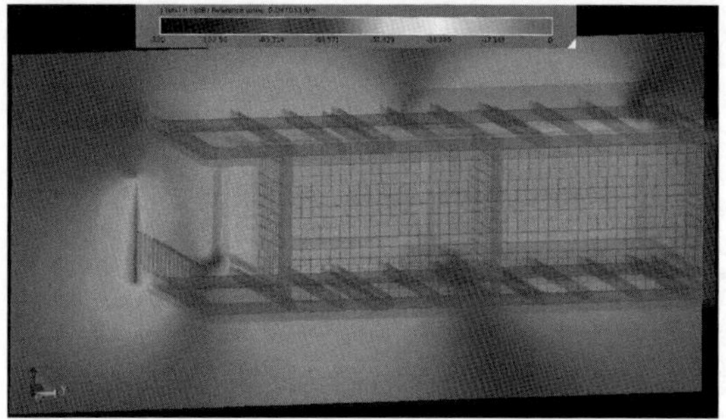

図7-9　図7-4の磁界強度分布
表示レベルを調整している

写真7-1　マンションのベランダに設置されたMLA
Field_ant社のMLA-2（写真提供：JF1VNR 戸越OM）．突き出したほうがいいのか，壁際がいいのか…？

ズに替えると，残念ながらηは36%に低下してしまいました．

図7-9は，**図7-4**の磁界強度分布です．鉄筋や鉄骨の周りに強い誘導磁界が認められます．アンテナから遠く離れた金属にも電流が流れているので，これらからも再放射が起こります．そこで，**図7-5**や**図7-8**のように，アンテナとは反対側の建物の先へも電波が放射されるというわけなのです．

しかし，モノポールがベランダのフェンスからわずか2.5cmしか離れていない場合は，フェンスにも逆向きの強い誘導電流が流れ，その結果，ηは16%と低くなるものと思われます．

以上のシミュレーションから，モノポールのような電界型のアンテナは，エレメントをフェンスや鉄筋近くに平行に設置するよりも，建物全体をグラウンド導体と見立て，それに対して垂直に伸ばしたほうがηは高くなるという傾向に気づきました．

磁界型アンテナのシミュレーション

MLA（マグネチック・ループ・アンテナ．第3章参照）は，アパマン・ハムの強い味方ですが，鉄骨・鉄筋を含むマンションでは使い物にならないと思われており，チャレンジする前にあきらめているOMも多いと聞きます．

JF1VNR 戸越OMは，マンションのベランダに設置したMLA（**写真7-1**）で，カリブ海ArubaのP40YL局と14MHz RTTYでQSOされました．この体験は，「最強のベランダ・アンテナ」を目指す上で，たいへん心強い実績の一つでしょう．

今までのMLAは，ステルス性（低被発見性または低被探知性）のみが強調され，「飛びはイマイチ」「飛びはガマン」といったあきらめが聞こえてきます．しかし，戸越OMの実験で，鉄骨・鉄筋を電磁結合でドライブ（励振）することで，自由空間における単体の性能をアップできるはずという希望が見えてきました．

21MHz用MLAの場合

図7-10（p.130）は，1辺が1m，断面が1cm角の銅製正方形ループをフェンスのすぐ上に設置しています．円形のループは，周囲の空間を細かく離散化する必要があるので，座標軸に沿った矩形にしました．また，ループは垂直置きなので，自由空間では8の字の水平面指向性があります（第3章参照）．

このモデルは，21MHzで共振するように整合回路を付けていますが，一般にコンデンサのQは高いので，損失抵抗は0.15Ωに設定しました．このとき，自由空間におけるηは61%でしたが，MLAは放射

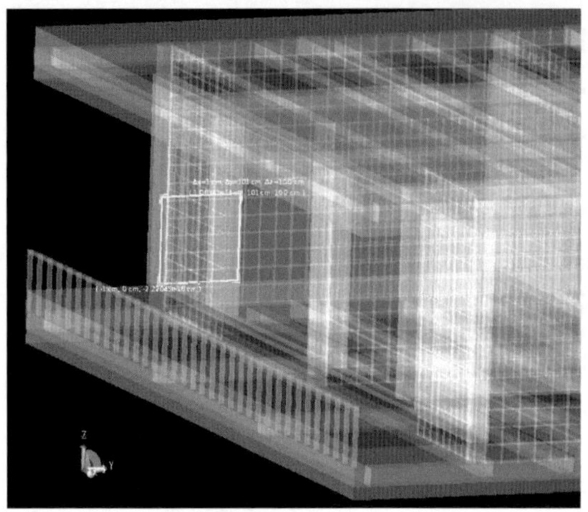

図7-10　1辺1m，断面が1cm角の銅製正方形ループ
フェンスは壁から1.5m離れている

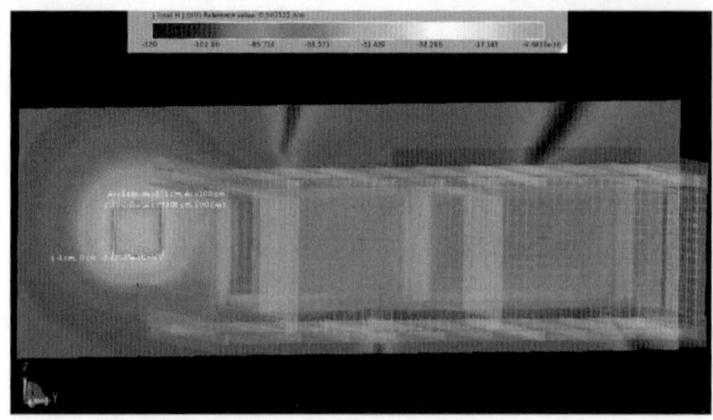

図7-11　ループ面を含む平面の磁界強度分布（見やすいレベルと位相に調整している）

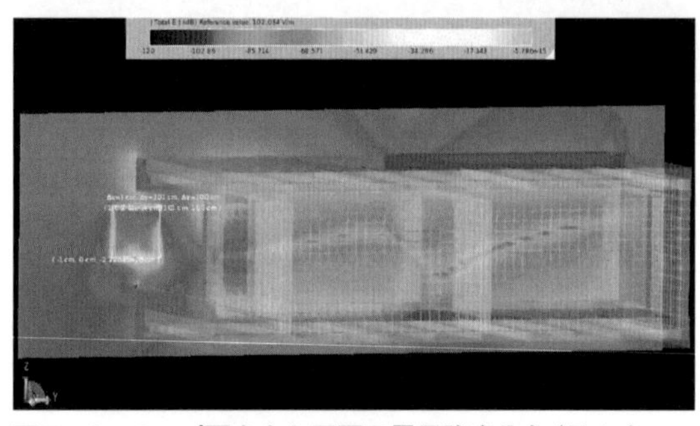

図7-12　ループ面を含む平面の電界強度分布（見やすいレベルと位相に調整している）

抵抗が極めて低いので，損失抵抗がわずかに変化しただけで，η の値は大きく異なってしまいます．

このため，MLAのように波長に比べて極端に小さいアンテナは，電磁界シミュレータ泣かせの問題で，実はこの項のシミュレーションはえんえんひと月以上かかってしまいました．

このように，MLAを調べる場合には細心の注意が必要ですが，解析空間や解析時間の関係から，ある精度範囲で進めるしかありません．したがって，以下の η もあくまで相対的な傾向を知るための参考値として発表します．

図7-11は，ループ面を含む平面の磁界強度分布です．ループの周りは特に強いのですが，マンションの鉄骨・鉄筋部分にも磁界の強い場所があり，誘導電流が流れていることがわかります．また，**図7-12**は電界強度分布で，ベランダとは反対側の壁にも強い電界分布が認められます．

図7-13はマンション全体を含む放射パターンで，Gainは－0.6dBiになりました．建物の先にも強い放射が認められ，予想に反して全方向に放射していますが，η は54%だったので，自由空間における61%よりもやや低下し，がっかりしました．

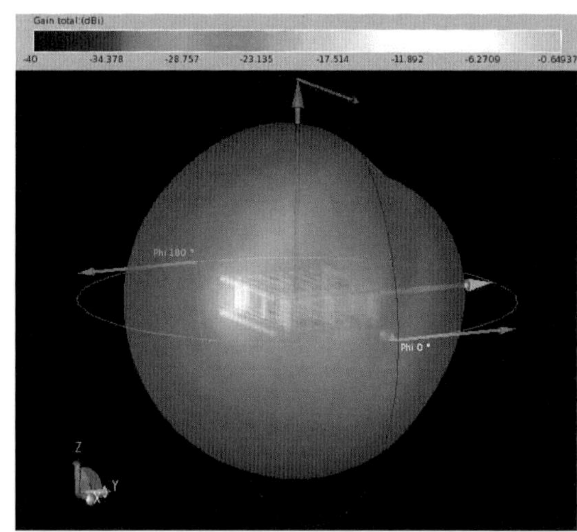

図7-13　マンション全体を含む放射パターン（21MHz，Gain＝－0.6dBi，η＝54%）
大地による反射は含まない

14MHz用MLAの場合

21MHz動作のMLAは，シミュレーションによる入力インピーダンスのR（レジスタンス）が2Ωほどです．しかし，これを14MHzで動作させるとRは1Ω以下になるので，自由空間における η は34%に低下しました．

さて気を取り直して，14MHzの場合をシミュレーションしてみましょう．η を向上させるためには，ループの材料をより低損失のものに替え，ループをより大きくする必要があります．ここではループの寸法や材質は変えずに，C（コンデンサ）の値を変えて，14MHzに共振させてシミュレーションしてみます．

図7-14は，**図7-10**と同じ設置で14MHzに共振させたときの放射パターンです．やはり建物の先にも強い放射が認められ，全方向に放射しています．

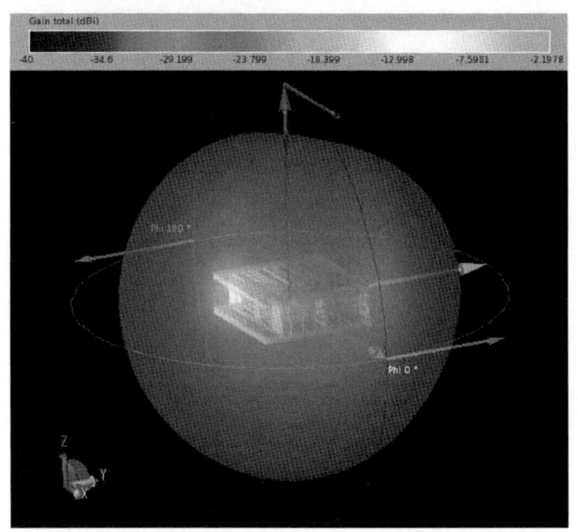

図7-14　マンション全体を含む放射パターン（14MHz，Gain = − 2.2dBi，η = 39%）
大地による反射は含まない

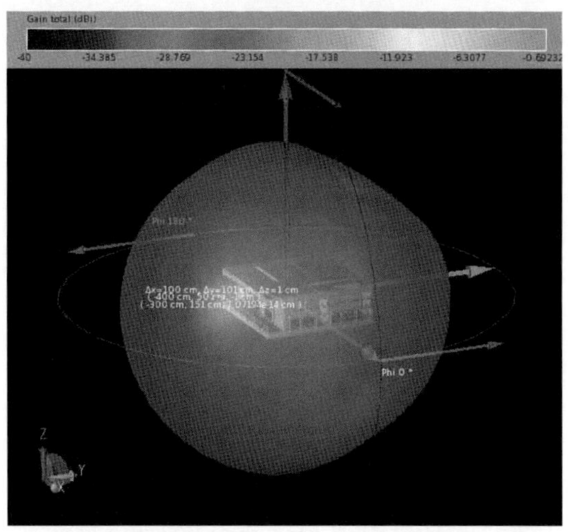

図7-15　ループ面を水平置きにしてフェンスから1m突き出したモデル（Gain = − 0.7dBi，η = 34%）
η は自由空間と同じ値だった

Gainは − 2.2dBi，η は39%だったので，自由空間における34%より少し高くなりました．

これに気を良くして，ループ面を水平置きにしてフェンスから1m突き出したモデルを試してみました．**図7-15**は放射パターンです．η は34%だったので，自由空間における η と同じになってしまいました．この結果から，建物から離れすぎても鉄筋を十分ドライブできないことがわかりました．

また，**図7-16**は**図7-14**のループを90°回転して，ループ面と壁が平行になっているモデルです．こちらは η が42%となり，自由空間における34%より高くなりました．しかし，放射パターンを見ると，天頂方向への放射がやや強いようです．

21MHzでは，建物の影響で η は低下する傾向が見られましたが，14MHzは自由空間における η が34%と低く，マンション・ドライブの結果，損失はあるものの，40%前後に向上するケースが現れました．

これらの結果が正しければ，アパマン・ハムにとって「朗報」なのですが，鉄骨やコンクリートなどの損失分が増えるのに，なぜ η がアップするのでしょうか？

理由としては，マンションを含む「等価的な放射抵抗」が増すことが考えられます．あきらかに建物の損失は増えるものの，MLA単体の低い放射抵抗に比べ，全体的な「アンテナ・システムとしての放射抵抗」が増えることで，結果として「鉄筋をドライブしたときの η 」は向上しているのではないかと考察しました．

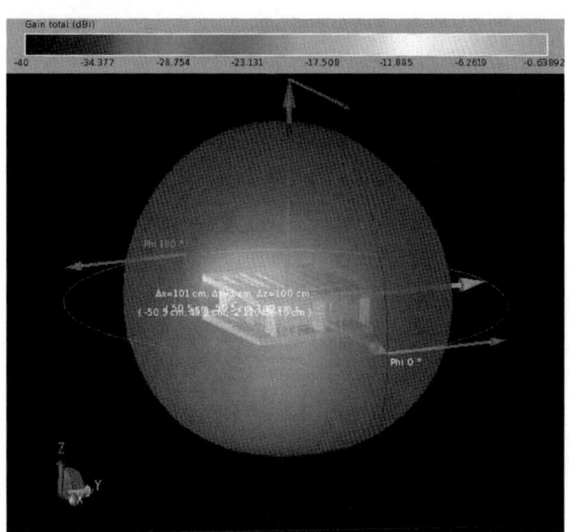

図7-16　図7-14のループを90°回転して，ループ面と壁が平行になっているモデル（14MHz，Gain = − 0.6dBi，η = 42%）
η は自由空間（34%）より高くなったが，天頂方向の放射が強い

ただし，これらのシミュレーションは解析空間が厖大になるため，マンション1世帯分の部分的なモデルです．また，手入力によるため，鉄筋や鉄骨もシンプルな配置になっており，実際の構造を厳密に再現したものではありませんので，Gainや η の数字はあくまで参考値として扱ってください．

システム効率で評価する

一般にアンテナの効率は，①システム効率や②放射効率で評価されます．

① システム効率＝放射電力／有能電力

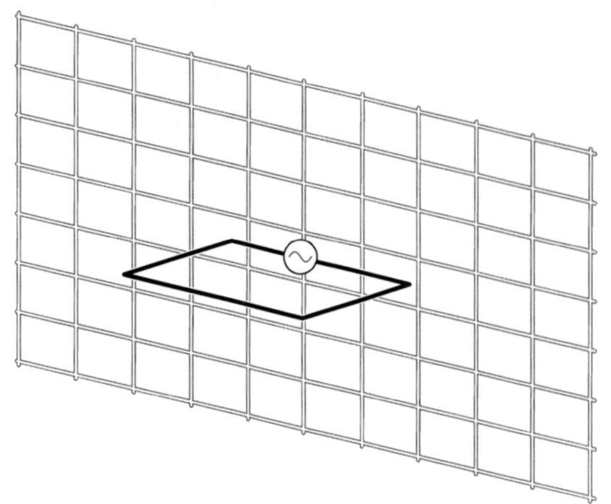

図7-17　建物の鉄筋を背にしたMLAのモデル

② 放射効率＝放射電力／入力電力

①の分母の有能電力（available power）とは，給電側（終段電力増幅回路）と負荷側（アンテナ）の整合が完全なときに給電される最大電力をいいます．

実際には，接続点での反射や材料の損失分も無視できませんが，①の分母はこれらを含まない理想の電力なので，損失が大きいほど①は低下することになります．

一方，②の分母の入力電力とは，アンテナ本体に給電される正味の電力のことなので，一般に放射効率 η は，不整合の影響は含まない「アンテナ単体の効率」を意味しています．

多くの電磁界シミュレータでは，①と②の結果を明示していますが，XFdtdでは① System Efficiencyと② Radiation Efficiencyが個別に表示されます．

例えば，図7-16のシミュレーション結果では，①が34％で②が42％という違いがあり，②は整合が良好なときの最大値といえます．

①は悲観的な値ですが，これはアンテナの不整合が原因で反射された電力は，二度と放射に寄与しないと仮定する最悪値なので，実際の効率は①と②の間にあるはずだという説もあります．

簡略化モデルによる考察

順序が逆かもしれませんが，マンション・ドライブのMLAは，図7-17に示すように簡略化して考えられます．また，この構造をさらにそぎ落とせば，図7-18のようにMLAで電磁結合させた½波長ダイポール・エレメントと考えられます．

このモデルは，1辺1mの正方形MLAを14MHzで共振させて，50cm離れた½波長ダイポール・アンテナを励振しています．このときのDirective Gain（指向性利得）は3.43dBiで，Gain（利得）が3.28dBiなので，η の計算値は97％となります．

また，このモデルのダイポール・アンテナを取り除き，自由空間における単独のMLA（コンデンサの損失抵抗は含まず）では，η が45％です．したがって，MLAの近くに同じ周波数で共振する金属があれば，そちらからの放射が優って，システム全体の放射効率が大幅に向上するというわけです．

実際には鉄筋の長さがちょうど½波長という確率

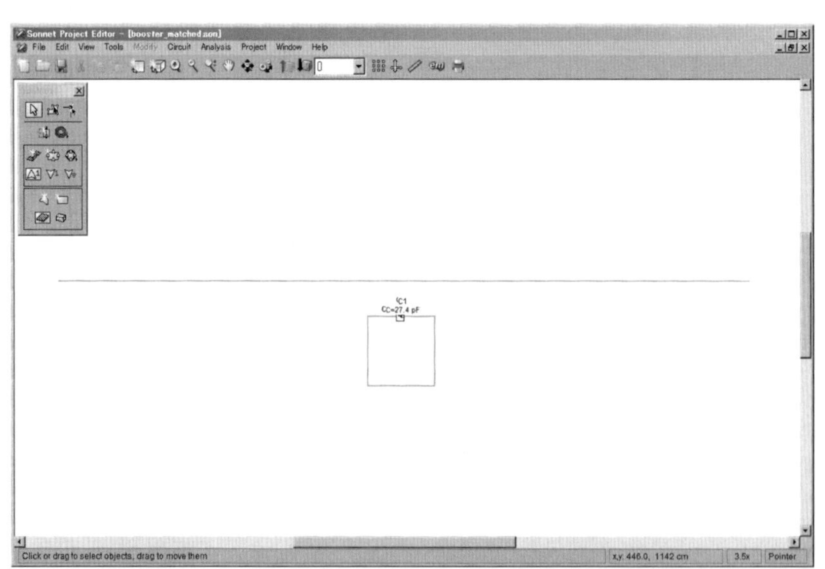

図7-18　½波長ダイポール・エレメントを背にしたMLAの簡略化モデル
電磁界シミュレータSonnetによる

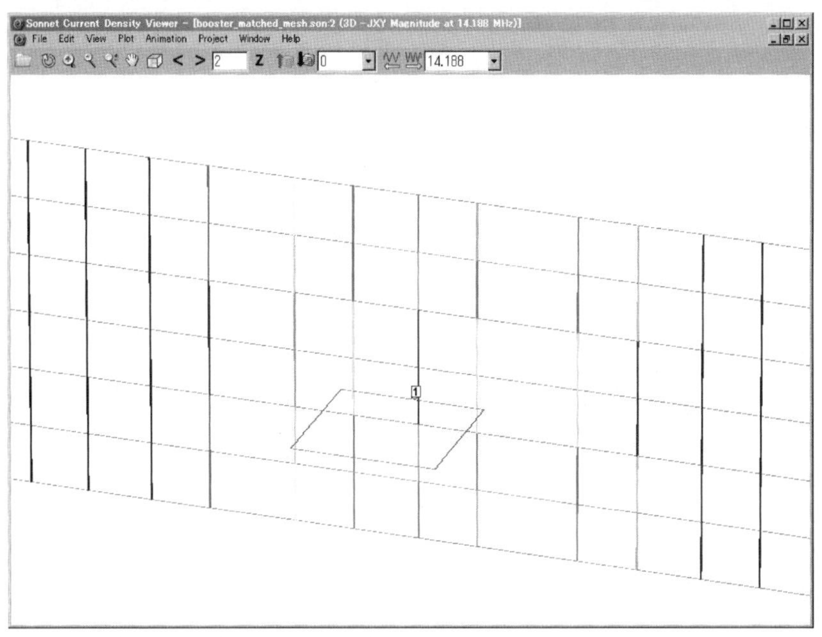

図7-19　鉄筋の表面に分布している電流

は低いですが，網目状の広い金属に電流が誘導されれば，MLAの共振周波数で共振する線状の領域ができるのではないかと思われます．

図7-19は，これを確かめるためのモデルで，鉄筋の表面に強い電流の分布が認められ，ηは88%になりました．網目の面積が広ければ，MLAの共振周波数によっては強い電流が流れ，ダイポール・アンテナのエレメントのように働くかもしれません．

また，XFdtdでも**図7-17**のような簡略モデルをシミュレーションしたところ，網目までの距離を50cmとしたとき，ηが73%に向上しました．さらに，全面が鉄筋の側壁中央で70cm離したとき，ηは56%まで向上しましたが，マンションの長手方向の後方への放射は弱くなりました（いずれも14MHz）．

図7-19では，ループ面が水平なので，電界ベクトルも水平（つまり水平偏波．第3章参照）です．そこで，鉄筋が横長であれば水平設置，縦長であれば垂直設置にすれば，誘導電流が流れやすくなると思われます．ベランダでこのような状況を再現できれば，建物の鉄筋などをドライブする「アンテナ・システム」が実現できるかもしれません．

念のため，ループ面に対してダイポール・アンテナのエレメントが垂直に配置されたときには電流が誘導されにくいのか，シミュレーションしてみました．

図7-20は，21MHzで共振しているループを垂直置き，ダイポール・エレメントを水平置きにしたとき

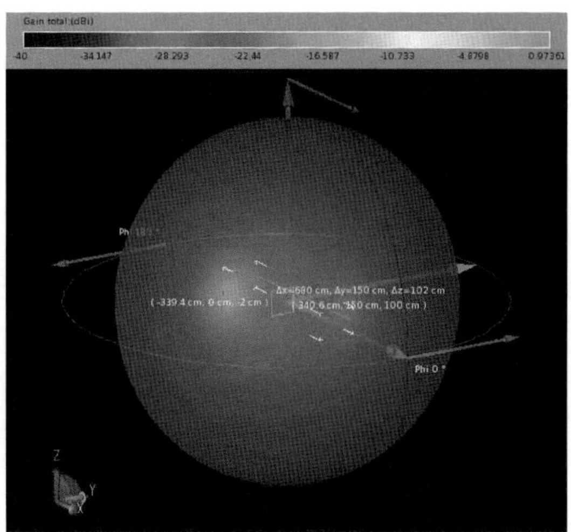

図7-20　ループを垂直置き，ダイポール・エレメントを水平置きにしたときの放射パターン（21MHz）

の放射パターンです．これはMLA単体の場合に近く，利得は0.97dBi，放射効率ηは47%となり，大幅な向上は見られませんでした．

マンションのステルス・アンテナ

MLAを使ってステルス性を高めるためには，鉄筋に近づけたマンション・ドライブが有望であることがわかりました．しかし，ηを確実に向上させるためには，鉄筋の長さが½波長以上は必要と思われ，設置場所を探して比較・検討する作業が不可欠です．

あるいは，MLAの近くに½波長の電線を張れば，

確実にηは向上すると予想できますが，周波数によっては折り曲げダイポール・アンテナにする必要があるでしょう．これらの方法を「邪道」と断じるのはたやすいことですが，筆者らアパマン・ハムが本気で取り組みたい着想なのです．

一連のシミュレーションで，マンションの鉄筋や鉄骨にも誘導電流が流れることがわかりました．ベランダ・アンテナはシャックに近く，隣家の鉄筋にも電流が流れることから，電波防護指針を守る運用が強く求められます．

表7-1 損失を含む現実的なシミュレーション結果（参考値）

	2m	3m
$E(x)$	12.5	4
$H(x)$	0.2	0.08
$E(y)$	40	17.2
$H(y)$	0.1	0.03

電界：[V/m]，**磁界**：[A/m]
例：$E(x)$はループ面に垂直なX方向の電界（絶対値）
ICNIR規定（一般公衆）：27.5[V/m]　0.073[A/m]
総務省の電波防護指針：
f[MHz]として，3～30MHzで824/f[V/m]　2.18/f[A/m]

MLAの電波防護指針

MLAは，電波防護指針にのっとり何W加えることができるでしょうか．

試算するためには，まずアンテナ型式を知る必要がありますが，JARLのWebページ（自己点検の手順）によると，選択肢は「半波長ダイポール型」，「単一型・垂直型」，「ビーム型」，「その他」です．しかし，前の3種は自己点検表にありますが，「その他」については具体的な計算方法が書かれていないので悩みます．

三浦正悦 著『電磁界の健康影響』（東京電機大学出版局）によれば，1m×1mのMLAモデル（14MHz，10W）では2m以上の距離を確保する必要があるという結論で，これはエレメントと整合回路が無損失のときのEZNEC（**http://www.eznec.com/**）による計算結果です．

そこで断面が1cm×1cmで，同じ寸法のアルミ製MLAをXFdtdでシミュレーションしてみました（Q＝2000のコンデンサ二つで整合．放射効率43％，100W励振のとき）．

損失を含む現実的なシミュレーション結果（参考値）は，**表7-1**に示すように無損失の結果とは大きく異なりました．これに従えば，モードにもよりますが，計算上100W（連続）運用で3m以上離す必要があると思われます．

7-3 シミュレーションの種類

ワイヤ・アンテナは，前節や第3章などでも使用している，フリーソフトのMMANAで設計できます．これはJE3HHT 森 誠氏が作成されたモーメント法によるアンテナ・シミュレーション・ソフトで，ワイヤやパイプで構成されるアンテナを解析できます（次のWebサイトから無償ダウンロードできる．**http://www33.ocn.ne.jp/~je3hht/**）．

基本マニュアルによれば，MMANAは米国政府研究機関で開発された「MININEC（ミニネック） Ver.3」を元に作成したモーメント法によるアンテナ・シミュレーション・ソフトです．解析の主要プログラムMININECは，BASIC言語のソースファイルがPDS（Public Domain Software：著作権を放棄した上で配布されるソフトウェア）として公開されており，MMANAは，それをC++に移植し，独自のGUI（グラフィカル・ユーザ・インターフェース）で操作できるようになっています．

表7-2 電磁界シュミレータで使われる手法

周波数領域（Frequency Domain）	時間領域（Time Domain）
モーメント法（MoM） Sonnet/Sonnet Lite，S-NAP/Field，FEKOなど	伝送線路法（TLM） Microstripesなど
境界要素法（BEM） S-NAP PCB Suiteなど	有限積分技法（FIT） Micro Wave Studioなど
有限要素法（FEM） FEKOなど	有限差分時間領域（FDTD） XFdtdなど

周波数領域と時間領域

電磁界シミュレータは，解析するアンテナや基板，機器などの寸法・形状・材質をそのままCAD入力するだけで，パソコンでマクスウェルの方程式を解いてくれます．

電磁界シミュレーションの手法には，**表7-2**に示すように，周波数領域と時間領域の2種類の手法があります．

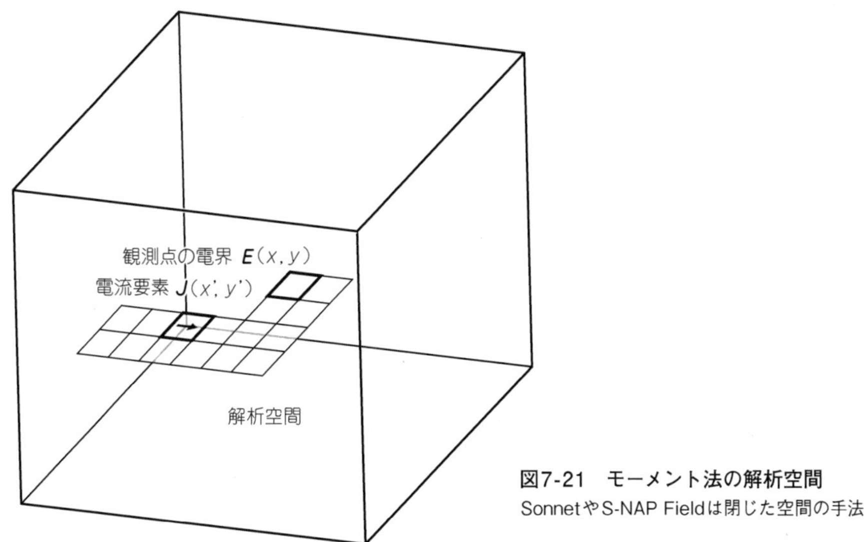

図7-21　モーメント法の解析空間
SonnetやS-NAP Fieldは閉じた空間の手法

周波数領域の手法

モーメント法は周波数領域の手法です．これは信号源として正弦波を加えて，一つの周波数で電流分布やSパラメータなどを求めます．必要な帯域について，ある周波数ステップで同じシミュレーションを繰り返すので，一般的に広帯域のデータを得るためには多くの計算時間が必要になります．

そこで最近ではSonnetのABS（Adaptive Band Synthesis）Sweepや，S-NAP/FieldのAWE（Asymptotic Wave Evaluation）法のように，実際にシミュレーションするのは少ない周波数ポイントで，解の漸近方程式から帯域内のデータを補間する方法を用いて，高速にデータを得る手法が開発されています．

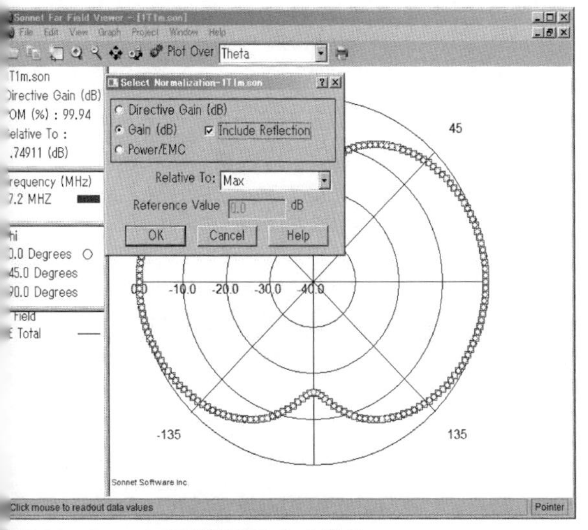

図7-22　Sonnetで3種類のGainを選ぶ

モーメント法は，マクスウェルの方程式から積分方程式を導出するところから始まります．また積分方程式を離散化して行列演算で連立方程式を解く一般的解法なので，電磁界問題以外の分野でも使われています．

アンテナや線路などに給電する点をポートと呼んでいますが，例えばそこに1Vを加えたとき，**図7-21**に示す基板上の線路問題のように，導体表面を細かく分けた各要素（サブセクション）の表面電流を求めます．

ポートの電圧と電流がわかればインピーダンスが求まりますが，空間に置いたアンテナ問題では，エレメントのサブセクションの電流が得られれば，前節で述べたように空間の電界が求まり，放射パターンも描けます．

図7-22は，Sonnetの遠方界放射パターン表示で，3種類のGain（利得）を選ぶことができ，他社のソフトも同じような機能がついています．

電磁界シミュレータで得られた放射パターンをもとに計算した利得は，「特定方向への電力密度と全放射電力を全方向について平均した値との比」で，その最大値を指向性利得（Directive gain）といいます．

Sonnetでは，**図7-22**のDirective Gainをチェックすると指向性利得が表示され，Gainのほうを選ぶと電力利得が表示されます．Gainはエレメントの抵抗損などで失われる分を含んだ利得で，放射効率ηは次の式で計算できます．

$$\text{放射効率}\ \eta\ [\%] = 100 \times 10^{[(\text{Gain} - \text{Directive Gain})/10]}$$

ところで，効率は，①システム効率や②放射効率

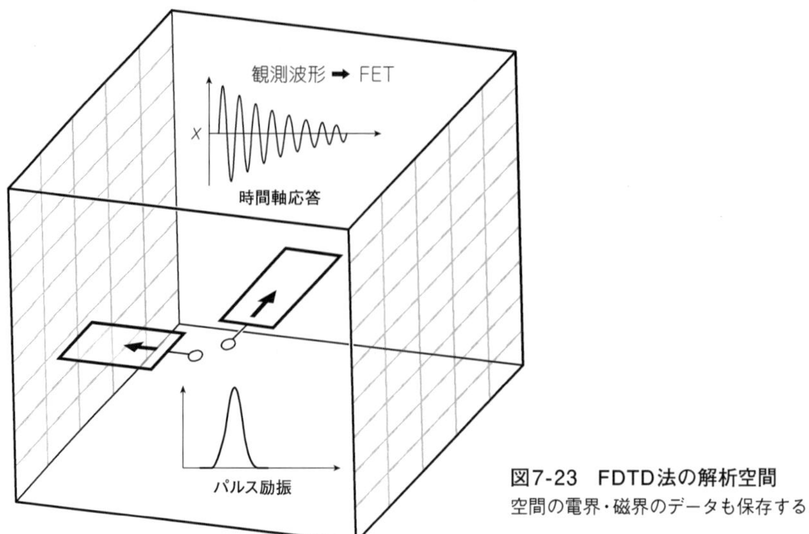

図7-23　FDTD法の解析空間
空間の電界・磁界のデータも保存する

などで評価されます（前節を参照）．アンテナの給電システムには反射や損失がありますが，損失が大きいほど①は低下します．一方，②は不整合の影響を含まないアンテナ単体の効率です．

図7-21のダイアログ・ボックスにはInclude Reflectionのチェック・ボタンがあり，これも同時にチェックした場合は，不整合による反射を含んだ場合のGainが得られ，これは最悪ケースの値といえます．

アンテナから終段回路に戻った電磁エネルギーの一部は再び送り出されるので，実際には最悪値のGainほど低くはないでしょう．

時間領域の手法

表7-2のFDTD法やTLM法は時間領域の手法です．この手法は，モーメント法のように方程式を解くのではなく，文字どおり時間変化する電磁界を空間に逐次伝搬させていく方法なので，本来のシミュレーション（模擬実験）手法ともいえるでしょう．

時間領域の手法では，空間を細かい3次元メッシュに離散化して，各メッシュに伝搬する電磁界をマクスウェルの方程式の差分表現式を使ってシミュレーションします．CADは任意形状の3次元入力なので，携帯機器の人体への影響をシミュレーションするための精密な人体モデルなども販売されています．

図7-23はFDTD法の解析空間です．信号源は，広帯域の周波数成分を持つガウスパルスなどを一個だけ励振します．導体や誘電体，空間などすべての空間が3次元メッシュで離散化されているので，パルス波はすべてのセル（メッシュの最小単位）に伝わります．

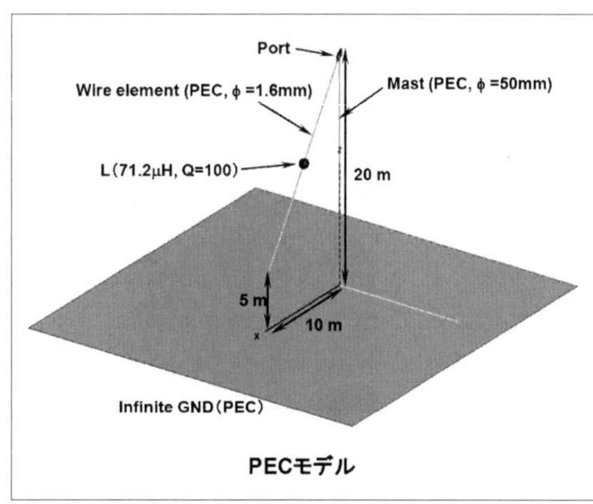

図7-24　スローパー・アンテナの寸法

観測点は空間や誘電体内にも設定でき，これらの観測点で得られる時間軸応答のデータがほぼゼロに収束したところでシミュレーションは終了します．

そこで，得られた時間軸のパルス応答データをフーリエ変換（FFT）すると，広帯域な周波数軸のデータが得られるので，低周波から高周波までの電磁波ノイズを調べるEMI（電磁障害）の問題にも向いています．

大地のモデリング

MMANAやANNIEは，大地の特性値（比誘電率と導電率）を設定して反射係数を求めています．しかし，3次元CADを備えたFDTD法など多くの電磁界シミュレータは，一般に大地を厳密にモデリングする機能を持っていません．

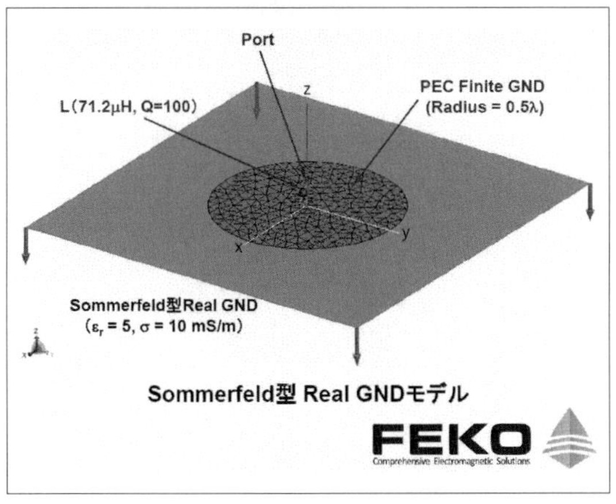

図7-25　スローパー・アンテナと大地をモデリングするSommerfeld型Real GND

提供：ファラッド株式会社（以下同）．**http://www.farad.co.jp/**

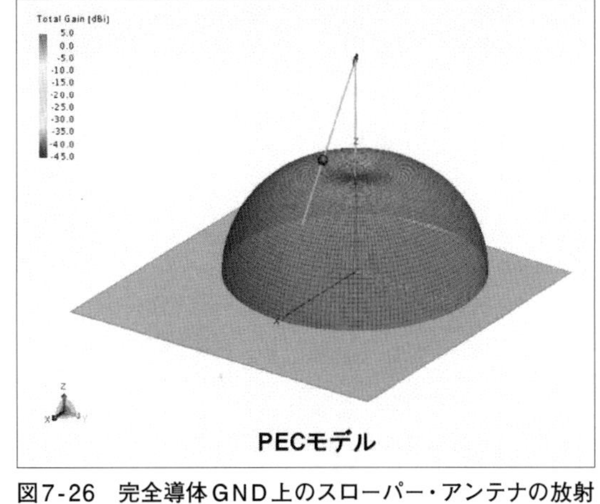

図7-26　完全導体GND上のスローパー・アンテナの放射パターン

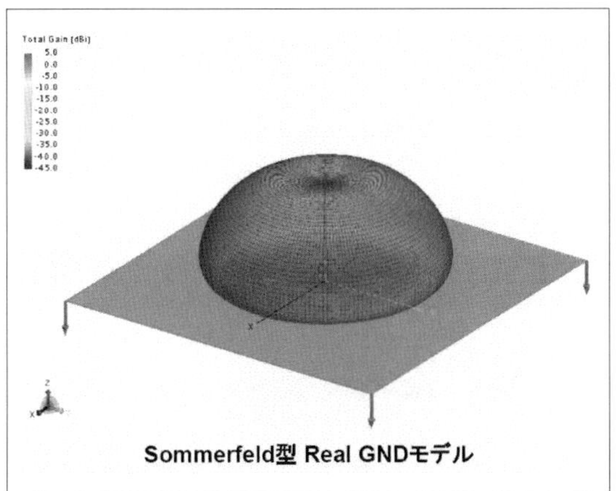

図7-27　Sommerfeld型Real GND上のスローパー・アンテナの放射パターン

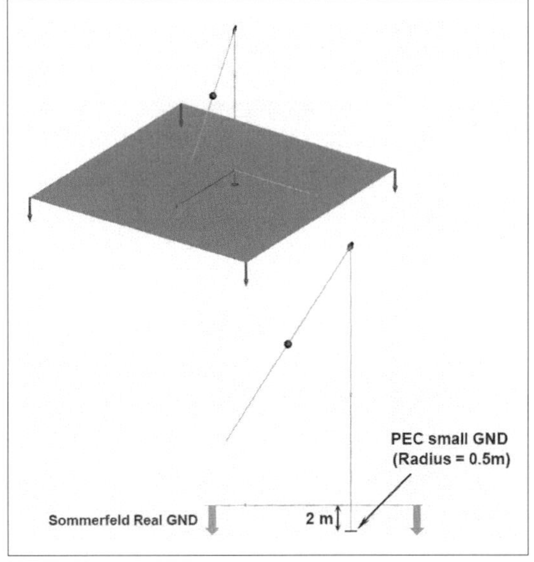

図7-28　マストを地中に2m埋め込んだSommerfeld型Real GNDモデル

図7-24は，MMANAのサンプル・モデルに入っているスローパー・アンテナ（第5章参照）の寸法図です．ここでPECとは完全導体（理想導体）のことで，入力インピーダンスの計算には完全導体の大地を仮定しています．

また，**図7-25**は大地をモデリングできるEMSS社のFEKOによる方法の一つです（提供：ファラッド株式会社）．ここでSommerfeld型Real GND[*4]とは，地中深くまで誘電体でモデリングできる手法で，厚さを指定することもできます．

スローパー・アンテナは，垂直マストがグラウンドに埋め込まれていますが，その下端をSommerfeld型GNDに接続しただけでは，接地されている状態を表現することができません．そこで，**図7-25**に示すように，接地用の導体円板を設けています．

図7-26は，完全導体GND上のスローパー・アンテナの放射パターンです．お椀を伏せたような形状で，MMANAのシミュレーション結果と一致しています．

一方，**図7-27**はSommerfeld型Real GND上のスローパー・アンテナの放射パターンで，地面に接する付近がくびれており，大地による反射を含むMMANAのシミュレーション結果とよく一致しているのがわかります．

また**図7-28**は，接地用の大きな導体円板を用いずに，垂直マストをグラウンドに2m埋め込んだ別法のモデルです．こちらの放射パターンは**図7-27**

＊4 Sommerfeld-Nortonグランドとも呼ばれ，UA3AVR Dimitry Fedorov 氏が作成したNEC2 for MMANAでも採用されているが，**図7-28**のようなマストを地中に埋め込んだモデルでは使えない（**http://www.qsl.net/ua3avr/**）．

メディアの設定

No.	誘電率	導電率(mS/m)	X距離(m)	高さ(m)
1	15.0	5.0	0.0	0.0
2	15.0	5.0	20.0	−20.0
3	15.0	5.0	40.0	−40.0
4	15.0	5.0	60.0	−60.0
5	15.0	5.0	80.0	−80.0
6	15.0	5.0	100.0	−100.0
7	15.0	5.0	120.0	−120.0
8	15.0	5.0	140.0	−140.0

グランドスクリーン
□ グランドスクリーン
ラジアル 8 本
半径 0.001 m
OK
キャンセル

図7-29　MMANAによるメディアの設定

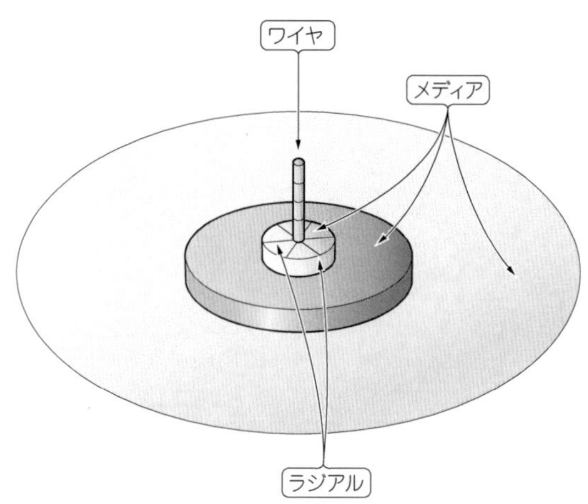

図7-30　MININECで扱えるアンテナ周辺の環境

に近くなりましたが，接地抵抗が増えて利得は低下しており，現実により近いと思われます．

MININECの威力

NECとはNumerical Electromagnetics Codeの略で，米国Lawrence Livermore国立研究所などが共同で開発したソフトです．

MININECはそのミニ版というわけですが，パブリック・ドメイン（著作権を放棄したソフト）で配布されたため，世界のハムが使い始めました．説明書には「電界の積分計算にGalerkin（ガレルキンまたはガラーキン）法をモディファイした手法を用いている」と書いてあり，Galerkin法はモーメント法の一つです．

NECが世に出るまでのハムのアンテナ設計はというと，せいぜい波長を電卓でたたいて，あとはエレメントの長さを現場でカット・アンド・トライするのが精いっぱいでした．

しかしこの方式は，ワイヤを1か所でも曲げたりすると応用が利かなくなってしまうので，MININECの威力には，当時たいへん驚いたものです．

MMANAのメディアとグランド・スクリーン

MMANAで接地型のアンテナをモデリングするときに，**図7-29**に示すようなメディアを設定できます．

MMANAは，モーメント法によるMININECの解析エンジンを使ったGUI（グラフィカル・ユーザ・インターフェース）プログラムなので，ここで設定するメディアとは，MININECに含まれている**図7-30**，**図7-31**のような環境を扱う機能をそのまま使っているはずです．

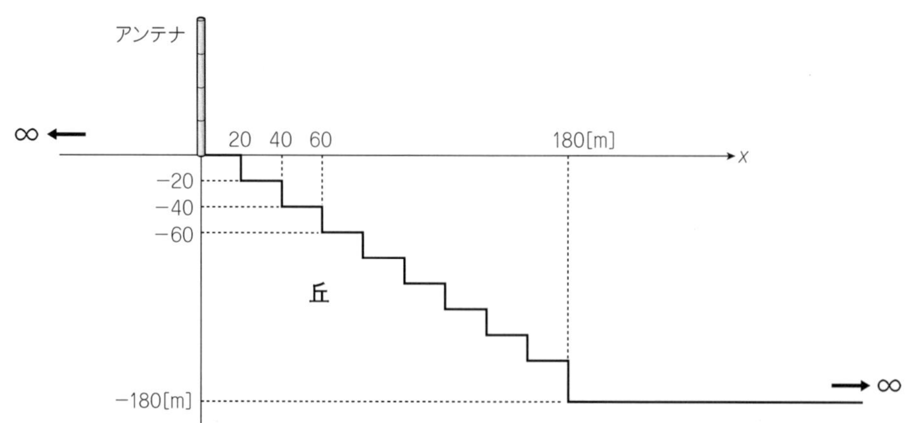

図7-31　階段状のメディアで丘を表現する

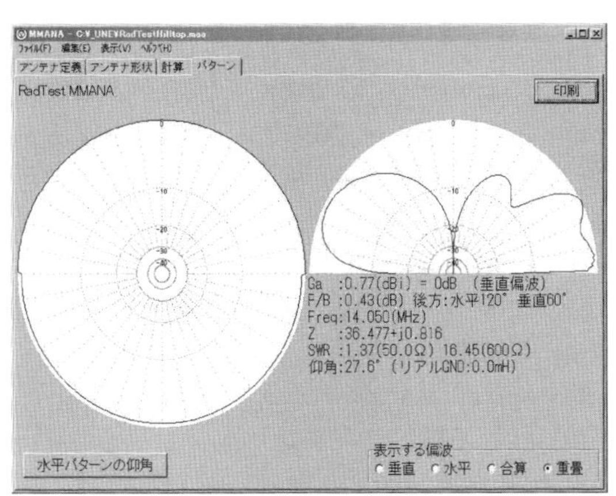

図7-32　丘の上のモノポール・アンテナの放射パターン

メディアの設定

No.	誘電率	導電率(mS/m)	X距離(m)	高さ(m)
1	15.0	5.0	0.0	0.0
2	15.0	5.0	20.0	-20.0
3	15.0	5.0	40.0	-40.0
4	15.0	5.0	60.0	-60.0
5	15.0	5.0	80.0	-80.0
6	15.0	5.0	100.0	-100.0
7	15.0	5.0	120.0	-120.0
8	15.0	5.0	140.0	-140.0

グランドスクリーン
□ グランドスクリーン
ラジアル　8　本
半径　0.001　m
OK
キャンセル

図7-33　グランドスクリーンをチェックしたときのメディアの設定

例えば，アンテナを14MHz用の5.2m長のモノポール・エレメントとしてモデリングして，**図7-31**の丘に設置したときの放射パターンは**図7-32**のようになりました．アンテナの左側（$-x$方向）は半無限に伸びる平面で，右半面は丘の上から見下ろす坂になっています．

ここで，**図7-29**のメディア設定には注意が必要です．グランド・スクリーンをチェックすると，表題の「X距離（m）」が「半径（m）」に替わることに気づくでしょう．これは，入力項目がラジアルの半径を設定するエリアに替わったことを意味するので，例えば5.2m長のラジアル線を8本モデリングする場合は，**図7-33**のように最初の行に半径を設定します．

これを実行すると**図7-34**の結果が得られますが，**図7-32**とは異なり，自動的にアンテナの左側（$-x$方向）のパターンも対称形に描かれてしまいます．これは，グランド・スクリーンをチェックすることで，MININECが**図7-30**に示すような同心円状のメディアに放射状のラジアルを張ってしまうという制約によるものと思われます．

そこで，ラジアル線を8本から128本に増やすと，**図7-35**のように利得（Gain）が向上することがわかります．大地の比誘電率は15に設定しているので，XFdtdなどの電磁界シミュレータでは，波長短縮を考慮して5.2mよりもかなり短くしないと14.05MHzで共振しないはずです．

しかしMMANAでは，例えば4mに設定したときの利得は，5.2mのときよりも低いので，ここで入力するラジアル長は，波長短縮を無視した値でよさそうです．

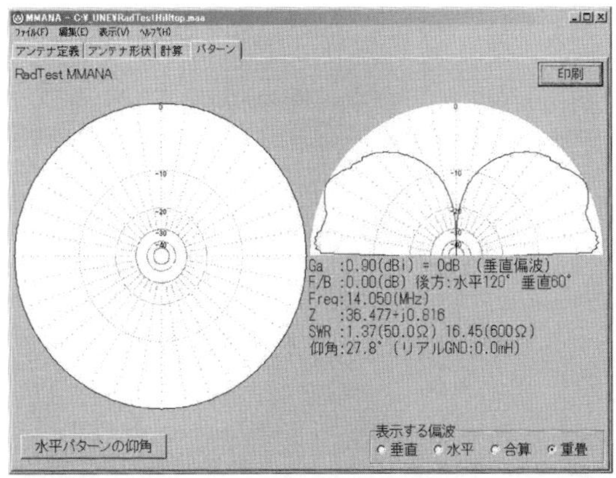

図7-34　グランド・スクリーンをチェックしたときの放射パターン

ラジアル線は8本

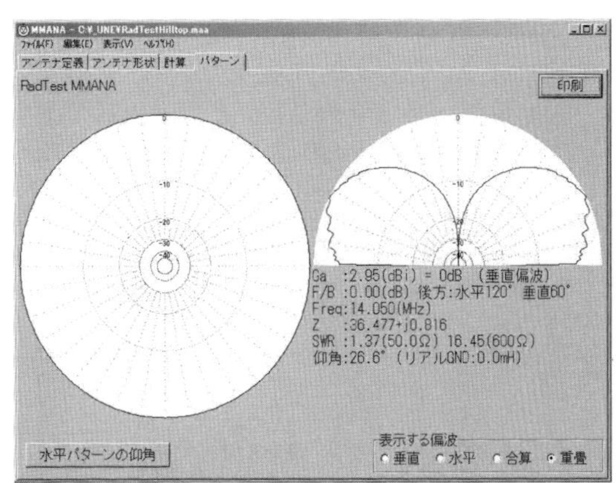

図7-35　ラジアル線を8本から128本に増やしたときの放射パターン

7-4 ツールの効用 — 思い込みを正す

電波は見えないので，自ら展開した理論的構想(?)がアンテナの使用感に近ければ，それをただちに正しい原理と思い込みがちです．

「もしかしたら，すごいアンテナを発明してしまった！」とWebサイトで公開に踏み切る前に，シミュレータを使って十分確かめておくことを，強くお勧めします．

「百日の説法…」になる前にきちんと検証しておけば，伝授の際，徒(いたずら)にビギナーの混乱を招くことも避けられるのです．

逆Vアンテナの落とし穴とは？

ダイポール・アンテナを水平に張る余裕がない土地では，中央にポールを立てて逆V形にする方法があります．

図7-36に示すように，エレメントの電流が矢印のように流れている瞬間を考えてみましょう．左側のエレメントに流れる電流を垂直成分と水平成分に分けると，左上のベクトル(矢印)のようになります．

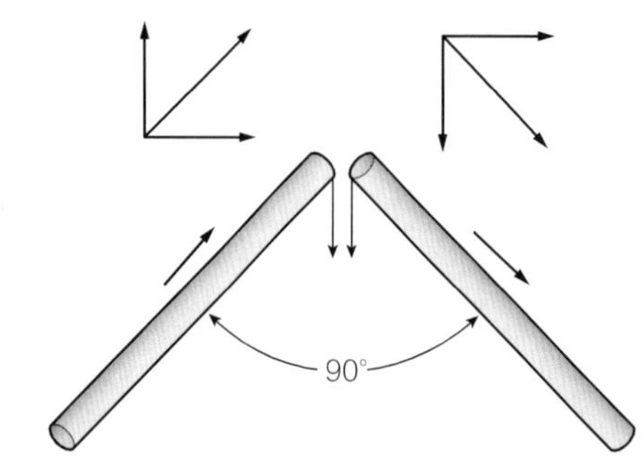

図7-36　逆Vエレメントの電流

また，右側のエレメントに流れる電流は，右上のように分けられます．水平成分だけを見ると同じ方向なので問題ありませんが，垂直成分は互いに逆向きなのでキャンセルされ，水平設置のダイポール・アンテナよりずいぶん不利になるように思えます．

それでは，さっそくこの論法をビギナーに伝授してよいものでしょうか？

図7-37は，逆Vアンテナのシミュレーション・モデルで，**図7-38**はその結果です(MMANAを使用)．自由空間における放射パターンは，水平設置のダイポール・アンテナと同じような太ったドーナツ形です．

無損失のワイヤで計算した指向性利得は1.75dBiですが，これを銅線に替えると1.51dBiになりました．前者をDirective Gain，後者をGainと見なせば，簡易的に得られる放射効率ηは，次の式から95%となります．

$$\eta\ [\%] = 100 \times 10^{[(\mathrm{Gain} - \mathrm{Directive\ Gain})/10]}$$
$$= 100 \times 10^{[(1.51-1.75)/10]} \fallingdotseq 95\%$$

同様の方法で直線状のダイポール・アンテナのηを求めると，やはり95%となるので，**図7-36**による思考実験とは明らかに矛盾しています．さてどちらが正しいのでしょう？

こういった場合は，たいてい電磁界シミュレータのほうに軍配が上がります．例えば，水平設置のダイポール・アンテナに100Wを給電してみましょう．簡単なために完璧な整合が取れている無損失のアンテナを仮定すれば，100Wが放射されるでしょう．

そこで，逆Vアンテナで同じことをすれば，やは

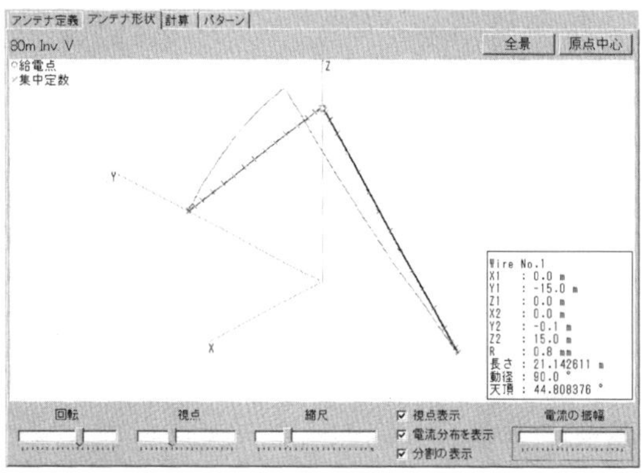

図7-37　逆Vアンテナのシミュレーション・モデル(3.5MHz用)

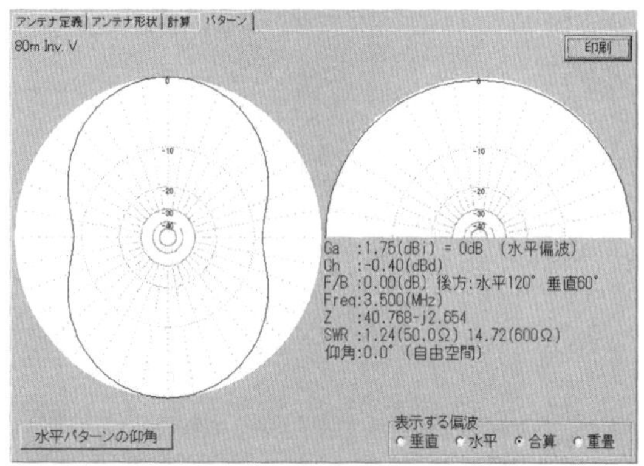

図7-38　逆Vアンテナの自由空間における放射パターンと入力インピーダンス

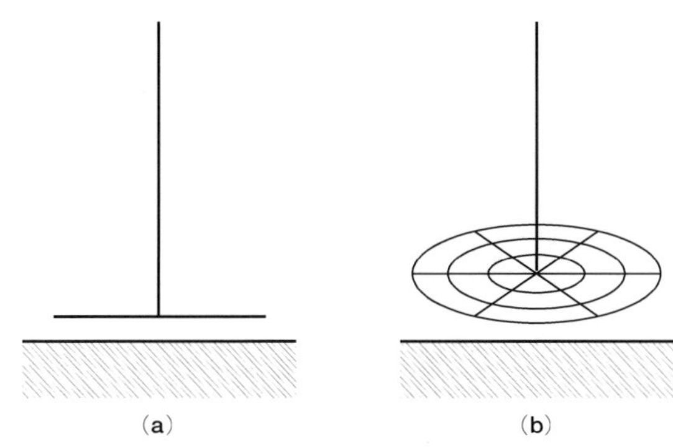

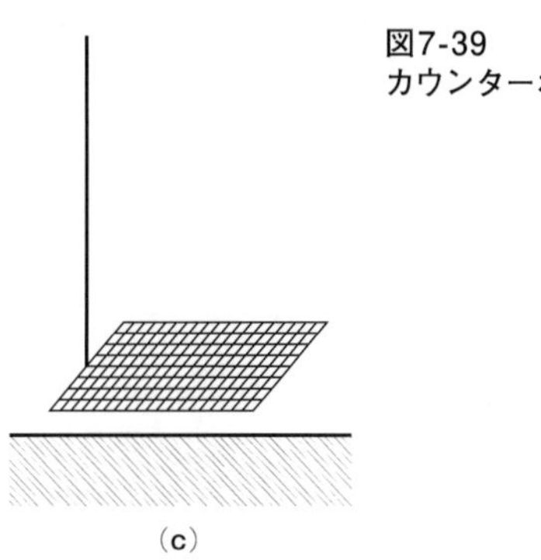

図7-39
カウンターポイズ

り100 Wが放射されます．それでは，電流のキャンセルはどう考えればよいのでしょうか……？

図7-37のインピーダンス表示で，Rの値は41 Ωになっているのがわかります．また，直線のダイポール・アンテナのRは73 Ωなのだから……そうです，逆向きの電流による磁界のキャンセルはあっても，入力インピーダンスが低くなり，給電点の電流は大きくなります．そこで，やはり100 Wの放射があるわけで，結局「V形のアンテナは不利になる」とがっかりするのは早計なのです．

簡単な図だけで思考実験をすると，よくこのような勘違いがあり，たいていの場合，早合点してしまいます．ましてや，それをビギナーにとうとうと説明してしまうという過ちは，先輩としては極力避けたいものです．

そこで，簡単な問題でもMMANAなどでシミュレーションしておけば，思い込みを正すことができるというご利益が生まれます．

ラジアル・ワイヤの本数

図7-39は，モノポール・アンテナの接地方法です．いずれも地中に埋めずにやや浮いています．

これらは大地に直接接地するのではなく，容量（キャパシタンス）を通して接地する方法で，カウンターポイズ（counterpoise：埋没地線）と呼んでいます．

図7-39ではカウンターポイズが少し浮いていますが，地面に直に這わせた場合は損失が高くなり，ηが低下します．

また，**図7-39(b)**や**図7-39(c)**は平面状ですが，工作が面倒です．そこで，**図7-39(a)**の本数を増やして放射状に張ることが多いのですが，中には数十から百本以上も張る例があると聞きます．

確かに地表に直接這わせるラジアル・ワイヤの場合は，4本のときに放射効率が55%程度（第5章 5-1節）と低く，数十本も付けてようやく満足できたという報告があります．

図7-39(a)のラジアル・ワイヤ（線）は地面から浮いています．ベランダのコンクリート表面に這わせた状態を想定して，第5章 **図5-5**のラジアルの本数を増やしてシミュレーションしてみました．

図7-40は，本数と放射効率の関係を示すグラフです．放射状に8本と16本這わせたときのηはほとんど

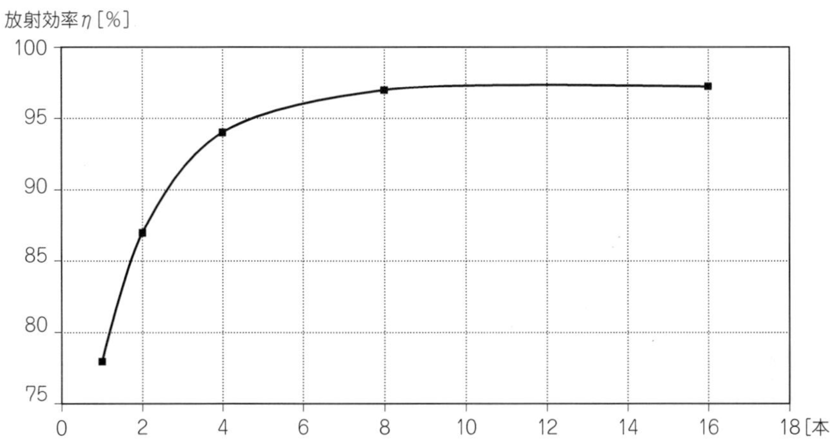

図7-40
ラジアル線の本数と放射効率ηの関係

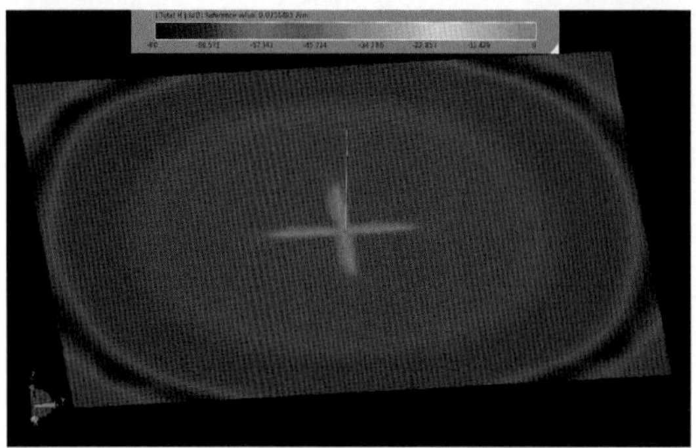
図7-41　コンクリート表面の磁界強度分布（ラジアル線4本）

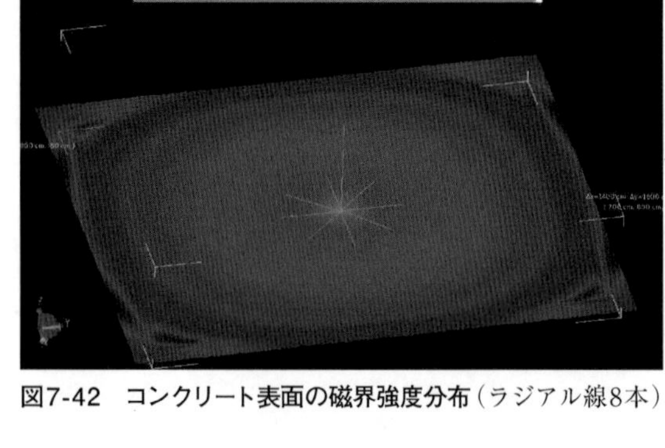
図7-42　コンクリート表面の磁界強度分布（ラジアル線8本）

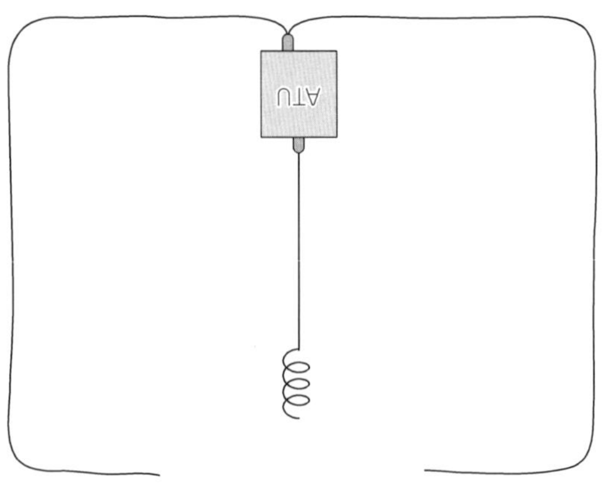

図7-43　逆転の発想によるベランダのラジアル線設置法

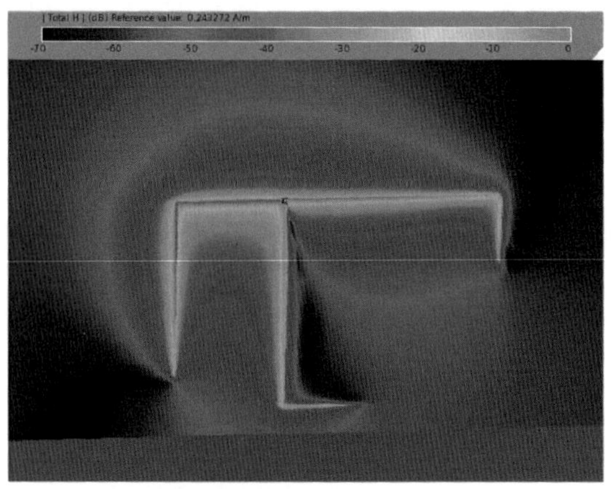
図7-44　ベランダの逆立ち設置のモデル
28MHzにおける磁界強度分布

変わらず，97%に落ち着くようです．**図7-41**はラジアル線4本の場合のコンクリート表面の磁界強度分布です．また，**図7-42**はラジアル8本の場合です．

アンテナは，第5章 **図5-5**の21MHz用GPのモデルを使っており，ラジアル線の本数が増えると，線を含む平面上の磁界強度分布が均一になっているのがわかります．

なお，これらのラジアル線はコンクリート表面に這わせているので，**図7-39**のように浮かせた「カウンターポイズ」として使えば，さらにηは高くなるはずです．

また，**図7-39**(**a**)の方式は，ATUを使って多バンド化する場合，ラジアル線は少なくとも1本ずつ必要です．しかし，**図7-39**(**c**)のように大きめの金属網を用いれば，バンドを切り替えても，メッシュに流れる電流が調整されるのでFBです．

その場合，金属網を直接コンクリート面上に密着させるよりも，10cm以上浮かせるか，あるいはパネル状のフェンスでは，横長に吊り下げるほうがηは向上すると思われます．

逆転の発想

ベランダに這わせるラジアル線は，ATUでマルチ化を図ると本数が増えます．HFローバンド用は，コの字形やジグザグに配置するので，どうしても床に散乱します．

筆者はアンテナの入門セミナーに招かれることがありますが，厚木アマチュア無線クラブの会場で，「全体を上下に逆転してはどうか」と質問されました．**図7-43**は，そのときのJA2WIB/JG1PAW 櫻井OMのFBなアイデアで，このように設置すれば床はすっきりするし，電流の腹は2mほど高くなり，二重のメリットです．

そこで，この方法で設置しても問題ないか，電磁界シミュレーションで確かめてみました．**図7-44**は28MHz用の逆立ちモデルの磁界強度分布です．ラジアル線は，あえて左右非対称に張り，各エレメント端はL字形に折り曲げました．

図7-45は放射パターンで，利得は3.9dBiと，やや左側へ指向性が強くなりました．放射効率は96%

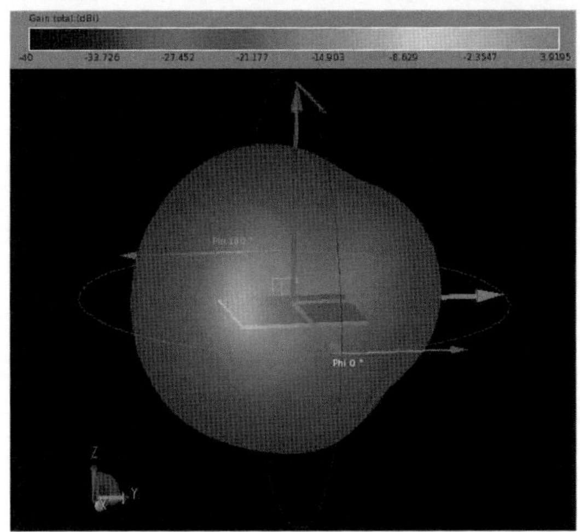

図7-45　ベランダの逆立ち設置の放射パターン
利得は3.9dBi．放射効率は96%だが，建物による損失は含んでいない

で，この設置方法でも問題はなさそうです．実際には上の階のコンクリート床が近いので，ラジアルは10cm程度離して張るとよいでしょう．

ただし，ATUを高所に取り付ける際には設置方法にも工夫が必要です．くれぐれも安全な作業を心がけてください．

共振回路のシミュレーション

ダイポール・アンテナを等価回路で表すと，**図7-46**の2種類になります（第4章 4-2節）．等価回路は，あくまで電圧と電流が同じだけなので，アンテナの周りに分布する電界や磁界と，等価回路の各素子が個別に対応しているわけではないことに注意が必要です．

また**図7-47**は，電気回路の教科書にある並列共振回路で，合成インピーダンスは次のとおりです（$\dot{Z}$はベクトルを表す）．

$$\dot{Z} = \frac{X_C\,(X_L - jR)}{R + j\,(X_L - X_C)}$$

共振しているときにX_LとX_Cが等しくなれば，Rをゼロにしてしまうと「ゼロ除算」になります．数学ではゼロ除算は未定義ですが，回路シミュレータで**図7-47**のRを除いて計算すると，インピーダンスはひ

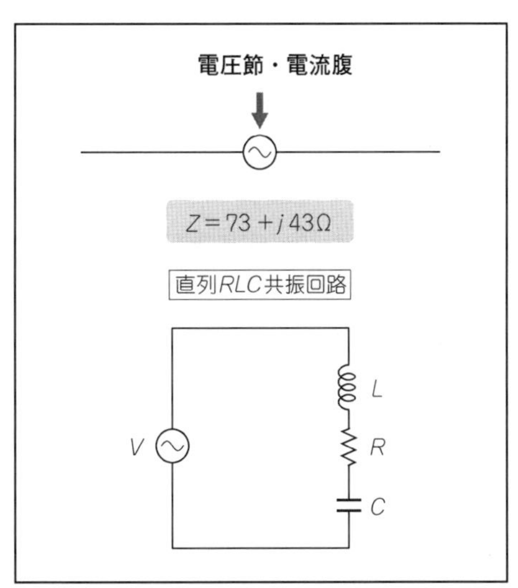

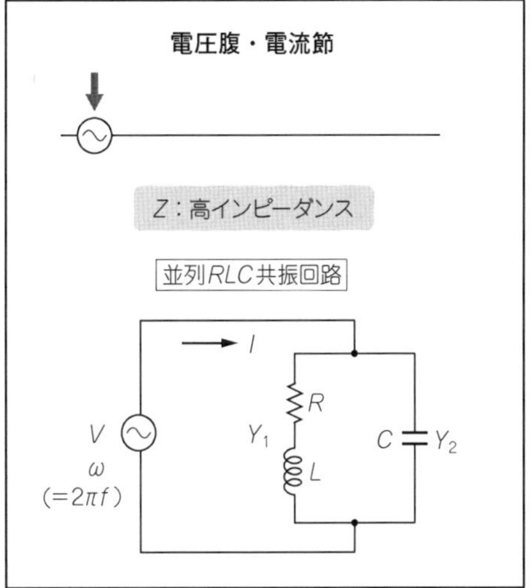

図7-46　ダイポール・アンテナの等価回路2種

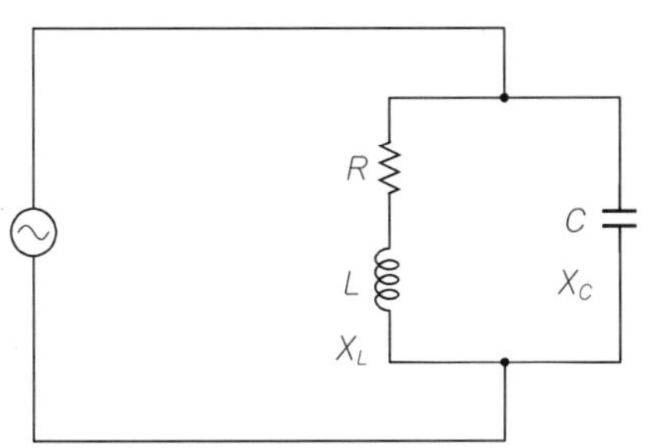

図7-47　並列*RLC*共振回路

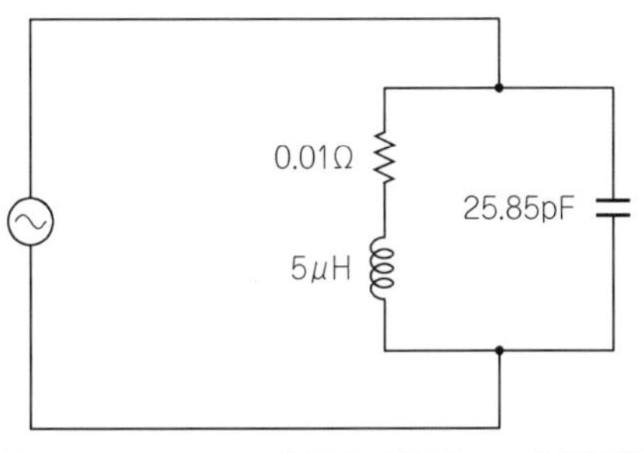

図7-48　14MHzで共振する並列*RLC*共振回路

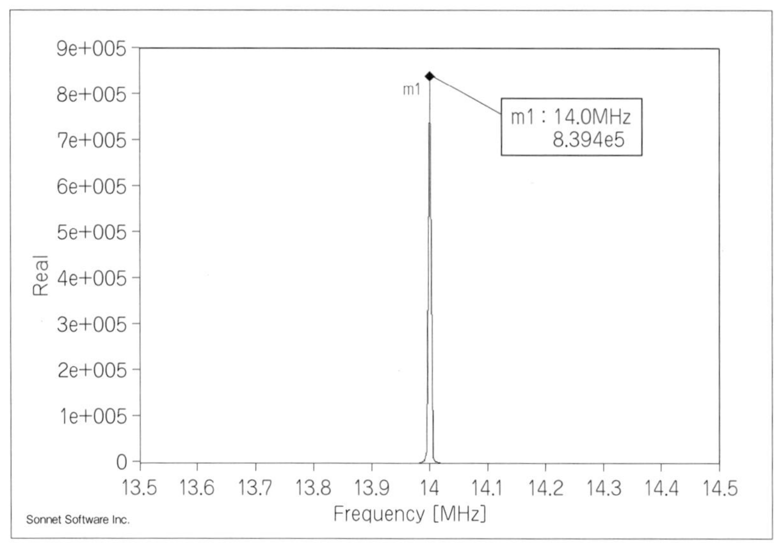

図7-49
並列*RLC*共振回路(図7-47)**の合成インピーダンスの*R***(実部)

じょうに小さい値を出力することがあります．

そこで，例えば**図7-48**のような回路にすると，合成インピーダンスの*R*は**図7-49**のようになります(Sonnetの簡易回路シミュレータを使用)．このように，実際の並列*LC*共振回路は高インピーダンスになり，50Ωの同軸ケーブルを直接つなぐことはできません．

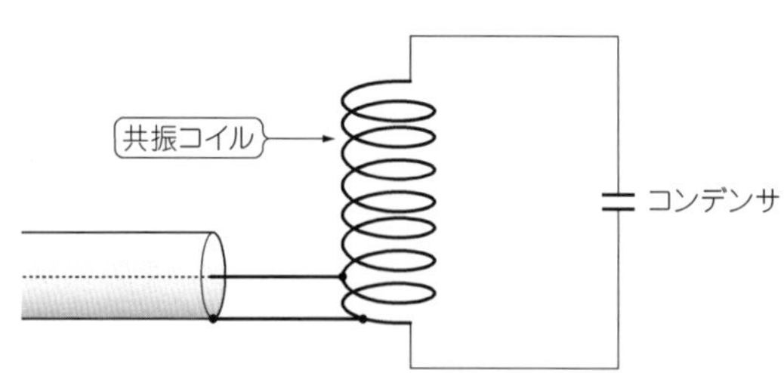

図7-50　タップで整合を取った並列共振回路

このため，**図7-50**のようにタップで整合を取った回路を用いるわけですが，例えばコイルを4.96μHと0.04μHに分けると，入力インピーダンスはほぼ50Ωになります(**図7-51**)．

そこで，この回路に50Ω同軸ケーブルで給電すれば確かに低*SWR*になります．しかし，これはあくまで集中定数素子による並列共振回路なので，測定の結果「低*SWR*」でも，「放射するかどうか」は別問題なのです．

シミュレータは両刃の剣か？

孤独に耐えながら(hi)コンパクト・アンテナを設

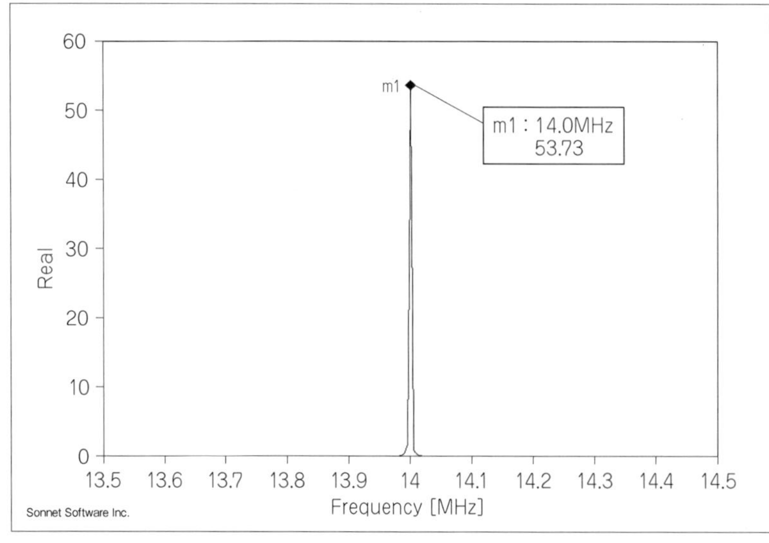

図7-51
タップ付き並列*RLC*共振回路の合成インピーダンスの*R*(50Ωに近い)

計していると，突然「すごいアンテナを発明してしまった」という錯覚におちいることがあります．

電波は見えないので，新アンテナを作って実験しているうちに，思いのほか良い結果が得られてしまうことがあります．筆者はこれを「マクスウェルの悪魔*5」と勝手に呼んでいますが，*SWR*を測ると極めて良好なので「すごく飛んでいる」と錯覚してしまうのです．

また，実際にそこそこQSOできるので，「これはスゴイ」と思い込んでしまうわけです．そのとき必要なのは深呼吸なのですが，夢が一気に膨らんでしまうと，手がつけられなくなるかもしれません．

電磁界シミュレータは，奥が深い電磁波問題を正しく解いてくれる「バーチャルなマクスウェル大先生」なので，思い込みを正してくれるたいへんありがたいソフトウェアです．しかし，使い方を間違えれば答えも違ってくるので，「電気の常識にのっとった検証」という作業が欠かせません．シミュレータを使ったことで，思い込みをさらに助長するようでは逆効果なのですから…….

そこで，一流メーカー製の電磁界シミュレータは，優秀なプログラマーや理学・工学の博士たちが検証のフィードバックを繰り返し，バージョン・ナンバーが2桁になるあたりからようやく安心できるのです．

学生は，電気工学実験のデータを捏造して卒業すれば，一生後悔することでしょう．もし筆者が新アンテナを十分確かめずに結果を公表すれば，誤ったデータが一人歩きしてしまい，多くの読者が迷惑します．

各社のアンテナ製品は，アマチュア向けといえどもメーカーが責任を持って性能を保証してくれないと，ユーザーはがっかりさせられるでしょう．それは，偉大なマクスウェルに対しても，申し開きできないことだと思うのです．

アマチュアのよいところは，斬新なアイデアを損得抜きで楽しめることですが，意図しない誤りも多く含まれます．結局のところ，最後に頼りになるのは自分なのですから，本書で（hi）正しい知識を身につけ，アンテナのおもしろさを十二分に味わってください．

モーメント法のモーメントとは？

理科の時間に勉強したモーメントは，シーソーのバランスで説明される「力のモーメント」です．シーソーの支点からの距離と力（この場合は重力）が等しければバランスがとれるという説明です．また，一様な磁界H中に，断面積S，長さL，磁化の強さJの棒を置いたときに，磁極の強さm（$=JS$）×Lを磁気モーメントといいます．いずれも，MMANAやSonnetのモーメント法と直接の関係はありませんが，これらは，力の大きさ（あるいは磁極の強さ）と距離の積になっています．

モーメント法の名付け親は，米国シラキュース大学時代のRoger Harrington教授で，Sonnetを開発したAJ3K　James Rautio博士は，学生時代に直接モーメント法の教えを受けた愛弟子です．筆者らは，彼からの又聞きですが，教授が新しい名前を付けるときには，過去に誰かが使っていないか，厳しくチェックされたとのことです．

当時インターネットはありませんから，世界中の論文や文献をあたって，同じ名前が使われていないか調べられたそうです．その結果，実は一つだけ教授と同じ積分法に対するロシアの研究が見つかってしまったのだそうです．

しかし，そちらは「モーメント積分（Moment Integrals）」という名前だったので，教授は最終的に「モーメント法（Method of Moments）」と命名されたそうです．また，頭文字をとってMoMとも呼ばれていますが，子供が母親をMom（マーム）と呼ぶので，これはユーモアが込められたネーミングなのかもしれませんね．

Roger F. Harrington；Field Computation by Moment Methods, IEEE Press Series on Electromagnetic Wave Theory, IEEE Press.

*5 本来マクスウェルの悪魔とは，電磁波を予言したマクスウェルが提唱した，分子の動きを観察できるという架空の悪魔をいう．

変わったアンテナの特許にご用心

図7-52は奇妙な物体ですが，米国で販売されていたBluetooth 2.4GHz用のアンテナだそうです．

米国の特許を取得しているので，日本の多くのメーカーも採用を検討したらしい．

アンテナは性能を正しく検証するのが難しいので，特許になっていれば一安心ということですね．

一概に決めつけるのは危険だ．このアンテナの特許には，天板の細かいパターンが性能に重要な役割を果たしているというクレーム*6がある．しかし，電磁界シミュレータで確かめてみたら，その効果はほとんどなかった．

図7-53によれば，基板のベタ・グラウンドにアンテナの一つの足を置くステージを設けて，同軸ケーブルの内導体とはんだ付けしています．ほかの三つの足は，やはりグラウンドに小さなステージを設けて固定しますが，グラウンドには導通させずに浮いた状態にしています．

給電部の足や上面は金属で，問題のメアンダ（蛇行（だこう））状のパターンは金属をくり貫いたスリットになっているね．また，中央には最も長い直線のスリットが切られている．

電磁界シミュレータSonnetを使って表面電流分布を調べたところ，アンテナの縁に沿って強い電流の定在波が認められました．このとき，表面の細かいパターンに強い電流路はなかったので，これらのパターンを1枚の金属板に変えてしまいました．

図7-54はシミュレーションした表面電流分布です．電流路はviaで立ち上がり，左の縁に沿って進んで最も長いスリットを進んでいるのがわかります．そして突き当たって反対側の縁に沿って戻り，再びアンテナの左縁に沿って直角に曲がった先で弱くなっています．電流をたどれば，これは背の低いモノポールを折り曲げたアンテナですね．

そのとおり．メアンダ状のパターンがある場合と比較すると，共振周波数はわずか高くなるものの，放射パターンや放射効率が改善されなかったので，問題のパターンが特許のとおり高性能化に寄与しているとは，とても考えづらい．

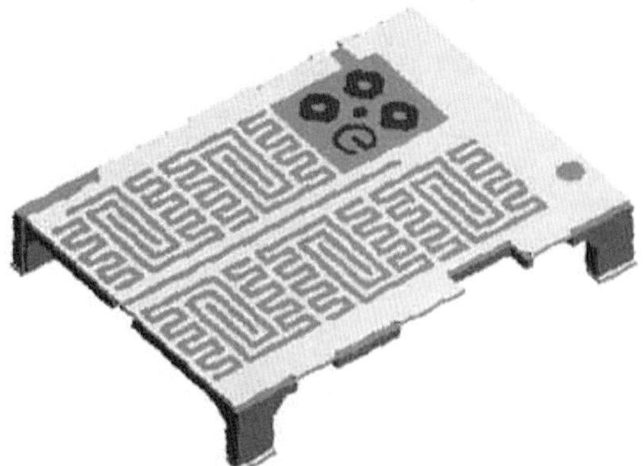

図7-52　米国eTENNA社（当時）のBluetooth用アンテナEA2400
10×14×2.4mm

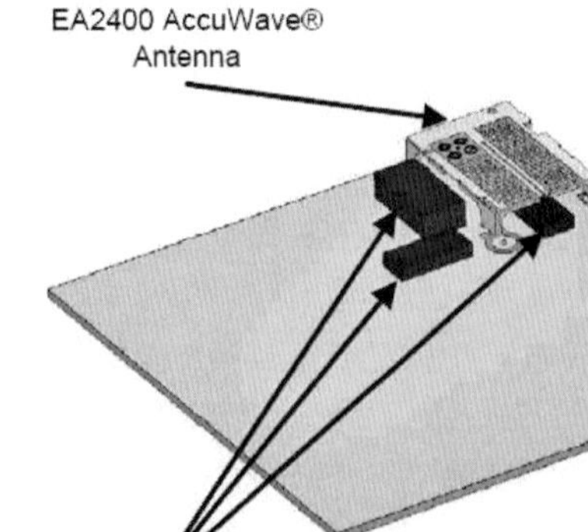

図7-53　eTENNAの実装方法

*6 クレームは特許の請求範囲のことで，クレームに記述されていない技術範囲に関しては特許権を主張することができないので，これは重要な記述である．

ヘルツやマルコーニから100年以上も経っているし，マクスウェルの方程式（1864年）に至っては，最先端のコンピュータで，今でもそのまま使われています．

そうだね．そろそろ彼らの理論を根底から覆すアンテナを発明したくなるだろうね．

米国の特許を調べていると，一見して動作が何なのか想像できないほど不思議な構造をよく見かけます．

英国では，ほかの発明に役立つという理由で，なんと「永久機関」に特許を与えるくらいだから，英国の特許は通りやすいかもしれない．だから，たとえ特許を取得しているからといって，そのアンテナが本当にクレームのとおりに動作できるという保証はない．

日本では，永久機関の特許はエネルギー保存の法則に反するので，認めないですね．

そのとおり．私の後輩は電磁波領域の特許審査官をしているが，日本の審査官は優秀だから，安直な特許はまず通らないだろう．

海外の特許権を真に受けて，そっくりまねたアンテナをこっそり日本で申請しても，審査官は世界の膨大な特許をしっかりチェックしているのだから，ごまかしは利かないよ．

それで思い出しましたが，DL7PE Juergen Schaeferによるマイクロバート（MicroVert）の意匠（Copyright, Design and Patents Act, 1988）は，英国の著作権・意匠・特許法に基づく権利です．なぜ本国ドイツの特許で申請しなかったのか読めました（hi）．

最近は，世界共通で特許情報を公開するしくみが充実してきた．しかし，各国の審査レベルが異なるので，世界的に公平とは言いがたい．米国のアンテナ特許も，よく調べると「こんなのが？」というのがつぎつぎに見つかるからおもしろい．

ハムのアンテナ商品にも進出しているらしいから，本書で正しい知識を身につけて自己防衛（hi）に努めよう．

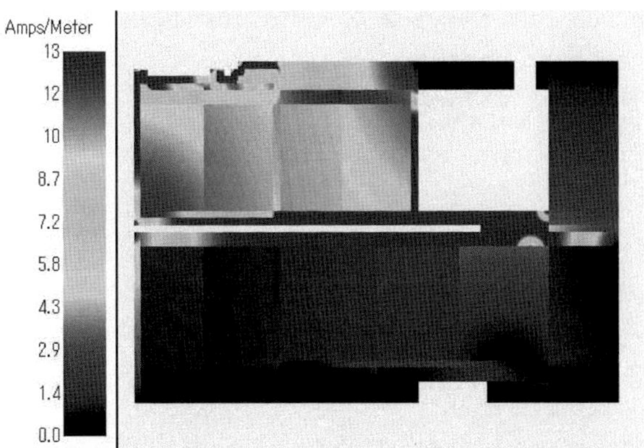

図7-54　表面の細かいパターンを1枚の金属板に替えたeTENNAの表面電流分布

Chapter 7

参考文献

1. Gerd Janzen；Kurze Antennen, Franckh'sche Verlagshandlung, 1986, W.Keller & Co.
2. John D. Kraus；ANTENNAS Second Edition, 1988, McGRAW-HILL.
3. WB4KTC　Robert J. Traister；HOW TO BUILD HIDDEN LIMITED-SPACE ANTENNAS THAT WORK, 1981, TAB Books.
4. KR1S　Jim Kearman；LOW PROFILE AMATEUR RADIO, 1994, ARRL.
5. G4LQI　Erwin David；HF ANTENNA COLLECTION, 1994, RSGB.
6. G6XN　Les Moxon；HF ANTENNAS FOR ALL LOCATIONS, 1995, RSGB.
7. NTØZ　Kirk A. Kleinschmidt；STEALTH AMATEUR RADIO, 1999, ARRL.
8. Hiroaki Kogure, Yoshie Kogure, and James Rautio；Introduction to Antenna Analysis Using EM Simulators, 2011, Artech House.
9. Hiroaki Kogure, Yoshie Kogure, and James Rautio；Introduction to RF Design Using EM Simulators, 2011, Artech House.
10. GØKYA　Steve Nichols；Stealth Antennas, 2012, RSGB.
11. バルクハウゼン 著，中島 茂 訳；振動學入門，1935，コロナ社.
12. 安藤定夫，長谷川伸二，大津正一ほか；『ビームアンテナの指向性を解剖する』，CQ ham radio 1967年2月号～7月号，CQ出版社.
13. 遠藤敬二 監修；ハムのアンテナ技術，1970，日本放送出版協会.
14. 関根慶太郎；アマチュア無線 楽しみ方の再発見，第1版4刷，1974年，オーム社.
15. 岡本次雄；アマチュアのアンテナ設計，第4版，1974年，CQ出版社.
16. 160メータハンドブック，第3版，1976，CQ出版社.
17. 徳丸 仁；電波技術への招待，1978，講談社ブルーバックス.
18. 飯島 進；アマチュアの八木アンテナ，1978年，CQ出版社.
19. 電子通信学会（現・電子情報通信学会）編；アンテナ工学ハンドブック，1980，オーム社.
20. 宇田新太郎；新版 無線工学Ⅰ 伝送編，第3版，1981，丸善株式会社.
21. 阿部英太郎；物理工学実験11 マイクロ波技術，第2刷，1983，東京大学出版会.
22. G6JP　G.R.Jessop，関根慶太郎 訳；RSGB VHF UHF MANUAL，1985，CQ出版社.
23. 小暮裕明；『特集 キャパシタンスインダクタンス装荷アンテナの理論と設計』，HAM Journal No.57，pp.35-68，1988，CQ出版社.
24. 西谷芳雄；電波計器（三訂増補版），第2版，1992，成山堂書店.
25. 小暮裕明；『コンパクト・マグネチック・ループ・アンテナのすべて』，HAM Journal No.93，pp.49-72，1994，CQ出版社.
26. 小暮裕明ほか；『3章 短縮アンテナの設計』，別冊CQ ham radio バーチカル・アンテナ，pp.91-130，1994，CQ出版社.
27. Steve Parker，鈴木 将 訳；世界を変えた科学者 マルコーニ，1995，岩波書店.
28. 後藤尚久；図説・アンテナ，1995，社団法人電子情報通信学会.
29. 玉置晴朗；八木アンテナを作ろう，1996，CQ出版社.
30. 山崎岐男；天才物理学者 ヘルツの生涯，1998，考古堂.
31. 小暮裕明；『マグネチック・ループ・アンテナの研究』，pp.236-249，HAM RADIO JOURNAL，CQ ham radio 1999年9月号，CQ出版社.
32. 小暮裕明；『位相差給電のすすめ』，pp.224-237，HAM RADIO JOURNAL，CQ ham radio 2001年1月号，CQ出版社.
33. Keith Geddes，岩間尚義 訳；グリエルモ・マルコーニ，2002，開発社.
34. 三浦正悦；電磁界の健康影響，2004，東京電機大学出版局.
35. 原岡 充；電波障害対策基礎講座，2005，CQ出版社.
36. 松田幸雄；シミュレーションによるアンテナ製作，2008，CQ出版社.

参考文献

37. 山村英穂；改訂新版 定本トロイダル・コア活用百科，改訂版第3版，2009，CQ出版社.
38. 大庭信之；アンテナ解析ソフトMMANA，第2版，2010年，CQ出版社.
39. 関根慶太郎；無線通信の基礎知識，2012，CQ出版社.
40. 小暮裕明；『絵で見るアンテナ入門』，連載 第1回〜12回，CQ ham radio 2011年5月号〜2012年4月号，CQ出版社.
41. 小暮裕明；『短期集中連載 λ/100アンテナは夢か』，連載 第1回〜4回，CQ ham radio 2012年1月号〜2012年4月号，CQ出版社.
42. 小暮裕明；『ハムのアンテナQ＆A』，連載 第1回〜，CQ ham radio 2012年5月号〜，CQ出版社.
43. 特集 アパマン・ハム スタイル集，pp.31-63，CQ ham radio 2011年5月号，CQ出版社.
44. 特集 アパマン・ハムで楽しむアマチュア無線，pp.31-61，CQ ham radio 2012年8月号，CQ出版社.
45. 戸越俊郎；マンションからDXを楽しむループ・アンテナの設置方法，pp.14-18，CQ ham radio 2012年2月号 別冊付録，CQ出版社.

筆者らによる主な単行本

46. 小暮裕明；コンパクト・アンテナブック，第5版，1993，CQ出版社.
47. 小暮裕明ほか，CQ ham radio編集部 編；ワイヤーアンテナ，第2版，1994，CQ出版社.
48. 小暮裕明，松田幸雄，玉置晴朗；パソコンによるアンテナ設計，第2版，1998年，CQ出版社.
49. 小暮裕明；電磁界シミュレータで学ぶ 高周波の世界，第6版，2006，CQ出版社.
50. 小暮裕明；電磁界シミュレータで学ぶ ワイヤレスの世界，第3版，2007，CQ出版社.
51. 小暮裕明；電気が面白いほどわかる本，2008，新星出版社.
52. 小暮裕明，小暮芳江；すぐに役立つ電磁気学の基礎，2008，誠文堂新光社.
53. 小暮裕明，小暮芳江；小型アンテナの設計と運用，2009，誠文堂新光社.
54. 小暮裕明，小暮芳江；電磁波ノイズ・トラブル対策，2010，誠文堂新光社.
55. 小暮裕明，小暮芳江；電磁界シミュレータで学ぶ アンテナ入門，2010，オーム社.
56. 小暮裕明，小暮芳江；[改訂]電磁界シミュレータで学ぶ高周波の世界，2010，CQ出版社.
57. 小暮裕明，小暮芳江；すぐに使える 地デジ受信アンテナ，2010，CQ出版社.
58. 小暮裕明；はじめての人のための テスターがよくわかる本，2011，秀和システム.
59. 小暮裕明，小暮芳江；電波とアンテナが一番わかる，2011，技術評論社.
60. 小暮裕明，小暮芳江；ワイヤレスが一番わかる，2012，技術評論社.
61. 小暮裕明，小暮芳江，図解入門 無線工学の基本と仕組み，2012，秀和システム.
62. 小暮裕明，小暮芳江；図解入門 高周波技術の基本と仕組み，2012，秀和システム.
63. 小暮裕明，小暮芳江；コンパクト・アンテナの理論と実践[入門編]，2013，CQ出版社.

索　引

数字・アルファベット・記号

あ・ア行

か・カ行

さ・サ行

た・タ行

な・ナ行

は・ハ行

ま・マ行

や・ヤ行

ら・ラ行

■ 著者略歴

● 小暮 裕明（こぐれ ひろあき） JG1UNE

小暮技術士事務所（http://www.kcejp.com）所長
技術士（情報工学部門），工学博士（東京理科大学），特種情報処理技術者，
電気通信主任技術者，第1級アマチュア無線技士
1952年 群馬県前橋市に生まれる
1977年 東京理科大学卒業後，エンジニアリング会社で電力プラントの設計・開発に従事
1998年 東京理科大学大学院博士課程（社会人特別選抜）修了，工学博士
2004年 東京理科大学講師（非常勤），コンピュータ・ネットワーク，プログラミング言語他を担当
現在，技術士として技術コンサルティング，セミナー講師，大学講師等に従事

● 小暮 芳江（こぐれ よしえ） JE1WTR

1961年 東京都文京区に生まれる
1983年 早稲田大学第一文学部中国文学専攻卒業後，ソフトウェアハウスに勤務
1992年 小暮技術士事務所開業で所長をサポートし，現在電磁界シミュレータの英文マニュアル，
論文，資料などの翻訳・執筆を担当

フルサイズにせまる技術

コンパクト・アンテナの理論と実践［応用編］ ［オンデマンド版］

2013年9月 1日　初版発行
2023年6月 1日　オンデマンド版発行

© 小暮 裕明・小暮 芳江　2013
（無断転載を禁じます）

著　者　小 暮 裕 明
　　　　小 暮 芳 江
発行人　櫻 田 洋 一
発行所　CQ出版株式会社
〒112-8619　東京都文京区千石 4-29-14
電話　編集　03-5395-2149
　　　販売　03-5395-2141

Printed in Japan
定価は表紙に表示してあります．
乱丁・落丁本はご面倒でも小社宛てにお送りください．
送料小社負担にてお取り替えいたします．

ISBN978-4-7898-5207-4

編集担当者　櫻田洋一 / 斎藤麻子
デザイン・DTP 近藤企画
印刷・製本　大日本印刷株式会社